落实“中央城市工作会议”系列
装配式建筑丛书

装配式建筑对话

顾勇新　胡向磊　编著

中国建筑工业出版社

顾勇新

中国建筑学会原副秘书长；现任中国建筑学会监事、中国建筑学会建筑产业现代化发展委员会副主任、中国建筑学会工业化建筑学术委员会常务理事；教授级高级工程师，西南交通大学兼职教授。

具有三十年工程建设行业管理、工程实践及科研经历，主创项目曾荣获北京市科技进步奖。担任全国建筑业新技术应用示范工程、国家级工法评审及行业重大课题的评审工作。

近十年主要从事绿色建筑、建筑工业化的理论研究和实践探索，著有《匠意创作——当代中国建筑师访谈录》《思辨轨迹——当代中国建筑师访谈录》《建筑业可持续发展思考》《清水混凝土工程施工技术与工艺》《住宅精品工程实施指南》《建筑精品工程策划与实施》《建筑设备安装工程创优策划与实施》等著作。

胡向磊

工学博士，副教授，国家一级注册建筑师；

任教于同济大学建筑与城市规划学院建筑系；

从事建造体系及建筑构造方向的教学与科研，出版《建筑构造图解》、《轻钢轻板住宅》、《新型复合外墙技术经济评价》等专著，发表相关论文三十余篇，主持及参与相关课题十余项。

总序

顾勇新

党的十九大提出了以创新、协调、绿色、开放和共享为核心的新时代发展理念，这也为建筑业指明了未来全新的发展方向。2016年9月，国务院办公厅在《关于大力发展装配式建筑的指导意见》（国办发［2016］71号）中要求："坚持标准化设计、工业化生产、装配化施工、一体化装修、信息化管理、智能化应用，提高技术水平和工程质量，促进建筑产业转型升级"。秉承绿色化、工业化、信息化、标准化的先进理念，促进建筑行业产业转型，实现高质量发展。

今天的建筑业已经站上了全新的起点。启程在即，我们必须认真思考两个重要的问题：第一，如何保证建筑业高质量的发展；第二，应用什么作为抓手来促进传统建筑业的转型与升级。

通过坚定不移的去走建筑工业化道路，相信能使我们找到想要的答案。

装配式建筑在中国出现已60余年，先后经历了兴起、停滞、重新认识和再次提升四个发展阶段，虽然提法几经转变，发展曲折起伏，但也证明了它将是历史发展的必然。早在1962年，梁思成先生就在人民日报撰文呼吁："在将来大规模建设中尽可能早日实现建筑工业化……我们的建筑工作不要再'拖泥带水'了。"时至今日，随着国家对装配式建筑在政策、市场和标准化等方面的大力扶持，装配式技术迈向了高速发展的春天，同时也迎来了新的挑战。

装配式建筑对国家发展的战略价值不亚于高铁，在"一带一路"规划的实施中也具有积极的引领作用。认真研究装配式建筑的战略机遇、分析现存的问题、思考加快工业化发展的对策，对装配式技术的良性发展具有重要的现实意义和长远的战略意义。

装配式建筑是实现建筑工业化的重要途径，然而，目前全方位展示我国装配式建筑成果、系统总结技术和管理经验的专著仍不够系统。为弥补缺憾，本丛书从建筑设计、实际案例、EPC总包、构件制造、建筑施工、装配式内装等全方位、全过程、全产业链，系统论述了中国装配建筑产业的现状与未来。

建筑工业化发展不仅强调高效，更要追求创新，目的在于提高品质。“集成”是这一轮建筑工业化的核心。工业化建筑的起点是工业化设计理念和集成一体化设计思维，以信息化、标准化、工业化、部品化（四化）生产和减少现场作业、减少现场湿作业、减少人工工作量、减少建筑垃圾（四减）为主，“让工厂的归工厂，工地的归工地”。可喜的是，在我们调研、考察的过程中，已经看到业内人士的相关探索与实践。要推进装配式建筑全产业链建设，需要全方位审视建筑设计、生产制作、运输配送、施工安装、验收运营等每个环节。走装配式建筑道路是为了提高效率、降低成本、减少污染、节约能源，促进建筑业产业转型与技术提升，所以，装配式建筑应大力推广和倡导EPC总包设计一体化。随着信息技术、互联网，尤其是5G技术的发展，新的数字工业化方式必将带来新的设计与建造理念、新的设计美学和建筑价值观。

本丛书主要以“访谈”为基本形式，同时运用经典案例、专家点评、大讲堂等手段，努力丰富内容表达。“访谈录”古已有之，上可溯至孔子的《论语》。通过当事人的讲述生动还原他们的时代背景、从业经历、技术理念和学术思想。访谈过程开放、兼容，为每位访谈者定制提问，带给读者精彩的阅读体验。

本丛书共计访谈100余位来自设计、施工、制造等不同领域的装配式行业翘楚，他们从各自的专业视角出发，坦言其在行业发展过程中的工作坎坷、成长经历及学术感悟，对装配式建筑的生态环境阐述自己的见解，赤诚之心溢于言表。

我们身处巨变的年代，每一天都是历史，每一个维度、每一刻都值得被客观专业的方式记录。本套丛书注重学术性与现实性，编者辗转中国、美国和日本，历时3年，共计采集150多小时的录音与视频、整理出500 多万字的资料，最后精简为近300 万字的书稿。书中收录了近1800 张图片和照片，均由受访者亲自授权，为国内同类出版物所罕见，对于当代装配式建筑的研究与创作具有非常珍贵的史料价值。通过阅读本套丛书，希望读者领略装配式建筑的无限可能，在与行业精英思想的碰撞激荡中得到有益启迪。

丛书虽多方搜集资料和研究成果，但由于时间和精力所限，难免存在疏漏与不足，希望装配式建筑领域的同仁提出宝贵意见和建议，以便将来修订和进一步完善。最后，衷心感谢访谈者在百忙之中的积极合作，衷心感谢编辑为本丛书的出版所付出的巨大努力，希望装配式建筑领域的同仁通力合作，携手并进，共创装配式建筑的美好明天！

前言

胡向磊

经过多年的曲折发展，我国装配式建筑已经步入了新的发展时期。《装配式建筑对话》（第一辑）2019年10月满载建筑界十位学者的真知灼见和情怀，如期展现在读者面前。本辑收录了当下装配建筑实践上最有影响力的十位建筑师，分别是渡边邦夫、邵韦平、刘东卫、张桦、樊则森、李昕、钱嘉宏、李峰、郭文波、姜延达，他（她）们引领中国装配技术实践并砥砺前行，为中国建筑工业化进程刻下了鲜明的印记。

装配式建筑在我国历经兴起、停滞、再提升等多个曲折发展阶段，为全面理解这十余年产业转型，访谈既包含具体工作的沉淀与反思，也有产业环境的观察和预测，为洞悉装配式建筑发展提供一手资料，并涵盖建筑师关心的多个主题。

渡边邦夫作为一名日本建筑师，在PC建筑上投入了大量的精力，访谈中可以感受到日本装配建筑体系的完备以及薪火相传。渡边先生在中国的项目多数采用PC建筑方案，根据在中国进行设计的经验，他认为装配式建筑发展“根本源头还是出自于政府”，建议“让更多的设计者去参与及主动采用PC建筑，共同去发现PC建筑的内在魅力是未来中国要发展PC建筑的必修课”。邵韦平对国内数字化建筑设计实践产生重要影响，他以北京CBD核心区中信大厦为例，全面阐述了“数字建造”、“整体性设计思维”、“一体化建造”、“系统模块”等的内涵，提出设计一方面应突破以往传统套路，另一方面变化一定要受控，在“追求设计自由的同时，也要追求一种建造的精确”。张桦鼓励“工业化方向的研究队伍中，建筑师要多多参与”，强调装配式建筑未来发展的重要环节之一是外围护体系，研究的内容不仅仅是材料的迭代更新，保温性能的优化，还有集成能力，应该设计更多一体化的产品，通过简单处理、连接来完成建造。刘东卫在工业化建造技术、可持续建筑、中国特色的保障性住房和养老建筑四个领域，进行系统性、前瞻性研究，他认为“建筑工业化不应是一个设计问题，而应该是顶层设计的问题”，并详细介绍了雅世合金公寓、安慧里项目实践和装配式建筑规范的起草情况。樊则森指明目前装配式建筑设计“主要是缺少整体性的思维和系统性的思考”，应该把装配式建筑通过最优化的技术来进行系统集成，建筑师要在工程建造全过程中，承担起统筹作用。李昕总结装配式建筑最根本最重要的贡献是绿色、低碳、环保、可持续设计理念，装配式技术是实现绿色低碳建筑的一个非常重要的手段，“百年住宅体系”集中体现了装配住宅特色。钱嘉宏强调建筑师不能只懂设计，也要懂生产环节和施工环节。装配式建筑要以研发为抓手，做好设计标准化和各专业的配合。李峰以成都建工项目为例，提出在标准化的建构中进行一些个性化的表达，装配式建筑美学应该设计手法和建造手段统一。内部体系采取高标准化、高效率策略，外部展现个性化的表达。郭文波概括装配式建筑特点为“简单而秩序化”，建议在国家战略层面，像推动高铁发展一样推动装配式建筑快速提升。姜延达结合自身经历，详细介绍了日本装配式建筑环境、技术教育、公司运作以及SI体系特点，其中对日本“匠人精神”的介绍令人印象深刻。

历史的转折，往往发生于无声之中，波澜不惊。每个时代的成功者都是被历史的洪流造就，同时他们也投身其中，推动一个行业的变革和前进，造就一段历史。与这先行者交流、听他（她）们诉说这些事，看到和理解其意义，不仅是一段愉快、充满智识的学术之旅，而且会激励我们创造、拥有不一样的未来。

目录

渡边邦夫

日本有名的建筑结构大师。1939年出生于日本东京市，1963年毕业于日本大学理工学部建筑系。1969年独立创业，成立株式会社构造设计集团（SDG）至今，日本注册一级建筑师。完成了幕张国际展览中心（BCS日本建筑业协会奖及松井源吾奖）、东京国际会议中心（JSCA日本建筑构造技术者协会奖）、韩国蔚山足球场、横滨国际码头客船中心（BCS日本建筑业协会奖），台北桃园机场第一航站楼改建项目（台湾建筑首奖）等大型公共建筑设计。从2004年开始参与北京奥运设施的国际建筑竞赛设计项目之后，与国内各大设计院共同设计，竣工的有上海旗忠藤网球中心、佛山岭南明珠体育馆、北京市新少年宫、上海世博会船舶馆、赣州市民中心等建筑作品。

设计理念

简洁的体系是最好的（Simple is Best）。

这是我坚持的设计语言，这长期贯彻在我所设计的各类型建筑中。用最少的事物产生最大的效果是我所追求的设计理念和目标。

从设计初期的“简”，到设计及建造过程中的“繁”，并回归最终建筑作品的“简约”，特别在装配式建筑设计中更加需要投入大量的精力和热情。在业主和政府部门，以及各自独立的设计专业领域之间形成“共同设计”，并在项目中追求各职能及各专业的认知重叠的最大化，去激发互相创造性的讨论，其完成的建筑作品也将回归于“简约建筑”人性化的感悟。

采访现场

访谈

Q　从《PC建筑实例详图图解》这本书开始，本人就已经接触渡边先生。首先介绍一下SDG公司是家怎样的设计公司？又是如何开展装配式建筑设计的。

A　SDG公司在1969年创办初期，就希望发展成为一个具有个性化的设计公司。所以在初创期阶段，除了混凝土结构、钢结构、木结构等结构体系的建筑设计之外，特别在PC建筑上面，投入了大量的精力和思路来开展设计业务。

首先我们通过SDG的PC建筑设计PPT内容可以了解下。

从最初1970年的日本九州制铁工厂开始，首度尝试使用PC技术来设计这个厂房。接着在1973年，在日本新宿地区的住宅建筑中，则尝试采用了PC技术的主结构，采用钢框架结构并且楼板都采用了双T型预制楼板。接着1974年冲绳那霸地区加油站，亦采用了土木桥梁经常使用的PC预应力张拉技术，呈现出来单柱悬挑预制预应力体系的一个加油站亭子。这些在SDG刚成立初期小的建筑物设计，也加深了我个人对PC建筑技术的理解和运用。

1973年的新宿住宅项目

1974年的加油站项目

Q　日本的装配式建筑兴起的社会背景是什么？

A　在日本开展PC建筑及结构设计的宗师是木村俊彦等大师级这一代，木村大师也是我的老师，而我则成了第二接力传承者。首先在木村老师的年代，就开始推广PC建筑的优势。我们知道，在建筑的功能中都会要求建筑物的防火、隔音、保温性等性能，设计中通过采用PC建筑形式可同时兼顾这些方面的建筑功能的要求。

我也要特别说明下，我所说的PC建筑包含两个不同的技术，一个是预制（Prestressed-Concrete）的技术，另一个是预应力（Prestressed-Concrete）的技术。而且我认为PC建筑不是RC（钢筋混凝土）建筑的代用品。也正是由预制混凝土（Precast-Concrete）和预应力混凝土（Prestressed-Concrete）技术相结合的产物才可称为真正意义上的PC建筑。如下图所示。

一般的预制拼装，是将混凝土提前在PC工厂中预制成高品质、高强度的构件制品，然后在现场组装时有人采用现浇混凝土来灌浆填缝或用铁件来进行连接等方式。但这种连接方式其实常常会产生现场结合处的混凝土性能降低等问题。所以我在设计中会大量使用预应力技术去弥补混凝土受拉能力弱的劣势，利用后张法使混凝土预制构件在正常使用状态下都保持一种受压状态。这才是我刚才所提的PC建筑技术的结合。

PC 建筑 由以下两种技术结合而成

Precast Concrete 预制钢筋混凝土	Prestressed Concrete 预应力钢筋混凝土
钢筋混凝土构件的工厂化生产制造 ·高强度混凝土构件的实现 ·减少混凝土构件的收缩裂缝 ·混凝土截面的合理化	钢筋混凝土结构的应力及变形的人为控制 ·高强度钢绞线的使用，让应力形成压力场 ·大跨度空间的实现 ·扰度及变形的控制
运输 ·受到运输车辆以及路况的影响	运输 ·受到运输车辆以及路况的影响
安装 ·受到安装设备以及堆放场地的影响	安装 ·受到安装设备以及堆放场地的影响
节点结合部位 ·混凝土灌浆现浇方式 ·钢构件连接方式	节点结合部位 ·根据不同张拉工艺进行锚固连接

总结来说的话，在日本的发展背景可以归纳为以下几点：

一是房地产开发项目。日本经济的需求，1964年东京奥运之后，日本经济迈入一个高速发展期，建设量增多，劳动力亦大量涌入东京等大城市。这无形中带动了大城市的房地产开发。日本各地政府也认识到这个问题，于是围绕住宅生产与供应，将各企业的产品加以系统化协调。并在70年代初期推出了住宅建筑产业标准化，随着标准化工作开展之后，整体卫浴设备、干式架空楼地板、新型轻钢龙骨体系、建具（门、窗、楼梯、收纳等）、地热系统、墙面保温系统、同层排水系统都实现了工厂化标准模式生产。

二是大量的公共建筑工程项目开始使用PC建筑。日本建筑行业与土木行业的发展相比，PC的预应力技术大量使用在土木的桥梁中，成立必不可少的关键技术，世界各地有的一些PC桥梁也正是人们追求生产效率的结构物。而在建筑行业，一开始大家认为与房屋建筑的关系不大，这种先入为主的观念根深蒂固。但随着学校 · 图书馆 · 体育馆等大型公共工程项目的增多，也开始使用PC技术，并慢慢形成一种技术的潮流。

例如我在20年前设计的天心纪念美术馆项目，这个建筑就是采用100%装配率的PC建筑。

天心纪念美术馆

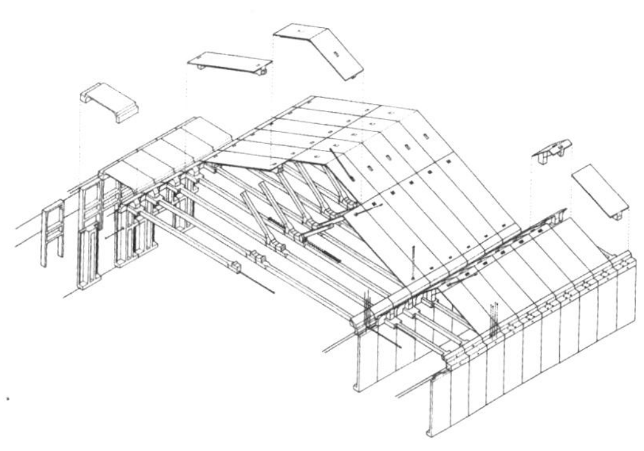
天心纪念美术馆结构图

Q　根据你的经验，装配式建筑与传统的现浇混凝土相比，其经济性如何？

A　PC建筑，普遍会被认为造价偏高，其实这种认识是很盲目的。应该根据建筑物规模来做不同的评估。规模小且可重复性低的建筑物，装配式建筑的造价相对会提高。但只要建筑物达到一个规模之后，其PC经济性还是能很好地控制，亦会比现浇混凝土建筑在造价上更有优势。

在我设计的建筑物中，不会以建筑物规模来选择用PC还是现浇，而是尽力从其他方面去说服业主来采用PC建筑。比如说它的耐久性，不用担心现浇混凝土的裂缝问题，可延长建筑的使用寿命等等。这对于日本的一些业主来说，延长建筑物的寿命带来的就是财产保值。

SDG在中期发展的时候，开始慢慢接触公共工程项目的设计，公共工程由政府编制预算进行投资，而资金来源主要是税金。跟中国国情一样，项目前期的规划设计阶段采用的是设计招投标方式。而诸如图书馆、博物馆等公共建筑工程，很多都需要大空间功能上设计的灵活性，以及对耐久性的要求。而我在做项目同时，会在设计初期就按PC建筑的思路去进行设计，利用构件矩阵化来形成建筑空间的秩序化，并丰富空间等设计手法，然后同时针对PC建筑形式与现浇混凝土结构形式的建筑体系都做一个估算。估算结果，大多数按现浇混凝土报价作为PC建筑的估算报价提交给业主。之后在后续EPC总承包施工发包时，业主也大多数根据我公司提供的估算去编预算，在有限预算内还是有很多施工企业愿参与施工竞标，因为政府项目作为门面工程，施工企业都会把完成工程项目作为实现提高自身企业形象的途径。所以在我所设计的公共工程项目中，大多数都与现浇混凝土建筑等同的造价就能完成PC建筑的建设。

其实一个成功的建筑被建造出来，并不仅仅是由设计师决定的，业主才是真正的指挥家，业主能力是直接影响到建筑的，好的业主才会有好的建筑作品。

Q　装配式建筑在日本市场的占有率情况，是不是成了主流？

A　在日本，还不能称其为主流。这其中包含几个原因：其一，其设计繁琐且周期长，设计人员不足。其二由于PC建筑的施工工艺的问题，并不是很多施工企业都会参与到PC建筑的施工。所以从占有率而言还是很低。以在钢筋混凝土建筑中的比例来说，完全装配式建筑（100%装配率）的比例大概能占到1%左右。当然，部分装配式，例如局部楼板、墙板装配式的建筑这个比例还是比较多的。这种状况其实不光是日本，其他欧美国家也是如此。所以目前PC建筑还谈不上主流。

另外，PC建筑没能普及的一个重要原因，是很多的学者和设计者都认为PC建筑的造价太高，不能适应业主或建筑本身的需求。而要推广这项技术时，我们要抛弃先入为主PC造价高的主观意识，并从工程整体影响因素出发来进行合理分析和设计。

再次，就是PC建筑的教育机构的缺乏，这也在大学教育中可以看出。对于PC建筑没有投入所需的教育课程，即使在某些大学有这样的课程，学生们对于这门学科也没有太大兴趣，因为学生认为这门课程对以后就职没有很大帮助。这些都导致年轻一代远远缺乏对于PC建筑的正确理解。

Q　请问装配式建筑的魅力有哪些？

A　首先我们来看下SDG的PC建筑作品介绍。我们看到的这是韩国蔚山2002年世界杯体育场的看台构件照片。这个项目前期在施工现场就设有一个预制工厂，所有的主结构梁柱在现场预制后，利用预应力张拉技术将其进行连接。另外所有的看台也都是在现场进行预制进行安装的。

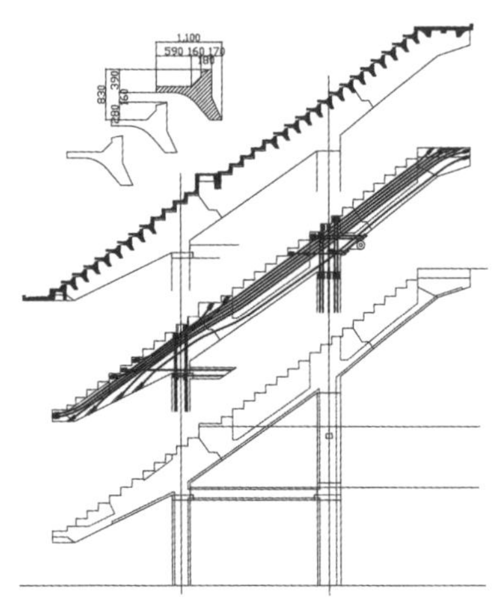

体育场的剖面模型

预制看台梁

当我在做PC建筑设计时，如何将构件进行量产化，有效地节约工程造价是设计必不可少的课题。其次，在对建筑物整体的秩序和单个构件的功能性、耐久性，以及为了经济性的各种生产和施工上的计划安排所进行的平衡、协调的工作都是在设计中可以去寻找的魅力。

Q　请问装配式建筑在日本发展的前景怎么样?

A　我认为之后PC建筑发展，还是具有前景的。之前在日本，因为房地产业的兴起，PC建筑的潮流主要还是各大施工企业（例如竹中工务店、清水建设）牵头主导，来满足房地产行业的要求。但是随着日本国内建设量减少，施工企业对于利润的追求，也同时压迫PC生产安装厂商的利润。所以这些施工企业，对于PC建筑的投入也越来越少了。目前在日本，PC的专业生产安装厂商大概有二十多家，而在近几年，开始有金融资本方直接与PC生产安装厂商进行合作。不再只是作为分包商进行廉价商品的竞争，而是通过资本的介入，来主导性地进行更多产品研发，去提高其价值。

Q　请问日本装配式产品的基本模数和通用部品的情况如何?

A　现在随着电脑技术，例如BIM等技术的迅速发展，PC建筑的模数化更加迫在眉睫。当然在我进行PC建筑设计时，一些标准化的模式，例如600mm、1200mm、1800mm、2100mm、2400mm等都会使用。另外PC预应力张拉锚具，不同的厂商会有各自通用的尺寸要求。

承如您所说，中国正在大量使用楼梯板、阳台板和墙板预制构件，这在日本各大施工企业也有投入大量生产。其实对于作为设计者的我而言，这些仅仅是为了节省一些模板的费用，但对于设计上并没有多大帮助。

Q　日本装配式建筑产业的管理者和工人的培训体系是怎样建立的?

A　据我了解，这主要还是由各PC生产安装厂商各自进行公司内部培训。说个趣事，我之前去巴西做项目，与相关政府官员见面聊项目时提到PC建筑，当地政府官员对于PC建筑也很感兴趣，但是政府官员提出要我带团队到巴西，并长期待在巴西对相关产业工人（例如模板怎么设计组装等）进行培训教育。我当时笑笑说，这实现的可能性很小。原则上这个产业一定要由PC专业厂商来进行教育培训。

另外从政府或协会设立的PC培训机构这方面来说，并不够成熟。主要还是由各PC专业厂商利用公司内部培训上岗，各PC专业厂商也会根据公司内部情况来制定不同的培训方式，加强公司内部的技术实力。

Q　当前中国装配式建筑正在蓬勃发展。渡边先生对于这方面有什么建议?

A　在前几年，我参与的中国项目中经常采用PC建筑的设计方案，也在中国各地参加了多次PC建筑的论坛。当时感觉大家也很感兴趣，特别是年轻的设计师和相关技术人员，在会场上会踊跃地提问。但是散场之后的反应，就感觉不出热情了。

另外，我介绍两个之前在中国没有完成的PC建筑工程项目。

这两个项目都是通过国际设计竞赛中标，并顺利签约的项目。上述照片所看到的是2009年的广州花都区的艺术中心项目，当初上海建工配合还做了PC构件1：1样品模块。为了这两个项目，上海建工企业全力配合，我也非常感谢他们。但是由于区委书记的政治仕途及经济利益上的原因，项目最后夭折了。还有这个2008年中标的赣州市民中心项目，也因为同样的原因在中国没有最终落地。

广州花都区的艺术中心项目

中国的房地产如万科等，他们从十几年前投入资本进行了装配式建筑的研发和尝试，这应该是得到政府的大量支持才可以做到的。从我前几年在中国进行设计的经验来说，其根本源头还是出自于政府。想要真正做好PC建筑的话，我刚才也说过一个好的业主是非常关键的。例如我之前参与的东京国际论坛大厦的设计，这是20世纪90年代日本泡沫经济要爆发前的东京都最具有影响力的项目，当初我得到了东京都知事的大力支持，也正是业主（东京都知事）对于这个项目的热情是这个项目能最终完成的最大因素。这个项目是PC建筑结构体系＋钢结构＋钢索玻璃结构的一个复杂结构体系的综合体建筑。最终也成为了东京都的城市地标建筑。

所以一个完善的教育培训体系的建立，是要从整个社会层面出发来改善，才能达到推广PC建筑的目的。另外我认为，全社会普及PC建筑，从土木和建筑行业两者之间打破彼此间的界限，并且大学课程也进行相关课程的讲授，让更多的设计者去参与及主动采用PC建筑，共同去发现PC建筑的内在魅力是未来中国要发展PC建筑的必修课。

Q　装配式建筑的设计，包括了许多内容。有建筑、结构、机电设计，还有构件生产、运输、安装等等。这个一体化设计中，有什么体会和经验？

A　正如所知，PC建筑是一个系统工程，其各个专业必须紧密结合。建筑、结构、机电各专业不能再按传统做法各做各的，而是必须依赖共同讨论。各专业技术人员不仅要了解本专业的知识内容，并且要通过共同讨论。设计人员要了解生产和安装的内容；同样的，生产和安装施工人员也需要好好了解设计者的意图。这也回到刚才所谈到的教育问题，这个教育不仅仅只是针对产业工人，也应该对设计人员以及相关从事人员进行普遍教育。

（目前渡边邦夫先生在日本东京大学有开渡边邦夫星期日课程，对于PC建筑设立了相关学习教程。不光面对大学生，同时也开放给社会人士可以自由报名听课。）

译者：涂志强（二排左）

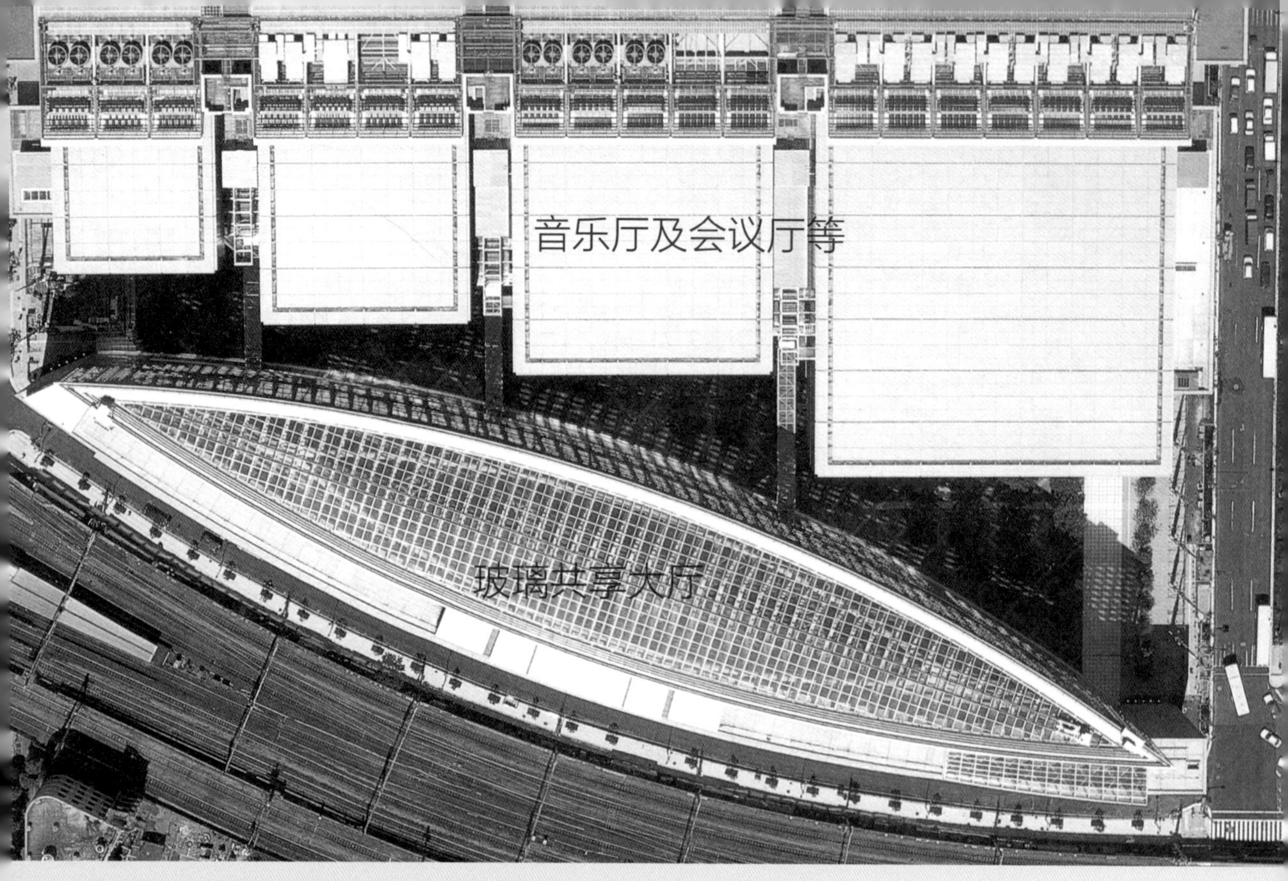

图1　东京国际会议中心综合体鸟瞰

日本　东京国际会议中心综合体

设计时间	1989年
竣工时间	1995年
建筑面积	145000m^2
地　　点	日本东京都

本项目1989年日本首次开发国际设计竞赛，有几百个投标方案参加。拉斐尔·维诺里建筑师在建筑方案上，从建筑功能布局以及与城市界面处理上都做得恰到好处，顺利地从众多方案中脱颖而出。国际设计竞赛中取胜之后不久，我就机缘巧合地参与接下来的方案深化设计及实施设计。这个建筑物有着很多独一无二的设计灵感，但建设阶段当时日本处于泡沫经济爆发之时，如何在有限的建设预算内完成这个庞然大物也成为建筑设计者和建设施工企业共同努力合作的经典建筑作品。

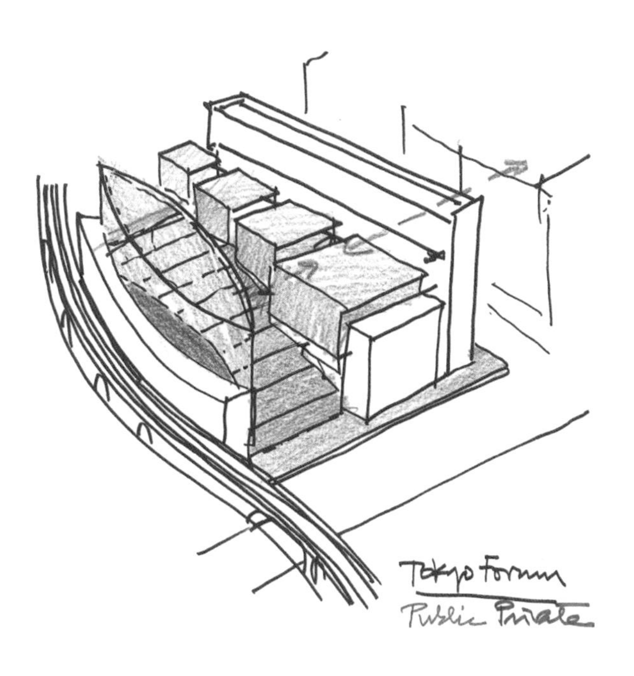

图2　设计草图

方案阶段提案中，充分结合了建筑综合体用地四周有地下铁以及JR高架轨道等因素影响，并巧妙发挥了建筑用地的特殊条件，在让一般市民可无障碍进入场地空间的同时，又很好地隔绝城市周围所带来的负面影响，建筑功能上的梳理也做得非常到位，各个功能大厅的相关空间关系以及动线都有机地结合起来。

这个建筑物综合体拥有日本史上最大胆的结构设计，目前已成为举办各种全球交流和文化活动的艺术中心。在深化设计阶段，为了节省工期，在设计中大量采用了钢结构（柱/梁/斜撑构件）和PC构件（预制墙板及预制楼板）的预制结构装配式体系。

图3　竣工照片

在广场一侧，是一个玻璃共享大厅，它连接到公共地面广场和周边的地下铁出入口。同时作为展览中心的一部分展会功能使用，地下1、2层也成为玻璃大厅的主楼层。这个玻璃大厅，是有史以来日本最大胆和富有想象力的建筑之一，犹如龙骨般的大钢屋顶和支撑钢屋顶的两个相交的曲面玻璃幕墙，共同围合成一个巨大的中央共享大厅，是整个建筑的灵魂所在。并且大胆创新及富有挑战的结构设计，从地下到地上，玻璃大厅幕墙高度达到了60米，如同薄纱般的双层透明玻璃，实现了从共享大厅过渡到地面广场，并通过空中连廊，与另一侧的音乐剧场和会议礼堂形成了视觉连接。

图4　犹如龙骨般的钢屋顶

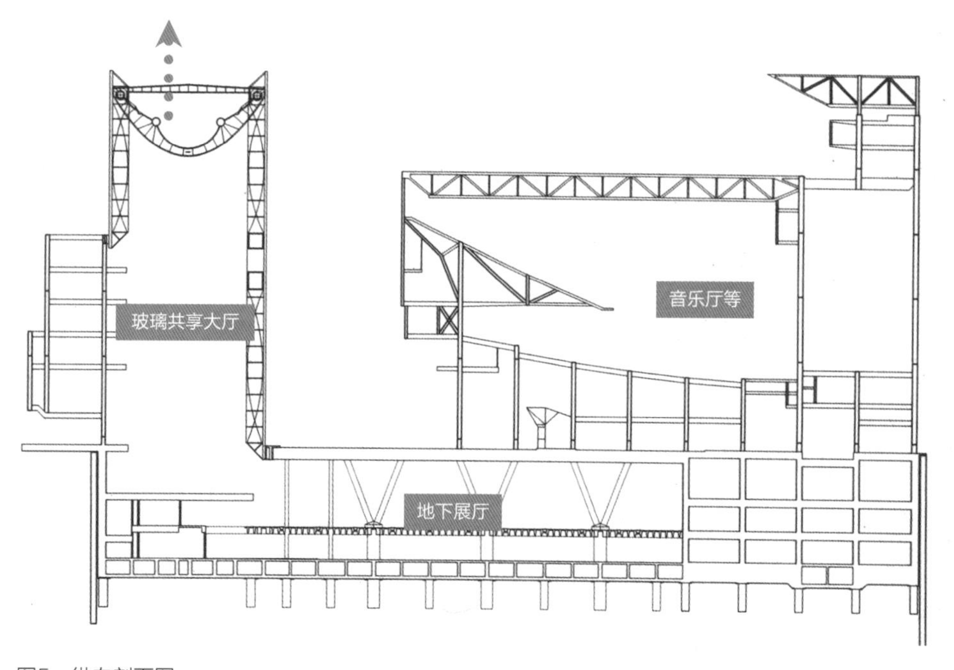

图5　纵向剖面图

图6　玻璃共享大厅

图7　地下展厅内部空间照片（梦幻的空间）

地下展厅功能部分，在设计最初阶段，统一采用的柱间距是9m，但是9m间距对于地下展厅空间使用上会显得太密，故将地下展厅空间内部做了一个结构转化，用V型柱代替直立型柱子，这样的设计可以扩大展厅的使用空间。

另外地下展厅的楼地面统一采用叠合预制梁板结构，如下图所示。利用双T预制梁板，可以很好地加大柱间跨距，地下展厅层高7.5m，在展厅中间层设置通道，外部人员也可以通过连廊通道一窥展厅的状况。让展厅内外空间形成互动，增加展览空间的吸引力。

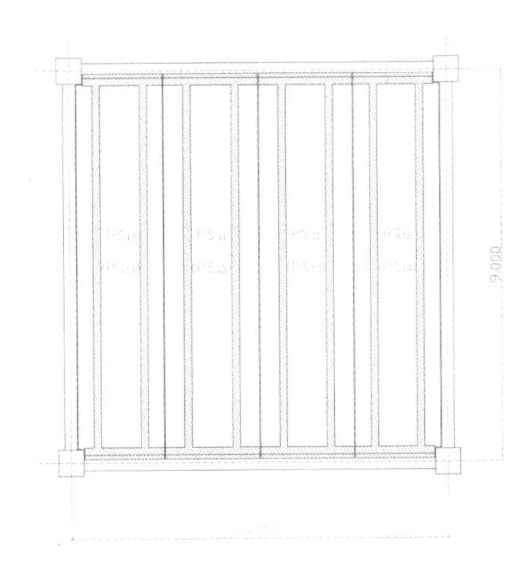

图8　地下展厅楼地面平面图
（预制叠合楼板）

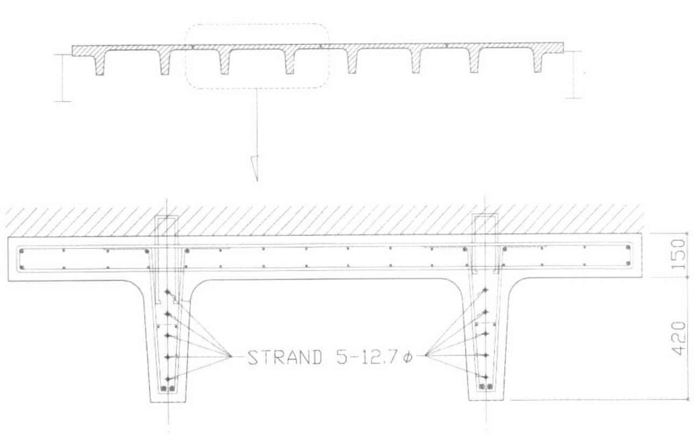

图9　预制叠合楼板剖面详图
（利用双T型预制梁板，并利用了预应力技术）

在出地面空间的其中之一的出入口，有乐町车站的出入口雨棚。设计出发点是为了不让雨棚挡住视线，透明而有趣地进入综合体，在结构支撑设计的创新点是在海外统一加工相同规格的玻璃雨棚及圆形支座，然后与底板焊接而成。整个玻璃屋顶和玻璃肋梁的连接采用的都是螺栓的连接方式，这是最完美的装配式玻璃结构。

图10　穿越地下展厅的透明连廊

图11　玻璃地铁出入口

与玻璃共享大厅呼应的另一侧，由4个厅组成（由大型音乐厅、小型音乐厅以及一个会议厅、报告厅组成）。由于音乐厅有隔音的要求，以及避免周边道路和新干线的噪音对音乐厅的影响，所以设计中各个大厅的地面以及墙面都采用了预制楼板及预制墙板（宽度2.25m）来解决这一问题。

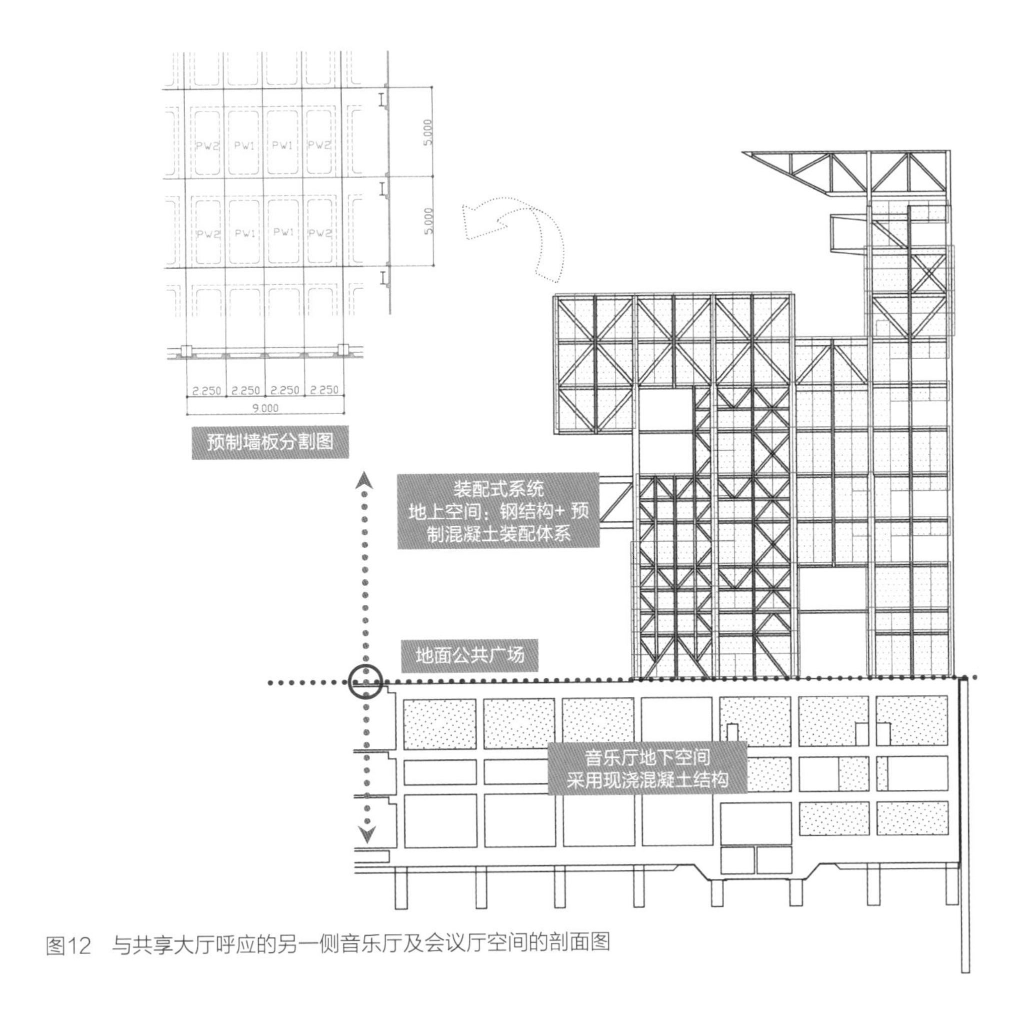

图12　与共享大厅呼应的另一侧音乐厅及会议厅空间的剖面图

图13　主音乐厅HALL约5000席位

图14　利用逆作工法，地上与地下部分可以同时进行施工

◆　由于整个工程采用逆打工法，地面以上部分各单塔建筑可分别独立施工，并且大量采用预制构件进行装配式建造施工，加快了工期。

图15　出地面之后，玻璃共享大厅钢结构与剧场结构及预制墙板安装同时进行施工

图16　竣工照片鸟瞰

这个项目，曾说是日本泡沫经济下的遗产。虽然建筑体型巨大，但每个预制构件（钢构件及预制混凝土构件）及构件间的节点设计都很巧妙，让整个建筑形成了完整可靠的体系，从而造就了这栋建筑独树一帜的风格。玻璃大厅的整个支撑体系看似复杂，却也透出它的合理性。特别是PC装配式技术上的应用，是建筑设计和结构设计充分沟通及共同努力的产物。当我们站在这个建筑面前，可以感受到的惊喜和震撼是非同寻常的。这座将近30年前的设计，不追潮流却似乎永远不会过时。

对建筑设计来说，不仅仅需要对于古典结构力学及结构感知能力有基本的认知，更需要有与结构设计师的协同工作方式下所产生的共鸣，这样才能创造出自由多变及丰富有趣的装配式建筑空间。同样，让我感叹的是日本工程承包商对于这个建筑所提出的预制构件加工制作方案及先进的安装施工技术所表现出的热情。所以说，一个优秀的装配式建筑作品的完成，不仅仅需要设计者提出的合理设计方案，更加需要施工企业对于项目整体的合理施工提案和管控，这是需要每一位参与者共同努力才可能完成的事业。

在龙骨钢屋顶内的竣工合影照片

（译者简介：涂志强，2001年留学日本，2002年考入日本横滨国立大学的建筑研究生课程。并于2004年在日本构造设计集团（SDG）公司内开始勤工俭学，参与到设计中。于2005年研究生毕业后加入日本构造设计集团（SDG）开始负责中国（包含台湾地区）的设计工作）

注：本项目介绍中引用的图片来自拉斐尔建筑事务所及株式会社构造设计集团

邵韦平

全国工程勘察设计大师，教授级高级工程师，国家一级注册建筑师。设计作品包括首都机场T3航站楼、北京市CBD核心区第一高楼中国尊大厦、北京奥林匹克下沉中国花园、凤凰中心等一系列具有专业影响力和完美品质的建筑作品。他在国内建筑领域首次提出和主导了“基于高性能目标的整体设计理论”、“数字技术在建筑全过程高阶应用课题研究”等，对国内数字化建筑设计实践产生了重要影响。他代表和引领了中国现代建筑设计尤其是自主创新设计方向，为建筑设计行业、城市建设及民族建筑文化自信的建立，起到了现实标杆作用。

设计理念

基于整体设计的高品质建筑营造。

建筑师需要用整体设计原则和系统化思想去创作高品质的建筑作品。

为了创造高品质的建筑，设计师的工作目标必须要超越各自专业的局限，将建筑的整体性能作为设计的终极目标，从而高质量实现设计成果对建造和运行的控制。在整体设计思想下，建筑师需要与各参与方做更精细的协调统筹工作，从而实现建筑的品质。

设计协同来自于整体设计思想，协同设计既包括设计阶段团队内部的协同，也包括从项目策划到建造实现全过程的大协同。每个专业人员不仅要完成自己的专业任务，还要从开始就充分关注相关专业的技术特征、实施工法和环境影响的问题，从而让设计和建造得到科学有序的运行。

整体设计方法对提升当前的建筑品质、完善建筑设计运行模式具有重大引领作用，已产生了巨大的行业效益。

访谈现场（摄影　吴吉明）

访谈

Q　现在大家都在谈建筑工业化，那么你本人对装配式建筑是一个怎样的定义？

A　建筑建造方式的改变一向都是与技术的突破相伴相生的，工业革命后技术的发展突飞猛进，现代主义的设计思潮也迅速地发展了起来，很多前辈建筑师都在积极地探讨更快速与更高质量的搭建方式，并通过努力让更多的人能享受新技术带来的技术进步。

像制造汽车一样建造建筑一直以来都是很多建筑师的梦想。但是这中间也出现过一些波折——曾经一度过分强调效率而出现了一些简单重复兵营式的设计，但这样的设计很快被淘汰了。因为毕竟建筑是我们长期生活与居住的空间，除了效率我们还需要更高的生活品质。

20世纪七十到八十年代，特别在日本，建筑建造的工业化又再次被提起。那时工业化的关注重点已不完全是廉价快速工业化生产，而更关注建造现代化后对设计品质的提升，但后来随着日本泡沫经济破裂，日本的建筑产业化的步伐也降了下来。

一体化建造的经典凤凰中心（摄影：吴吉明）

2000年初，中国万科靠着迅猛的扩张赢得了市场。然而随着产业的扩张，万科也发现了背后潜在的风险——建筑建造的品质无法始终保持同一水准，很多前期优秀的设计理念却没能很好落地。万科为此专门成立了一个研究机构建筑的工业化，为了提高效率，更是为了提升质量的可控性。

万科的建筑产业化实践也是存在着理想化的趋势，经过测算，他们借助产业化建造的成本控制却始终难以优于传统的建造方式。于是万科开始思考如何从全产业链这一角度开始提升效率，他们通过规模的扩张开始从原材料的提取、主材的加工，包括机电产品制造端都开始了整合，希望通过批量化生产，全面整合产业链上的资源与效率，最终实现效率的提升。

但到今天为止，我认为万科的全产业链整合还没有完全达到理想的目标，这和我们的建造业特点有关系。建造业不像汽车业和航空业，有足够的研发周期，可以进行充分的整合。城市的发展需要这一行业迅速看到成果。所以最终万科的产业化道路也是有些妥协，这是被一些客观条件所限制了的，它们也只是实现了部分的理想。

天竺万科中心（来源BIAD）

北京CBD城市群（摄影　吴吉明）

Q　分享一个你近期与装配式相关的建筑案例吧。

A　最近进行的北京CBD核心区中信大厦便是这样一个与装配式建造密切相关的设计实践。我首先是个建筑师，而不仅仅是一个装配式方式的研究者。装配式产业的发展离不开政府的支持与行业整合，但对我来说，我会更多地关注装配式建造中对设计提升以及对建筑的艺术效果提升的部分。而对其他，我也希望它能够发展更好，乐见其成。分享一下自己的几点体会。

● 数字建造对传统建造的影响

目前的传统建造大多数时间里还是一种基于模糊控制的设计，设计之后我们还必须依靠大量现场的手工作业来还原与实现。这时候就出现了很多不确定性，随着不确定环节的逐步增加，原有的设计信息随之大量损失。而现在我们以数字的方式进行建造，则可以完整地保留整个建筑信息，进行可量化的设计，这为建造和设计的无缝对接创造了条件。所以从现代化建造角度来说，数字建造是装配式建造中的一种表达形式。而未来的数字建造也需要使用装配的方式来实现。

凤凰中心（摄影　吴吉明）

● 整体性的设计思维

建筑设计需要向高端制造业学习，需要从建筑整体性去探究影响技术实现的性能目标和科学规律，从而提高营造出高品质建筑的能力。建筑业是一个极其分散的行业，在每一个建筑中都有许多专业、技术和规范标准的鸿沟需要逾越。我们的行业要克服建筑设计的碎片化和随意性缺陷，要用整体设计原则和系统化思想去为填平鸿沟创造可能，实现建筑的科学性和高品质。高质量建筑应在整体的性能方面有出色表现，这种性能体现在使用者感受、结构体系、能耗指标、消防安全等多方面。而整体性的性能标准往往是超越单一学科边界的，需要多专业协同合作才能实现目标。

根据项目的特点制定建筑系统框架，为设计协同、技术控制、运行管理提供保障，这也是开展装配式建造的基础。中信大厦项目中三维信息模型技术得到充分的应用。在业主的支持下，我们参与建立了整个项目完整的信息模型体系，为实现建筑的高品质创造了基础条件。

● 装配式建造从城市“主板”开始

从城市宏观层面看，中信大厦的建造也是“装配式城市”的一种体现。中信大厦所在的CBD核心区，正在实施一个巨大的都市发展计划。为了支持城市这样高强度的集中开发，政府先行启动了CBD核心区城市基础设施工程，这里的工程打破了传统的城市建设模式，重新界定人与城市交通、市政、地下空间、景观和建筑的关系。特别对道路空间的综合开发与利用进行了探索，道路结构的设计打破了以往建筑和市政专业相互分裂的局面，全面整合城市空间资源。

CBD核心区城市基础设施工程是利用核心区的城市道路与公共开放空间进行规划建设，在城市道路和公共绿地之下，我们整合了包括两层地下市政管廊、连通周边五个地铁车站的地下人行交通通道、连通每个地块的机动车物流通道、服务空间和机动车停车空间。工程建设总规模达50万平方米。

公共空间和基础设施的统一建设，形成一个功能完善、性能优越的城市“主板”，而这由又与其上的各个摩天大厦“插块”共同组成北京CBD发展的强大主机，而此城市主板也成就了中信大厦这个世界一流水平的超高层摩天楼。

北京CBD城市主板（来源BIAD）

各专业精确模型—市政综合管线模型

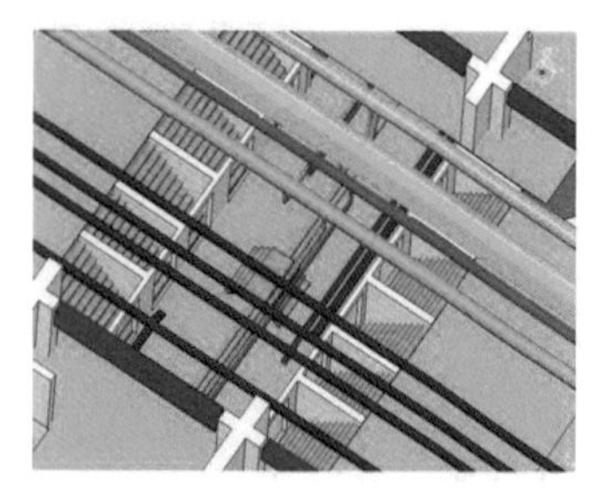

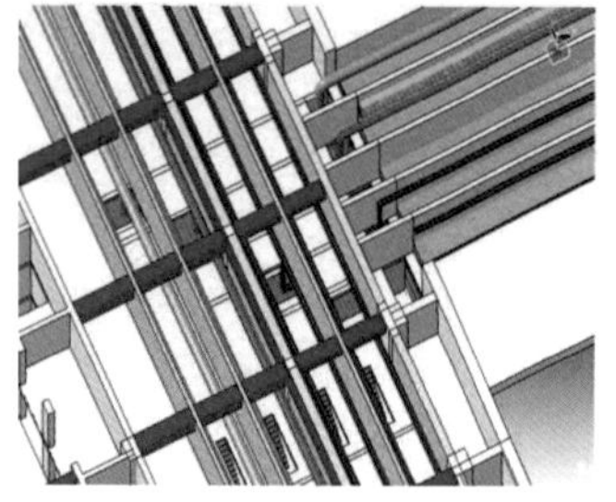

景辉街和金河东路相交节点管线排布

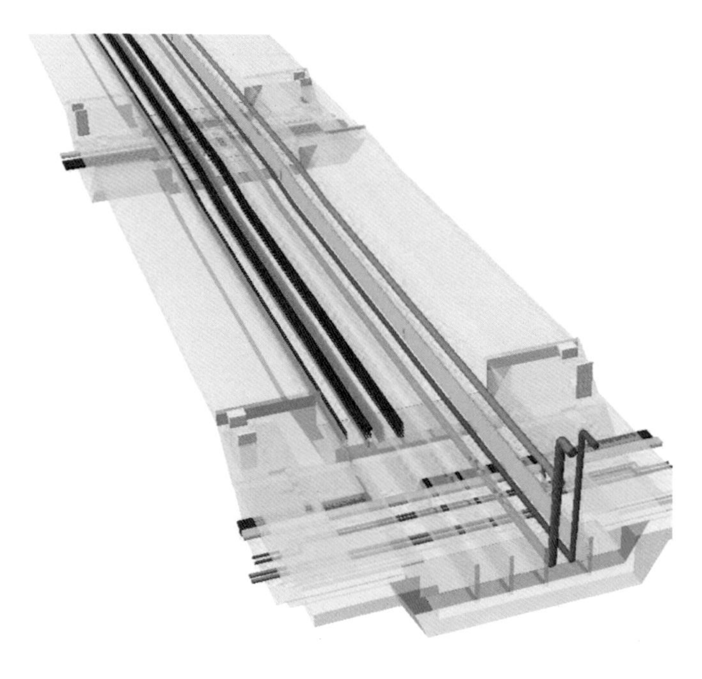

景辉街出线间管线排布

北京CBD市政综合模型（来源BIAD）

基于区域的基础设施工程，每个单体项目都将实现与城市公共设施的无缝衔接。除了地面道路和城市景观的受益外，中信大厦还可依托地下人行交通系统实现与周边多个轨道交通车站的衔接；依托地下公共车行环遂实现机动车和物资的远距离进入，降低地面交通压力；依托地下公共管廊实现市政管线的无缝衔接，提高城市运营安全。

● 集约与整合——高效率的一体化建造

由于垂直运输的压力，装配式工法在中信大厦这样超高层建筑的实践中更具有价值。建造过程中我们的基本策略就是把零碎的散件尽量地集中，让它们变成一个有一定规模的构建。这样我们就可以通过更少的吊车次数完成更多的垂直运输工作，大大提升了运输的效率。此外针对装配式的建造规律，在设计中我们也对建筑层高、平面网格、部品模数都进行了技术整合，如层高结合功能需求、电梯配置等相关因素，归纳为三个主要类别。标准办公楼层层高4.5m；大堂、行政办公等特殊楼层采用5m层高，或5m层高的倍数；地下机动车库和避难层等辅助空间采用3.5m层高。这样为建筑幕墙、设备安装、建筑部品定制创造便利条件。

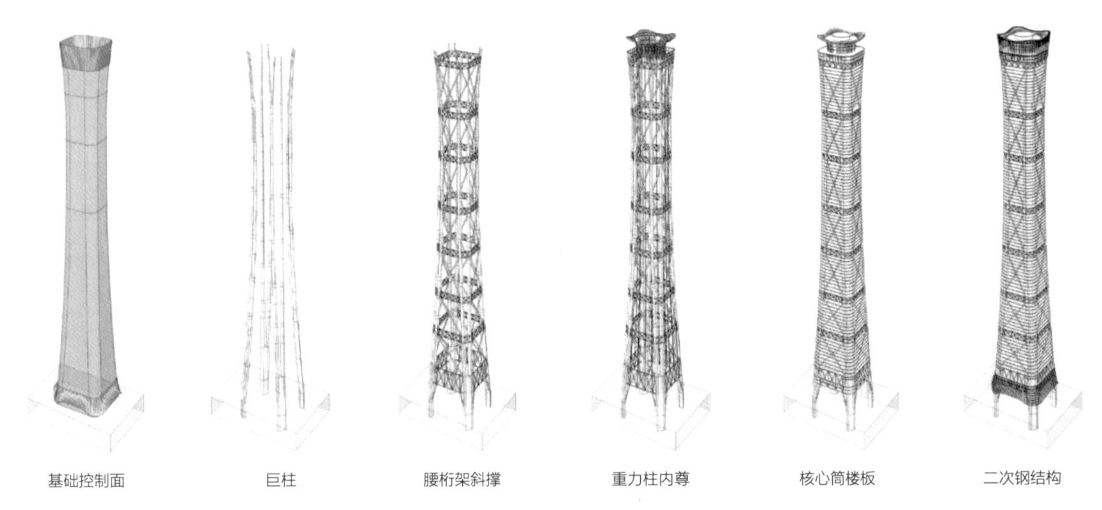

中信大厦项目的几何控制系统（来源BIAD）

为了提高效率和品质，本项目所有疏散楼梯均被标准化设计，加之层高统一，疏散楼梯生产与安装充分体现了装配式工法的优势。建筑的空间与高度变得更加的集约与规整，工程中的装配式卫生间、标准办公空间的系统天花和架空地板系统在提高效率和提升品质方面也有出色表现。而管道井中的管线也都预先在工厂里整合，大大提升了项目的效率和品质。

● 合理划分系统模块——科学地解决复杂系统问题

在中信大厦的建造过程中，我们没有简单地一刀切，用装配式去替代全部。根据具体情况来合理应用是我们始终坚持的原则。我们并不追求百分百的装配率，合理适宜是我们的基本原则。而模块化与标准化则是我们落地的主要方式。这在我们以往的项目经验中已有了很多深刻的体会，包括首都机场T3航站楼，包括凤凰中心。在以往的项目中，对规则与标准化的含义我们进行了进一步的扩展——尽管有些项目构件都是变化的、非一致的，但其变化的规则却始终遵循着一个统一逻辑。我们认为这是数字化革命后带来的一种高阶的统一，这也是一个更为宽广的新世界。

回到中信大厦，这一项目中我们的模块化设计理论体系也进一步发展，除了刚刚提到的城市与建造体系的整合，我们对所需要解决的问题也进行了合理的划分。我们按照功能，把这样一个超高层的巨无霸，变成几栋百米尺度的普通建筑。复杂问题被分解与简化。错综复杂的精密建筑系统，也被化解成为一个个相对条理更清晰的二级子系统。

中信大厦与发展中的北京（摄影　吴吉明）

● 外幕墙体系

由于超高层建筑在城市中的重要作用，中信大厦的外围护幕墙的效果和品质控制是设计中最重要的环节之一。幕墙主体采用了双中空单元式幕墙体系，确保了建筑外表皮节能效果。建筑除了底层的人员进出通道和设备层的空气交换口部，幕墙均按封闭设置，通过多道技术措施达到国标气密性4级标准。看似简单流畅的外立面设计，其实大部分幕墙板块都存在差异。设计中我们配合外方团队，对所有外幕墙几何特征进行深入的研究，提出可指导生产的精确加工的几何控制数字模型，包括结构板边几何控制、幕墙埋件定位等。目前已实现的波浪天际线和一体化的幕墙雨篷都得益于基于幕墙建造的几何控制模型。

● 垂直交通

垂直交通系统是超高层建筑核心的技术环节，它与建筑的核心筒设计、运行效率密切相关。通过模块化的组合与分类，最终中信大厦共有各类电梯数量达百部。这其中有点对点高速穿梭梯、层层停靠的区间梯、兼作消防的客货两用梯和超大货梯等。建筑的核心筒为九宫格的布局，九宫格的四角布置疏散楼电梯，对称形成十字街布置区间电梯和穿梭电梯。穿梭梯不停楼层为楼层卫生间空间。

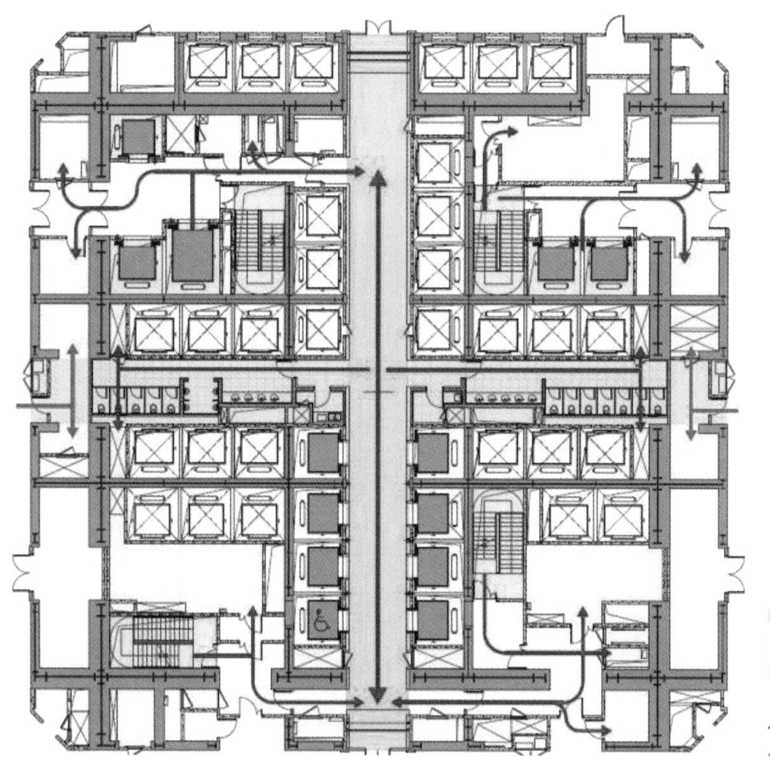

中信大厦标准层核心筒：高效解决全部大楼运行需求（来源BIAD）

Q　北京建院在装配式建造领域有哪些具体举措么？

A　作为国内的大型设计机构，北京建院很早就开始了装配式的相关研究。这一部分是从我们重复率相对较高的住宅板块开始的，而且目前我们也都还在和产业链上的几个独立机构一同合作，希望可以在全产业链上有更大的作为。

对于建筑的产业化我们的启动可以说还是比较早的，但是受设计行业的局限性，目前我们的研究重点还是传统意义上的装配式建造，我们研究的深入程度还有待提升。

对此我个人还有更高的期望，我认为目前绝对化的装配式还没有发挥出它的最大优势。业内也在反思，我是不是需要追求绝对的装配率？我认为装配式的建造应在合理的范围内追求最大的效率，装配式不应该简单化，不应只是简单的重复，我们还需要一个更加科学的整体策略。

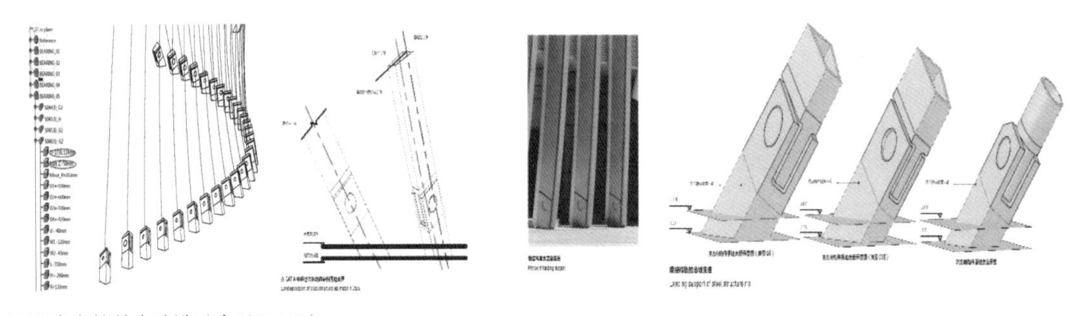

凤凰中心的数字建造（来源BIAD）

随着技术的发展，越来越多的具体需求都可以通过技术来实现，但如何让这些技术更加合理的使用，形成一个完善的优秀建筑作品，还需要我们更多的工作。我们不缺少建造的科技，缺少的是科技的建造，我们需要将这些技术整合成一个更加合理的整体系统，让这一产业链上的每个环节都变得更加合理。后续我们研究的重点就不能仅仅局限在一个个单一的科技上，我们更应该寻求科学的组合方法。

未来的装配式建造带给我们的除了劳动力与效率的提升，从工艺、美学上我们也应该不断提升，不断地总结规律。对此我有两点体会：一是涉及创新，要突破以往的传统套路，无论是一小步还是一大步，都要追求一种变化；另一方面就是这种变化一定要受控。很多设计经验不足的设计师，他们只管变化，却不考虑第二步的控制，好的设计理念却没能最终落地，这是非常令人遗憾的。好的设计需要更加精准的把控，追求设计自由的同时，我们也要追求一种建造的精确。

访谈后工作留影（摄影　吴吉明）

图1 建筑的夜景透视

自由与秩序

奥南OS-10B大厦数字建构实践
（北京奥体商务南区OS-10B城奥大厦）

项目地点	北京市朝阳区
建筑面积	70000 m^2（地上）
设计到建成时间	2016.05—2018.12
项目设计单位	北京市建筑设计研究院有限公司 方案创作工作室+第四设计院
建设单位	北京城奥置业有限公司
施工总包	北京城建亚泰建设集团有限公司
钢结构加工与安装	沪宁钢构
幕墙加工与安装	江河幕墙
室内设计	日建设计+北京市建筑设计研究院有限公司

奥体南区OS-10B大厦作为本土原创设计的非标准大型复杂性公共建筑，由建筑师借助数字技术进行设计及建造控制。该项目圆润自然的形体与周边曲线的道路和景观巧妙契合并体现了开放和高性能建筑的特征（图1）。从设计到建造的整个过程充分体现了信息时代“个性化定制”实现自由设计的发展趋势。本文阐述了OS-10B大厦的设计及建造实践中的数字技术应用，展现其过程中体现的面向未来的数字建构思维。

当社会向下一个数字化时代迈进的时候，建筑设计的“个性化”进一步被推广落地，非标准定制的类型和深度将进一步飞跃。同样在建造领域，基于更加完善系统的数字模型，在人机的协作下，各种类型及参数定义的构件单元均可实现个性化定制。造价、工期、工艺的局限减少后，建筑能以更自由的形式和空间来回应环境和场所，通过更精确的数字手段控制和更智能的建造方式来实现自然、生态的高性能未来建筑。

与环境对话的开放建筑

OS-10B大厦项目位于朝阳区奥体南区商务园中央公园东北角，紧邻北京著名的奥体中心区，也就是1990年亚运会和2008年奥运会的核心场馆所在地。作为园区上位规划和城市设计的责任建筑师，我们通过构建一个特色鲜明的城市开放空间，让奥体南区与北侧的亚运场馆以及奥运中心区一起形成气势宏大的天圆地方布局，成为奥运版图上的完美印记。

由于位于园区中心一个规模超过十公顷的开放绿地，为了充分融入环境，并充分利用周边的景观文化资源，建筑通过柔和、自由的空间形态实现与周边道路和建筑的和谐对话。本园区未来将服务于2022年冬奥会，因此10B地块项目为了强调地域文化，传承城市的历史和文化并映射城市的未来，将延续奥运运动主题并面向未来城市空间。方案取自于花样滑冰的运动轨迹，通过层层流动的轨迹生成动感的建筑形象与中央绿地自由曲线融为一体，同时回应了周边弧形的城市道路，仿佛明珠一般镶嵌在场地之中（图2）。

圆润的空间形态在周边方正的建筑中凸显出地标的特质，吸引人们来到中央绿地和建筑空间内参与城市活动。不同于传统集约的办公建筑，该建筑希望提供更多精彩的公共空间来承载交流和活动，一方面实现内部的交流共享，另一方面通过公共开放性来活跃城市空间。首层环绕的大堂对城市空间充分开放，使用者可以将周边的公园美景尽收眼底。朝向公园的边庭既连接了地下空间、首层大堂和地上的十层的办公等室内空间，又紧临南侧的公共花园，充分展示出建筑的公共开放性（图3）。建筑中心设计了高达80m的中庭，通过锯齿形幕墙形成了璀璨的公共空间，实现了各层的交流。每一层的办公空间都采用了相同质感的折板窗立面肌理，既有360° 连续开阔的景观，又有合理比例的实墙间隔和隐形的开启换气扇，保证空间的节能舒适度。穹顶中一圈阵列的倾斜Y形柱交汇到屋顶，形成了仪式感极强的公共空间。在这一丰富变化的全景球形观光大厅里既可以近眺楼下开放的公共花园，又可远望奥体中心区鸟巢水立方等建筑景观（图4）。多样新颖的非线性公共空间与城市相互交融，该建筑成为融合历史与未来的“城市客厅”。

图2　西南侧鸟瞰透视

图3　边庭空间效果

图4　穹顶空间效果

基于精确建造的数字建构

1. 几何控制体系

为了提高建筑的表现力和建造精度，设定了完整的几何逻辑系统对整个建筑的形体和细部进行控制（图5）。

首先对自由形体进行控制：通过尽可能简单规整的多边形空间网格来定位形体控制点，从而用最少的控制点定义NURBS曲面。其次对板边线控制：将基准曲面在不同标高平面进行剖切即可得到每层的板边线和幕墙基准线。板边线和幕墙基准线通过算法优化为弧线的组合，并生成坐标进行定位。再次利用轴线进一步控制：由于地下已经先行施工，形成了既有的平行轴线和环形轴线。这两组轴线依然对地上建筑的核心筒和内部柱子进行控制，同时增加了一组放射轴线来控制外围结构柱。最终所有的钢结构与幕墙体系都将基于这三组轴线和板边线进行控制和定位。

2. 定制的钢结构体系

由于形体复杂，为了实现钢结构的控制，所有结构轴线都与几何控制体系相关联，同时将扭面都优化成单曲面，降低结构构件和节点的复杂性。所有的钢结构模型直接传递给钢结构厂家，进一步施工优化后直接加工单元构件，借助模型生成的坐标进行现场精确安装。

钢结构外幕墙柱为了呼应幕墙和形体，通过放射轴线生成轴面并与形体控制面相交，生成柱曲轴线，这些线与各层标高边相交形成柱上、下控制点，连接起来即形成了多组共面的斜柱轴线。基于这条控制线形成的外围柱网最终汇集到形体的最高点，不仅具备美学意义，同时与结构受力原则契合。由于位于环形轴线上的地下柱子已经建成，为了实现与放射轴线控制的地上外幕墙柱的连接，在首二层采用V形柱进行转换，将地下结构通过极具表现力的手法转换到楼上结构，同时符合结构受力特性。屋顶Y形柱作为外幕墙柱在穹顶的延伸，同时也具备重要的视觉需求。为了降低截

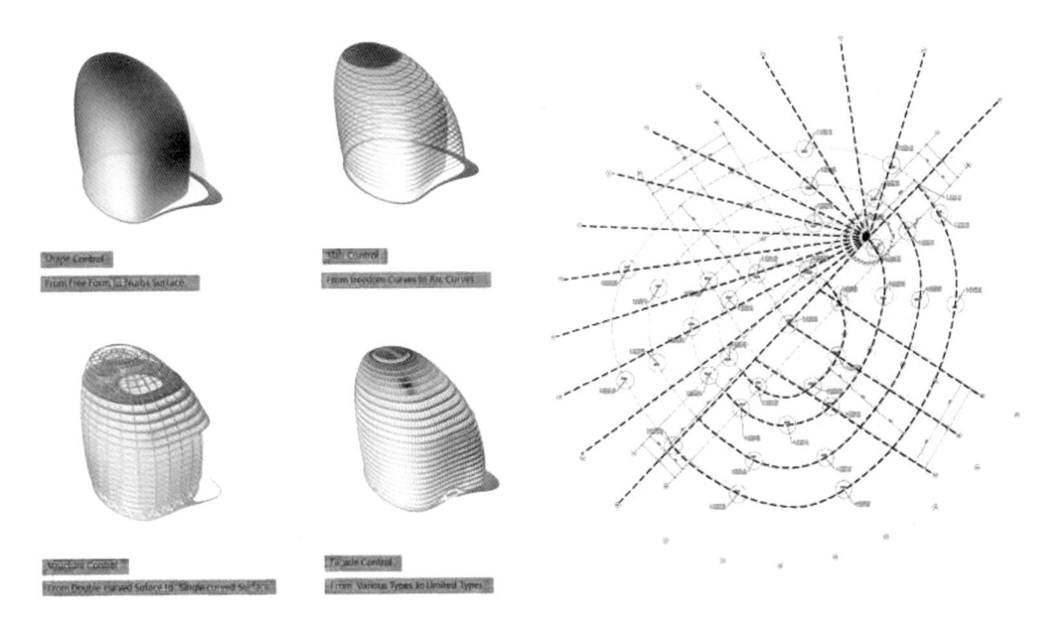

图5　几何控制体系

面尺寸，设计将其模拟树形分叉，在顶部收拢到一个圆环。内穹顶结构也沿放射轴线向中心汇聚到核心筒，最终与外穹顶网架联系在一起，形成了非常稳定的双层穹顶结构。

3. 拟合自由形体的幕墙体系

设计创新性采用锯齿形幕墙单元和蓑衣装配幕墙来实现平直构件对曲面的拟合。整个幕墙在优化后归结为十大类，共计约1500种3000个幕墙单元。每一类幕墙单元都依据轴线制定严格的几何原则控制，通过轴线、个数、尺寸等数据进行参数化设计，在不同参数关联下的结果中寻求最优解（图6）。

每一层外幕墙通过锯齿形幕墙单元进行排布，形成错落匀致的肌理，避免了直接利用平板进行拟合带来的生硬和构造不合理的缺点。锯齿单元的功能逻辑在于长边采光，短边通风；几何逻辑在于长边尺寸和长短边的垂直关系作为固定参数，短边尺寸作为拟合曲面的可变调控参数。为了降低造价和施工难度，幕墙也进行了相应的优化处理。所有的斜幕墙的倾斜方向均与各自所在的放射轴线一致，保证最终形成向心形的幕墙肌理与外结构柱呼应。

中庭幕墙为了呼应外幕墙，同样采用锯齿单元幕墙形式，但区别在于每一个单元均出挑，层间内凹，巧妙拟合了层层收紧的内穹顶空间。每一层单元个数相同，因而各层尺寸有差异，差异可通过锯齿单元的短边来进行调节。短边的铝板实体不仅可以通风，同时复合了吸音棉，解决了中庭的声音反射问题。这种设计理念最大程度的降低了单元类型个数，并保证了视觉效果。

幕墙穹顶曲面平缓，也是幕墙设计的难点。为了实现好的拟合效果和防水效果，在锯齿单元的

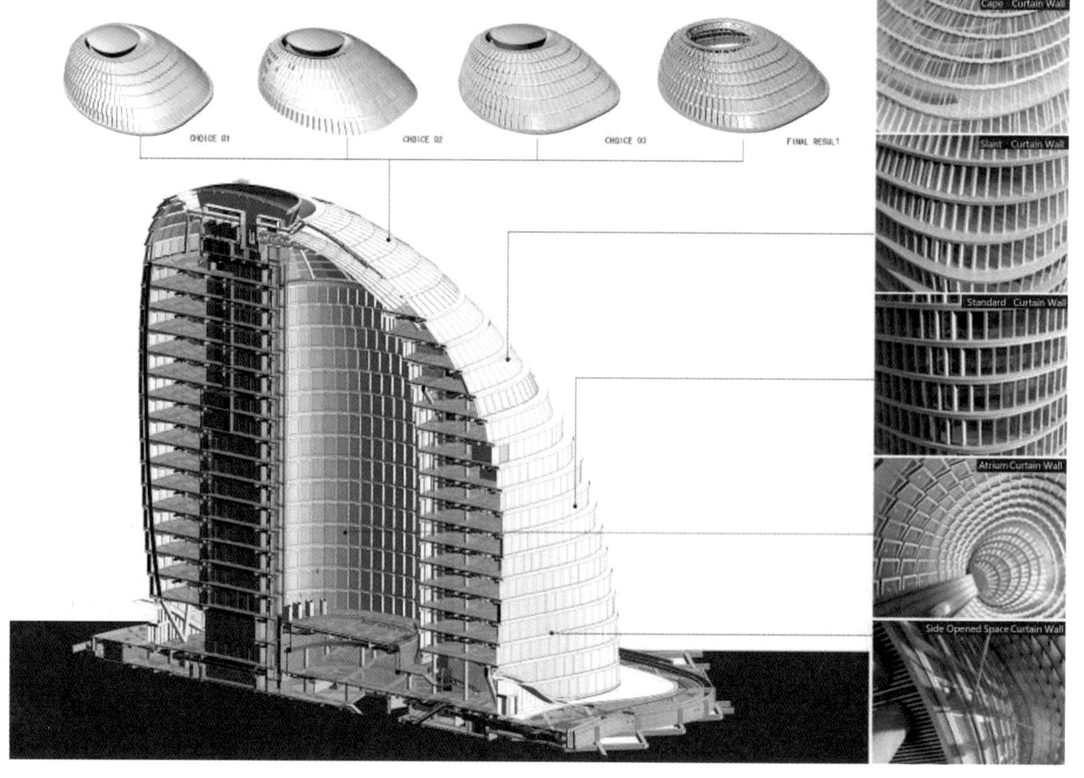

图6 各类幕墙设计

逻辑之上进一步采用了蓑衣幕墙的形式来弥合出球面。因而幕墙单元在上下和左右两个方向上都存在错位搭接，通过错位之间的缝隙来消化平面和曲面的差距。

4. 幕墙与土建、结构系统的精细化协同

为了降低造价，幕墙采用了层间幕墙的设计方式，因此对幕墙与土建和钢结构的结合要求非常高，而数字模型在协调不同的系统、保障精确施工的过程中起到了关键作用。面向施工的模型的建构远远比几何模型复杂，因为要更多考虑受力、构造、施工等多方需求。

中庭的幕墙为锯齿形轮廓，楼板也为锯齿形板边线，同时每个幕墙单元依托的三角形楼板均为悬挑。设计要求在500高的幕墙框架中包含楼板及悬挑钢结构，因此必须依托数字模型精确控制，解决各种矛盾，最终实现精美的幕墙效果。为了保证边庭空间的通透性，尽可能减少与主体的拉结结构，整个幕墙内都隐藏了网状钢结构，实现了幕墙的自承重。边庭钢结构的立柱和水平横梁分别隐藏在幕墙锯齿短边的实体铝板以及层间铝板之内，因此钢结构及幕墙单元的加工和安装都需要非常精确，这完全依赖于数字模型的精准。穹顶的幕墙由于采用了蓑衣幕墙的形式，因此与钢结构的生根连接也非常复杂。幕墙和钢结构的连接逻辑均在不同标高的水平面解决，并不断通过算法优化保证两者的距离保持匀致，避免了常规的法线逻辑连接带来的三维扭转。这种逻辑同时利于不可双曲材料的封闭，大大保证了施工效果。（图7）

图7　幕墙体系与结构体系的协同

基于性能目标的建筑整体设计策略

1. 基于BIM的全三维机电设计

结构和幕墙体系完成后导入REVIT，在其中进行土建及机电模型的建构。由于各层空间差异大，该项目先进行机电BIM建模然后输出图纸（图8）。屋顶空间和地下空间非常局促，BIM 大大提升了各层空间利用效率（图16）。BIM模型可进行信息提取，碰撞检测等，可避免图纸错误带来的后期拆改，保障施工质量。利用模型进行管线综合，控制净高，同时精装设计在BIM基础上准确建模设计并输出图纸。

2. 从数字模型到智能建造

基于精准的几何控制体系，我们完成了全专业的BIM模型。首层V形柱、穹顶Y形柱、蛇形坡道、飘带出入口等异形结构系统都建精细模并利用参数进行控制和输出，可直接对接钢结构施工（图9）。幕墙数字模型也直接提交给幕墙厂家进行进一步深化和加工，几千组不同的幕墙单元均可批量定制。在有限的工期内可高效生产加工出多类型的构件，并借助坐标数据和仪器进行现场的精确定位和安装，有效控制了施工误差，保障了建造成果与数字模型的高度一致。整个过程都是通过数字模型来传递，实现了无纸化建造。

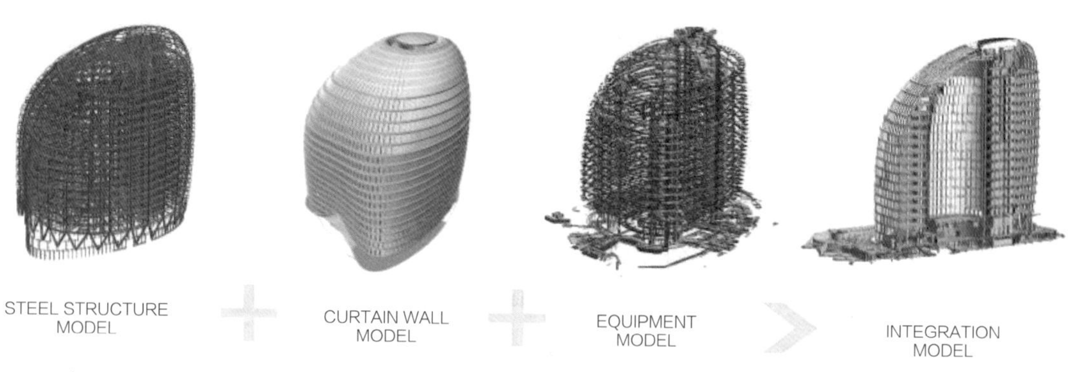

图8　全专业BIM模型

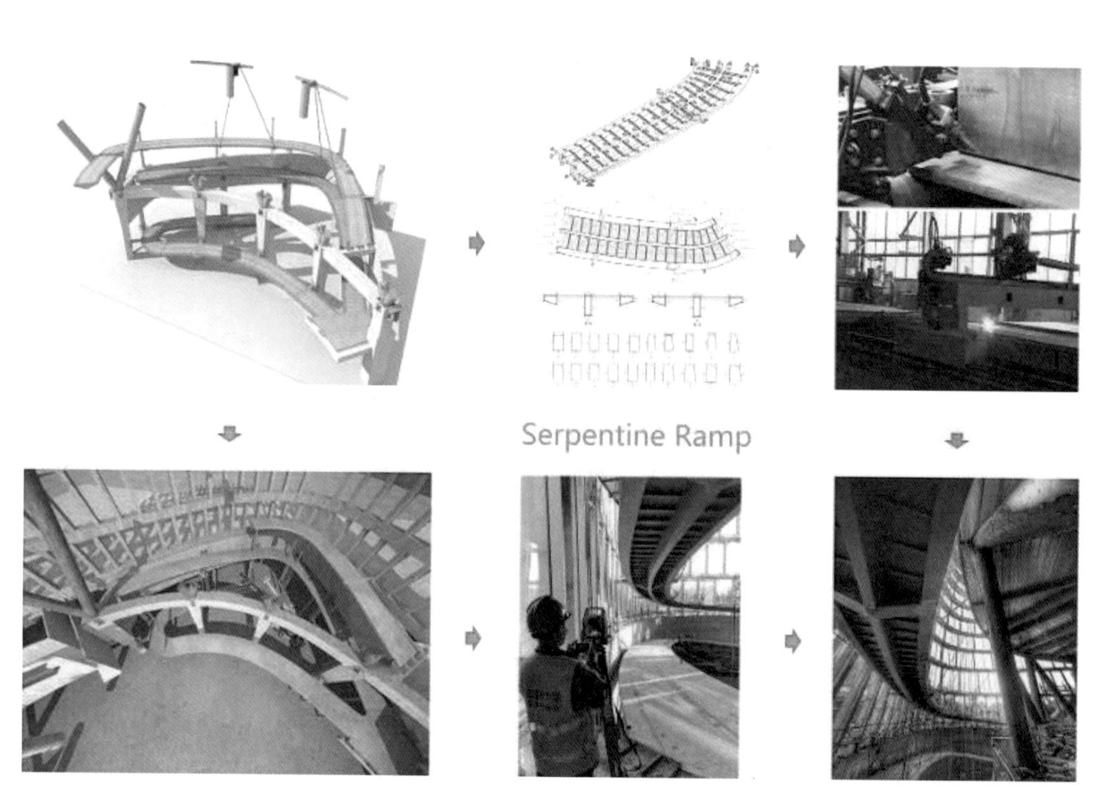

图9　蛇形坡道的设计与建造

3. 基于性能目标的绿色生态策略

该项目形体和空间的设计手法不仅仅考虑对城市和场所的呼应，同时旨在实现高性能的建筑。例如圆润倾斜的球状形体实际以周围建筑的视线和气流因素作为控制参数不断拓扑变化而成。同时这一形体将体形系数控制到最小，更有利于节能。内部中庭的设置为了应对建筑大体量的特征，将房间进深控制在合理范围，保证良好的采光。中庭的烟囱效应可将外圈办公的空气导出到穹顶，加强了自然通风的效果，保障了空间舒适度。边庭同样可将室内热空气通过边庭幕墙的电动窗排出，形成气流循环。建筑顶部的双层穹顶结构，一方面满足了防火的要求，另一方面实现遮阳的生态意义。整个建筑表皮均拟合为锯齿形幕墙，实现了大面积采光和自然通风的结合，为室内提供了更适宜的气候，并大大节约了能源。屋顶蓑衣幕墙体系中渐变增加的实体铝板避免了穹顶空间过多的热辐射，缓解了空调设备的压力（图10）。

除此之外整个结构体系设计为在顶部最高点拉结的双层穹顶网架形态，网架同时与三组核心筒有机结合，最终达到了视觉效果与受力原理均好的结果。结构方案避免了只为造型而不符合逻辑的结构形式，也避免了仅满足计算结果而不考虑形式，能将截面尺寸有效控制，大大提升了空间表现力。

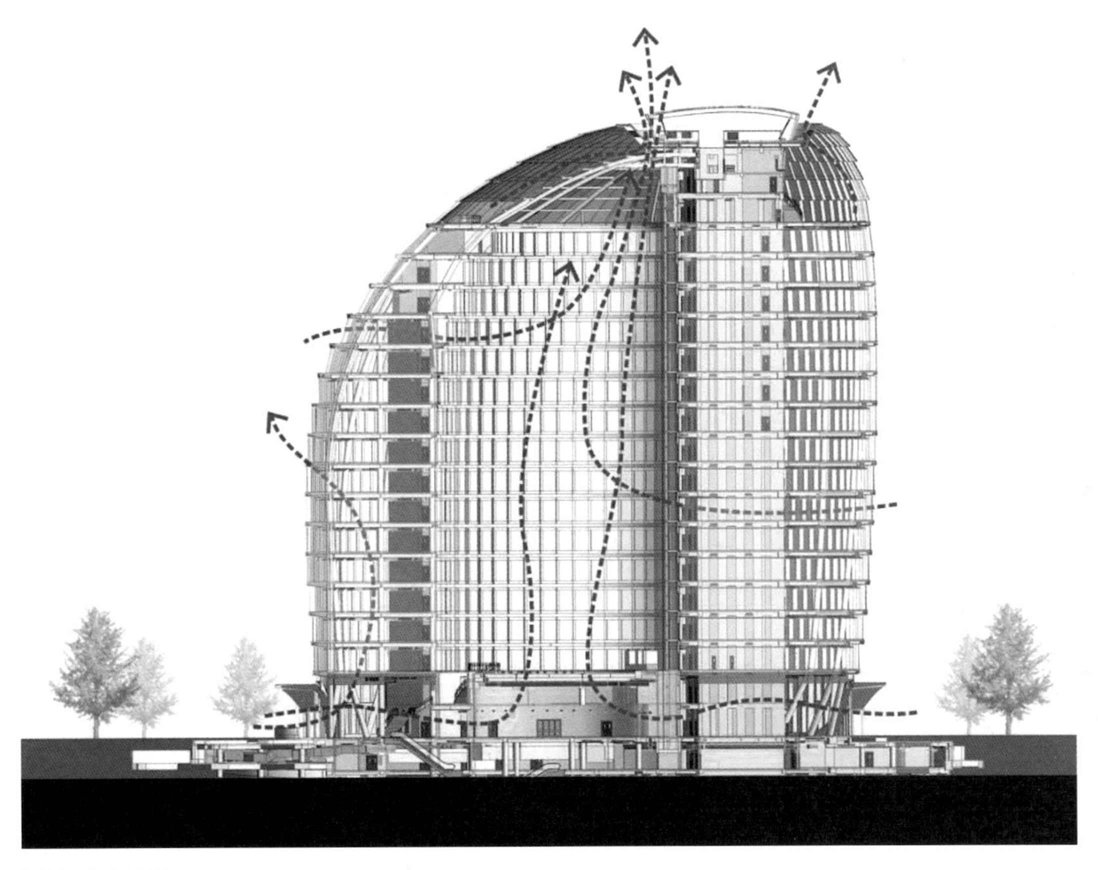

图10　通风组织

数字科技让设计获得了前所未有的可能性，也让建造达到前所未有的精确性。虽然人工智能具有极大的开发潜力，但在可以遇见的未来，设计师的创意策划和选择把控对建筑的物质性创造仍是决定性的。OS-10B大厦基于场所环境、使用者感受、技术性能等多方诉求，在建筑的生成和深化过程中制定了严密的控制逻辑。它既有基于参数化、仿真模拟的高精度特征，同时又是一个自由且“个性化”的不可复制的定制设计成果（图11）。各参建方目前还在尝试以设计团队的数字模型作为中心基础模型，实现全生命期BIM应用，以达到“数字孪生”的目标，让OS-10B大厦真正映射出建筑的未来。

图11　充满创意的中庭空间

图12　阳光明媚的首层环廊

图13　边庭空间实景

图14　中庭空间实景

图15　夜色中的建筑外幕墙

图16　极具韵律建筑外幕墙

图17　建成照片

设计团队BIAD—UFO

图片版权：北京市建筑设计研究院有限公司
建筑摄影：吴吉明

刘东卫

工学博士，中国建筑标准设计研究院总建筑师，住建部建筑设计标准化委员会主任委员。中国工程建设标准化协会产业化分会副会长，中国建筑学会建筑产业化委员会副理事长。国家“百千万人才工程”、“有突出贡献中青年专家”、国务院特殊津贴荣誉获得者。

长期从事建筑科技领域的建筑工业化和工程建设标准等科技攻关工作，负责的国家“九五”、“十一五”和“十二五”科技攻关课题获得国家科技成果奖、华夏建设科技奖等。致力于我国民生福祉方向的老龄化居住、可持续住区和保障性住房等建设实践，主持的项目获得中国土木工程詹天佑奖、全国优秀工程勘察设计奖等。作为学术带头人主编国家行业等标准十余部，出版研究专著十余部，发表学术论文八十多篇。

设计理念

多维化时空观的系统性设计。

在广泛的时空维度中思考社会经济、建筑产业等广义人居环境，以及关于城市可持续发展的未来建设课题，进而探求建筑设计所肩负的使命与意义，是一种“多维化时空设计”的系统性理念、方法与策略。

访谈现场

访谈

Q　你在建设科技的学术研究与设计实践方面成果丰硕且领域广泛，最初是如何与建筑研究工作结缘的？应该与你个人经历非常相关，请介绍一下你的经历。

A　我大学是建筑学专业，1980年入学，属于恢复高考后的第四届。与大多毕业后在设计院当建筑师的毕业生相比而言，我的工作经历既比较特殊又非常幸运。首先是我特殊的建筑领域研究经历。研究生毕业后在20世纪80年代的以建筑学研究所为主体的中国建筑技术发展研究中心（改名为“中国建筑技术研究院”）工作，它是国家唯一的建筑学领域的、建设政策制定与科技攻关的原建设部直属研究机构，有关国家建设政策与住宅发展方面的顶层设计成果几乎都出自于此。例如，我国对国外建筑工业化研究与住宅产业化的思想就是在此提出的，引领中国住宅建设的重大科技攻关项目，如建设部城市住宅小区试点、中日合作200年小康住宅研究，以及推动我国当时不同发展阶段的、建设部的住宅设计竞赛也都是由该院主办的，新中国建设不同时期建筑学领域的住宅规划建设与科研专家人才济济，许许多多的著名学者都曾在这里工作过，前辈们这些宝贵经验熏陶与自身经历使我受益终身。

我研究生毕业后在院里的村镇研究所（前身为建设部农村研究室）工作，除了承接少量全国农村建设与规划设计试点项目之外，主要从事国家村镇建设领域相关科研工作，之后的三十多年工作经历可以说科研是我的“主战场”。1992年我作为访问学者赴日留学，师从原日本九州大学著名教授青木先生学习建筑计划学、住居学和农村建设；其后，2000年在清华大学师从恩师吕俊华先生，博士论文也是关于居住健康的前沿性研究。留日回国后的二十多年又一直从事中日JICA项目等一系列国际住宅合作研究。在改革开放三十多年间，除了在中国住宅建设老前辈赵冠谦、窦以德、开彦、马韵玉、韩秀琪、白德茂、张菲菲、王仲谷和吕振瀛先生等大批著名学者的言传身教下，在改革开放后住宅建设的重要时期，我有幸主持设计了建设部城市住宅试点小区和小康住宅示范小区等试点项目，还经历了二十年的中日两国政府合作的JICA中国新住宅技术研究项目、中日住宅技术集成项目和中国百年住宅项目的三大国际合作研究示范项目，与藤本昌也、松村秀一、小林秀树、川崎直宏先生等学者学术交流、日本都市机构、日本住宅中心以及松下与骊住等全产业链企业专家共同研究与合作，非常幸运地能持续二十余年与国际团队攻关实施了北京雅世合金公寓和上海绿地百年住宅等示范项目。这些珍贵经历使我除了从建筑师角度来思考诸如建筑基本问题之外，更会以不同视野去思考社会经济文化问题与建设的广义发展问题，以及城市居住与可持续建设等方面的课题，去深刻理解建筑设计与研究实践在不同社会时期所肩负的使命和意义。

Q　建筑工业化在世界范围内如何发展的？当前我国建筑工业化发展存在哪些问题？国外建筑工业化对我国有哪些启示？

A　这二十多年我除了持续参加中日建筑与住宅交流会、中日韩居住问题国际会议和国际开放建筑会议等国际学术会议，进行国际学术交流并发表学术论文之外，从九十年代负责的国家科技支撑计划“九五”课题村镇小康住宅研究、国家科技支撑计划“十一五”课题绿色建筑关键技术研究、国家科技支撑计划“十二五”课题保障性住房工业化等的科技攻关研究，其中关于中国传统建筑业转型发展及其建筑工业化，长期以来一直是我研究的重点方向之一。从世界范围来看，建筑工业化快速发展源于第二次世界大战后出现的住宅严重短缺问题，世界各国都在争相采用工业化方法或产业化思维来满足当时大量且快速建设住房的急迫需求，欧洲和日本都是这样，即以建筑技术体系转型和革新进步为基础，采用新型工业化生产建造方式，实现了以住房为主体的建筑从数量阶段向质量阶段的剧变。

当前中国正处于建筑产业现代化的生产建造方式的转型新时期，虽然新中国成立以来建筑工业化研究实践已有不少探索，也经历了很长时间的发展阶段，但到今天总体上还处于传统建造模式的阶段。首先，在新时期发展建筑工业化要重视三方面的顶层设计问题，一是确立建筑产业现代化下基本质量品质理念与产业发展问题，二是重视建筑通用体系的工业化生产建造集成技术问题，三是可持续发展建设理念下建筑全生命周期的长久质量问题。这三个方面是当今发展建筑工业化的重要前提。第二，在建筑产业化发展方向上，从国外研究实践发展和中国的现实国情来看，基于可持续建设理念的开放建筑体系的通用建筑工业化体系，尤其是在当前建设高品质住宅时期至关重要，发展支撑体和填充体并行的新型建筑工业化建造方式道路，在我国近十年的研究实践也证明了这是符合我国建筑业转型和技术升级的发展方向。第三，我国传统建筑全装修产业与国外发达国家同行业建筑产业化水平相比，工业化程度较低，存在质量问题时有发生、建造过程能源和资源消耗大、环境污染等严重问题，特别是后期使用维护等问题，要通过推动新兴内装产业发展促进建设供给方式的根本性转变。

Q　你长期以来一直致力于保障性住房研究，请具体谈谈公共租赁住房建设方向与设计实践。

A　与国外发达国家相比，由于我国保障性住房的设计研究历史较短，其建设供给方式造成住房在功能质量、建造质量、成本控制和今后的运营维护等方面存在巨大的挑战，无法为如此大量与快速的建设提供技术保障。而国外很多公共住宅，其设计建设都是通过采用住房标准化工业化的设计方式，既容易实施又可保证最终的品质。国内设计人员长期以来大多进行的是商品房的设计，对公共租赁住房的设计与建造缺乏研究，特别是由于在公共住房的基本认识上尚存在不少问题，导致公共租赁住房的设计所引起的各种问题非常突出。在公租房大量、快速建设的挑战下，既要保证建造时间又要考虑质量和品质，推行标准化方式建设是保障公共租赁住房品质的根本途径。公租房设计重点是立足在有限的面积内实现基本功能和良好的品质，实现适用性、环境性、经济性、安全性和耐久性的有效结合。公共租赁住房是关系国计民生的重要课题，更需要考虑可持续发展要求，做到既落实节能减排的各项技术措施，又向惠及社会大众的高品质产品供给方向发展。

我们团队从国家社会与民生的可持续发展战略出发，长期致力于住房建设领域的许多重点领域的关键科研工作，在保障性住房领域取得了一系列攻关研究和实践创新成果。作为主编或主要撰写人出版了《公共租赁住房标准化设计研究》《绿色保障性住房建设与发展研究》等研究专著，负责住建部研究课题《绿色保障性住房建设与发展研究课题》《建筑产业现代化建筑体系和集成技术课题》和《公共租赁住房标准化设计研究课题》，并编制《绿色保障性住房技术导则》和《公共租赁住房优秀设计方案汇编》等重要技术文件。北京青棠湾公租房项目以国际先进的绿色可持续住宅产业化建设理念，在全国首次研发实现了新型建筑支撑体与填充体建筑工业化通用体系，系统落地了建筑主体装配和建筑内装修装配的集成技术等，实施了新型支撑体填充体的建筑体系与装修部品化技术，联合中国建筑、北京建工、清华紫光、远大住工、科逸科技和轻舟装饰等国内外十余家产学研用的科研、设计和生产施工等单位进行科技攻关，项目力求在保障性住房建设模式、破解公共住房寿命与能源资源问题、提升群众生活品质和培育部品产业方面进行创新探索。

青棠湾公租房项目装配式内装效果

Q　你主持设计了很多国际水准的建筑工业化示范项目，最让你觉得理想基本得到实现或者说最能体现你理念的是哪个项目?

A　北京雅世合金公寓项目历经"十一五"时期的五年，正值国家以科学发展观统领全局着力推进转变经济发展方式的五年，示范项目只有5万多平方米，却是一个实施的特例，它整个设计研究用了5年时间完成。一方面来说，这个项目是中日技术集成型住宅的示范项目，这个项目源于2004年在东京召开的日中建筑与住宅技术交流会的提议，经过两年的前期准备，2006年日本住宅中心和中国建筑设计研究院签署《中日技术集成型住宅示范项目》计划，把国际先进工业化建造理念、体系和部品集成技术通过两国共同研究，以建造示范项目的方式落地。另一方面来说，这个项目也是国家"十一五"研究课题的示范项目，当时结合团队承担的国家"十一五"研究课题《中小套型高集成度住宅全生命设计技术、系统及产品研究》，把我国住宅产业化发展及普适性工业化住宅方向的攻关研究与日本技术集成住宅研究有机地结合在一起。项目引进国际先进理念及其集成技术，是我国首个将当代国际领先水准的SI住宅体系及其集成技术全面开发应用的住宅示范项目，又是中国当代住宅工业化关键技术系统研发和具有优良住宅性能的普适性中小套型住宅建设实践。

北京雅世合金公寓设计方案

北京雅世合金公寓项目运用具有我国集成创新的“百年住居体系（Lifecycle Housing System）”的住宅建筑通用体系的，采用住宅工业化生产的集成技术，通过产业化技术实现了省地节能环保，延长了住宅的使用寿命。项目通过集成技术的工程项目示范，带动了建筑行业技术进步，提高住宅建设的资源利用率和经济、社会、环境等综合效益。项目首次与日本全产业链住宅技术研发、设计和部品的大量机构进行了密切合作，把日本工业化领域最先进的集成技术和部品完整地运用到雅世合金公寓项目中，竣工后先后有全国两千多家开发商前来参观，很多日本业内人士专程赶来参观，包括日本开发企业和各国学者等。项目立足于探索新时期我国住宅可持续发展的建设之路，联合了国内外科研院所、全产业链企业等共同攻关，提出了具有国际水准的整体解决方案，项目在推动新型建筑工业化关键技术系统研发和技术集成应用等方面具有开创性的意义。2009年由住建部主办的第八届中国国际住宅博览会上，首次建造了以此为蓝本的代表着住宅建造最新理念的概念屋“明日之家”，全新介绍住宅新产业成果和最新住宅理念，展示了最前沿技术，力求为引导住宅未来发展做出贡献。

Q　近年来国家正在大力推动城市更新和既有建筑改造工作，在许多场合都在发出面向“城市住区老龄宜居环境更新”和“既有建筑技术产业发展与开放建筑改造模式”的呼吁，请具体做出介绍。

A　这十多年的国外考察研究，印象尤其深刻的是国外全力应对城市更新的巨大挑战；同时，目前城市既有住区高龄老人所依赖的传统居家照护模式逐渐走向解体，既有住区高龄者家庭对住区照护服务的供给需求愈加强烈，因此以既有住区为载体实现高龄老人宜居环境，就地解决高龄老人的养老照护问题迫在眉睫。当前，中国住宅开发建设已进入重要的发展转型时期，存量住宅和既有住宅建筑与住区的更新改造，已经成为中国城市发展和住宅建设中的重大问题，在我国城市化建设已进入“存量”与“增量”并存的时期，城市既有住区中大量老旧公共建筑长期闲置，特别是在人口高龄化发展与需求面前，实现对其闲置空间的功能置换和再利用是我国当前养老设施建设的现实选择。国际建设实践经验表明，以既有建筑产业技术为基础，存量住宅和既有住宅建筑与住区的更新改造，采用先进合理的可持续更新改造方法及产业化技术是未来方向。

近年来结合城市住区老龄宜居环境更新的理念，我们团队与国际同仁合作，在北京既有住区中设计建造了十个既有建筑改造项目，都采用了开放建筑改造模式进行探索实践。我们做的北京亚运村安慧里介护型养老设施工业化内装改造是一个典型案例，这个2000平方米项目的定位是，在设计建造上一是要全产业链实施，二是要国际化视野。项目原有建筑为20世纪90年代初砖混结构建筑，设计限制较大，需要进行优化改造。首先，以新加梁柱框架作为支撑结构代

北京亚运村安慧里介护型养老设施工业化内装改造

替原墙墙承重，形成不同的适宜空间。其次，项目外围护墙体整体采用ALC板装配式外挂系统，在工厂标准化预制生产现场直接装配使用，整个过程全干法施工。第三，进行装配式隔墙、吊顶和楼地面进行改造。第四，我们采用架空地板体系，同时整合干式地暖系统，设备管线均布置于架空层之中，与主体完全分离。第五，进行模块化整体卫生间施工建造，设计与产品厂家合作，开发出全新的适老化集成整体卫浴产品。针对既有建筑实际改造问题，项目采用新型建筑工业化改造模式，在基于SI建筑体系支撑体和填充体完全分离的基础上，构建工业化改造通用体系作为建筑再生的设计建造方式。管线与主体结构完全分离的做法，方便使用者在建筑后期管理维护中进行内装改造与部品更换，从而实现延长设施使用寿命、减少建筑资源浪费、构建可持续型发展社会的目的，进行内装工业化部品集成为既有建筑改造技术实施，推动介护部品研发应用，提升适老化内装部品水平。

Q　你刚才重点提到满足老龄化社会的高龄老人长期照护需求问题，你长期以来致力于适老化通用设计与新型养老设施方面的探索实践，请分享一下你在这方面的成果。

A　我九十年代初在日本留学期间，当时对我的老龄化社会认知产生了巨大影响。随着我国老龄化的发展，尤其是我个人家庭和父母居住的部队干休所叔叔阿姨的30年经历，又深深地触动了我去思考。在我国城镇人口高龄化、失能化，家庭空巢化、少子化交织发展的老龄化背景下，关注和改善城镇高龄失能失智和独居老人群体的照护问题，已成为当前养老事业亟需关注的焦点性课题。我们团队在建筑学科领域的老龄化设计研究，可分为适老化居住建筑和养老设施建筑两条学术研究主线。针对前者，建筑学报2015年组织出版了特集《适老设计研究与实践》，对我们近年来的理论方法和实践进行了系统介绍。在2018年组织出版了特集《高龄老人照料设施研究与实践》，其聚焦“高龄化时代养老建设策略与设计研究”这一主题，以期通过对国内外理论研究与实践的梳理与思考，厘清城市高龄人口介护养老的历史脉络和发展模式、设施建设的策略与效应、设计理论与空间操作方法，思考养老设施建设的战略框架和路径选择，寻找适合我国高龄人口养老需求的养老设施可持续发展之策。

我们团队与清华大学和日本立亚设计实施的首开寸草亚运村学知园养老项目，强调与城市社会发展高龄者养老设施环境建设问题相结合，结合城市复合介护型养老设施建构与供给，探索我国高龄养老设施及居住环境建设可持续发展方向。项目位于北京市亚运村社区，我们从既有建筑原有的外在形态与内部功能特征出发，对其进行了从整体到细部的一系列设计实施工作。对既有建筑的改造是对城市原有特征进行保护的方式，要通过对既有建筑的改造利用，使其具有新功能和社会意义，使得北京城市发展的痕迹延续地留存下来，又可为亚运村高龄者养老设施环境建设发挥新的生活价值，项目设计理念具体体现在建筑的延续性，在社会经济与文化发展中探求建筑功能与形态的意义所在。

首开寸草亚运村学知园养老项目

Q　你长期从事我国建筑工程标准化建设工作，结合当前国家正在大力推动装配式建筑发展主持了相关技术标准编制工作，你对其未来发展的主要观点是什么？其标准的出台对行业具有哪些重大意义？

A　我担任着住建部建筑设计标准化委员会主任委员、同时承担着负责编制住建部大量国家标准的工作，主编了国标《装配式混凝土建筑技术标准》、国标《装配式钢结构建筑技术标准》、国标《装配式钢结构住宅建筑技术标准》、国标《装配式住宅建筑设计标准》、国标《公共租赁住房建设标准》等国家标准。近十年结合我们团队的科研课题，对国内外装配式建筑的历史、现状与发展做了大量的调查与研究。我的主要观点是，我国装配式建筑的发展应该走一条新型建造供给方式，推动装配式建筑走向可持续建设产业化之路。我国传统建筑业在建设和使用过程中，都伴随着资源环境质量、居住环境质量等可持续发展的一系列亟待解决课题，这些已日益得到人们的关注，以新型建造供给方式推动装配式建筑走向绿色可持续建设之路扮演着至关重要的角色。当前，我国装配式建筑发展，要寻求新型建造供给方式，走向新产业、新体系和新供给为中心的绿色可持续建设发展之路。新产业即以转变发展模式为主线，全面发展建筑产业现代化体系；新体系即以转变建造方式为主线，大力推进新型装配式建筑体系与标准；新供给即以转变供给结构为主线，创新实施品质提升的优良产品，全面提高建筑工程质量、效率和效益水平，促进社会经济和资源环境的可持续发展。

2010年以来，我与装配式建筑标准编制工作结下了“不解之缘”，标准院时任院长孙英交给我一项重要任务，接手装配式住宅建筑设计规范的编制工作。当时国内在该领域的研究与实践基础非常薄弱，孙英院长的思想很前瞻，她从国家发展战略和建筑工业化顶层设计的角度思考这个问题，向住建部提出编制装配式建筑设计规范的请示，经过努力立项了《装配式住宅建筑设计规程》的编写工作。在我们编写这个标准的过程中，建筑工业化概念突然为行业所认知，标准规范缺失的问题在当时引发了热议。而我在编制《装配式住宅建筑设计规程》之前的几年中，大规模的国内外调查为后期的标准编制工作打下了重要基础。装配式住宅建筑系列标准研究编制，构建了新型工业化建造方式的装配式建筑体系，即是一个全专业全过程的系统集成的过程，是以工业化建造方式为基础，实现结构系统、外围护系统、设备与管线系统、内装系统等四大系统一体化集成，以及策划、设计、生产与施工一体化的过程。系列标准明确了装配式建筑的概念、内涵及顶层设计，首次构建装配式建筑的四大建筑集成系统，提出装配式建筑的系统集成设计技术、建筑完整产品的统筹设计技术、建筑全生命期可持续的品质设计技术，并明确了新型装配式建筑建造方式的全面“六化”技术要求。在我国建筑业转变建造方式的背景下，针对当前我国装配式建筑中亟待解决的可持续建设问题，借鉴国际先进经验，为新时期高质量发展的装配式建筑转型发展指明方向，标准的出台和实施，对贯彻和落实国家绿色可持续发展战略，推进整个行业转型具有重大意义。

Q　请对未来房地产业和住宅建设的可持续发展提一些建议。

A　新中国成立70年、改革开放40年来，我国城乡人居环境和住宅建设取得了非常辉煌的成就，但从社会、经济与环境的可持续发展来看，总体仍不尽如人意。当前我国城镇住区建设发展环境正在发生深刻变化，粗放开发建设模式已难以为继，必须坚持以可持续发展人居环境建设为中心、加快推动绿色住区发展方式，实现住区建设向生态优先、绿色发展、节约资源和保护环境、生态文明的可持续发展道路转变，全面推动住区建设质量和绿色生活居住方式转型升级。以新时代城镇化高质量建设和绿色发展方式转变为基础，在房地产业中推进绿色住区的开发建设，是实施绿色发展战略的必然选择，是破解开发建设领域可持续发展难题的有效途径。

2019年我们团队协助中国房地产业协会修编了新版《绿色住区标准》，同时正在与房地产开发企业推进试点工作。绿色住区标准以贯彻新发展理念为引领，通过建立城镇住区建设管理、人居环境质量体系和绿色城市住区建设技术支撑体系，来促进城镇人居环境高质量建设发展。绿色住区的基本核心是高质量发展住区与城市融合发展，在适应新时期城市美好生活发展要求，融入城市社区发展的理念，以可持续发展的理念着力营造绿色美好生活，并对全生命周期的住区资源与环境提出更高可持续建设发展要求。

Q 你现在的主要研究方向是什么？介绍一下你的工作室的重点设计实践工作情况。

A 刚才基本都有介绍，我们工作室的研究方向一直都聚焦在居住领域的四个重点方向上，即工业化建造、可持续住宅、保障性住房和养老建筑与设施。工作室的主要研究与实践是从国家可持续发展战略和住有所居的建设需要出发，致力于住宅建设领域的学科科研与前瞻性实践，希望对转变城乡住房建设发展模式攻关和建筑产业化技术发展方面做出应有的贡献。

在设计实践聚焦上，针对中国住宅寿命不高的严峻课题，正在致力于建筑长寿化技术的研发与设计实践，延长住宅使用寿命，实现可持续居住和资源节约型社会的构建。

我们的住宅设计项目都是以绿色可持续建设理念为基础，以百年住宅建设项目为试点，以促进住宅建设供给模式和建造方式转型升级为核心，重点对开发建设、设计建造以及后期运维等的整体技术解决方案进行整合建设实施。百年住宅建设通过有效地实现提高建筑结构耐久性技术、居住空间适应性技术等集成技术，大力提高建筑长久居住品质，以期对构建可持续性社会的居住生活环境做出贡献。

图1 外观实景照片

北京 雅世合金公寓项目

设计时间	2005年
竣工时间	2009年
建筑面积	77848m^2
地　　点	北京市海淀区

北京雅世合金公寓项目既是根据百年住居理念的LC住宅体系实施的建设实践，也是“十一五”国家科技支撑计划课题《绿色建筑全生命周期设计关键技术研究》（2006BAJ01B01）的试点工程。项目同时作为中日两国住宅科技企事业机构共同合作的“中日技术集成示范工程”，是在引进国际先进理念及其技术的基础上，吸收代表当代国际领先水准的SI住宅技术系统等成果，进行普及性、适用性和经济性研究并整体应用的我国首个住宅示范项目。

项目位于北京市海淀区西四环外永定路北端，项目用地为2.2hm^2，总建筑面积为7.78万m^2，容积率为2.20，有两栋公建设施和8栋6~9层住宅，共计486户。项目是我国长寿化住宅体系的建设实践。项目在实践中应用了具有我国自主研发和集成创新的住宅体系与建造技术，力求建成我国普适型工业化住宅体系与集成技术的示范基地。这将为今后在我国住宅建设中，在保证居住品质且提高住宅建筑全寿命期内的综合价值的前提下，为实现节省资源消耗和可持续居住起到良好的促进作用。

项目是中国最早完整实现住宅支撑体和填充体分离的开放性装配式建筑实践，在中小套型中采用了SI（Skeleton and Infill）住宅设计与技术。在项目的实施过程中，将住宅研发设计、部品生产、施工建造和组织管理等环节联结为一个完整的产业链，实现住宅产业化。通过设计标准化、部品工厂化、建造装配化实现了通用的新型工业化住宅体系，构建并实施了装配式建筑工业化内装部品体系和综合性集成技术。合金公寓项目以绿色建筑全寿命期的理念为基础，对保证住宅性能和品质的规划设计、施工建造、维护使用、再生改建等技术进行集成创新与应用。

图2　外观实景照片

图3 立面细部设计

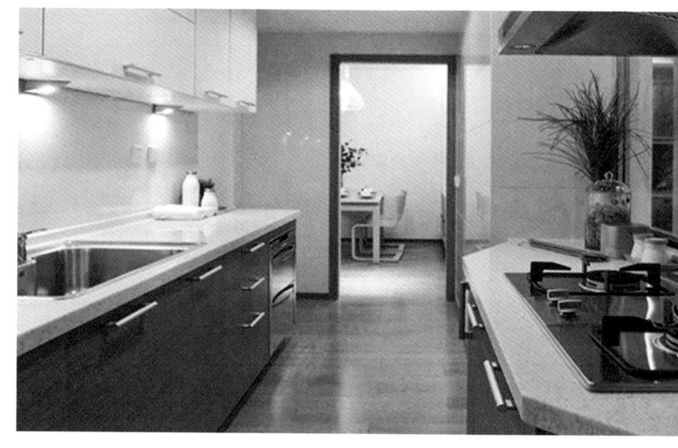

图4 套内实景照片

图5 套内实景照片

1. 两阶段装配式工业化集成建造体系

为了满足住宅批量供给需求，全面提高居住的综合性能与品质，通过住宅技术部品集成和结构主体、内装与设备集成，项目采用以引进国际先进技术为基础的两阶段装配式工业化生产方式的新型住宅体系与应用集成技术。两阶段装配式工业化集成建造体系以建立装配式建筑集成技术体系为目标，其集成建造技术体系由两级4部分构成，即由主体结构系统、围护结构系统、集成化部品系统和模块化部品系统为核心的技术与部品生产体系。两阶段装配式工业化生产方式可实现住宅技术集成化和生产工业化，推动住宅生产从手工作业向工业化生产转变，其集成化建造技术通过集成技术的工程项目示范，可带动建筑行业技术进步，提高住宅建设的资源利用率和经济、社会、环境等综合效益，具有广阔的应用前景。

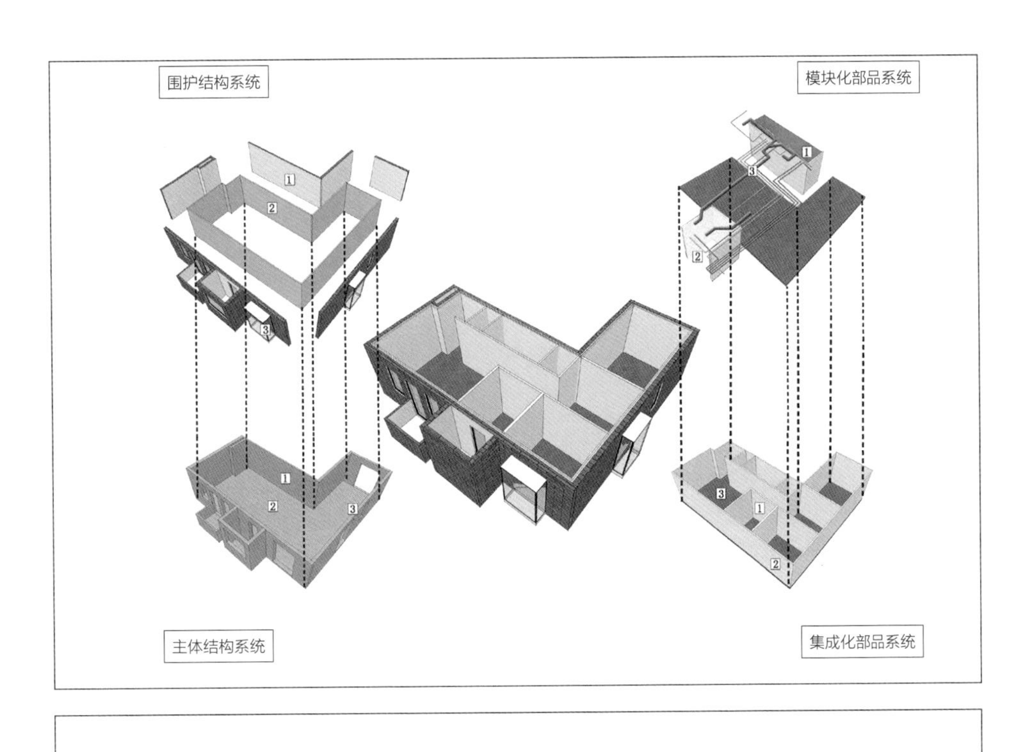

第一阶段
支撑体集成技术系统

第二阶段
填充体集成技术系统

围护结构系统，包括1—外装　2—保温层　3—门窗屋面等
结构主体系统，包括1—承重墙　2—楼板　3—梁柱等

模块化部品系统，包括1—整体厨房　2—整体卫浴　3—管线系统等
集成化部品系统，包括1—轻质隔墙　2—架空墙体　3—地板吊顶等

图6　SI住宅两阶段装配式工业化生产方式的集成建造体系

2. 普适型3U住宅整体解决方案

项目在分析我国现实家庭人口状况和生活方式等国情的前提下，从我国当前中小套型住宅建设问题及面向21世纪普适型住宅建设的品质两方面入手，制定了百年住居理念的普适性3U住宅整体解决方案，建立了全生命体系（Universal Lifecycle System）、全功能体系（Universal Function System）、全设施体系（Universal Equipment System）三大标准体系。项目针对当前我国住宅寿命短、耗能大、建设通病严重、供给方式上的二次装修浪费等问题，以及居住方式上的居住性和生活适应性差等影响我国住宅可持续发展的建设问题，提出了整体解决方案。

全生命体系：普适性3U住宅解决方案的全生命体系，立足于满足居住家庭全生命周期内的空间环境的适应性，考虑住宅的持久耐用性，满足日常生活及将来的变化，既

图7　套型变换适应家庭全生命期不同阶段

可实现居住者的长久居住，也能够得到物超所值的居住空间；既延长住宅居住功能的生命周期，提高了社会资产的价值，也降低了资源的消耗，同时还充分利用了可再生资源。

全功能体系：项目从中等收入家庭对普适性住宅居住功能的完备性和面积空间能效性要求入手，从满足核心家庭居住功能需求出发，实现功能的优化集约。普适性3U解决方案的全功能体系，由综合型门厅、交流型LDK、多用型居室、分离型卫浴、家务型厨房、居家型收纳等功能系统构成。

全设施体系：通过采用SI住宅装配式工业化技术将产品与技术整合，结合成套技术的研发，形成住宅生产的工业化，力求通过住宅技术集成体系提高住宅工业化程度，全面地提高住宅性能和居住品质。在关键集成技术方面，重点进行加快装配式技术整合和优化建筑体系工作，研发普适型中小套型住宅设计的装配式集成技术。

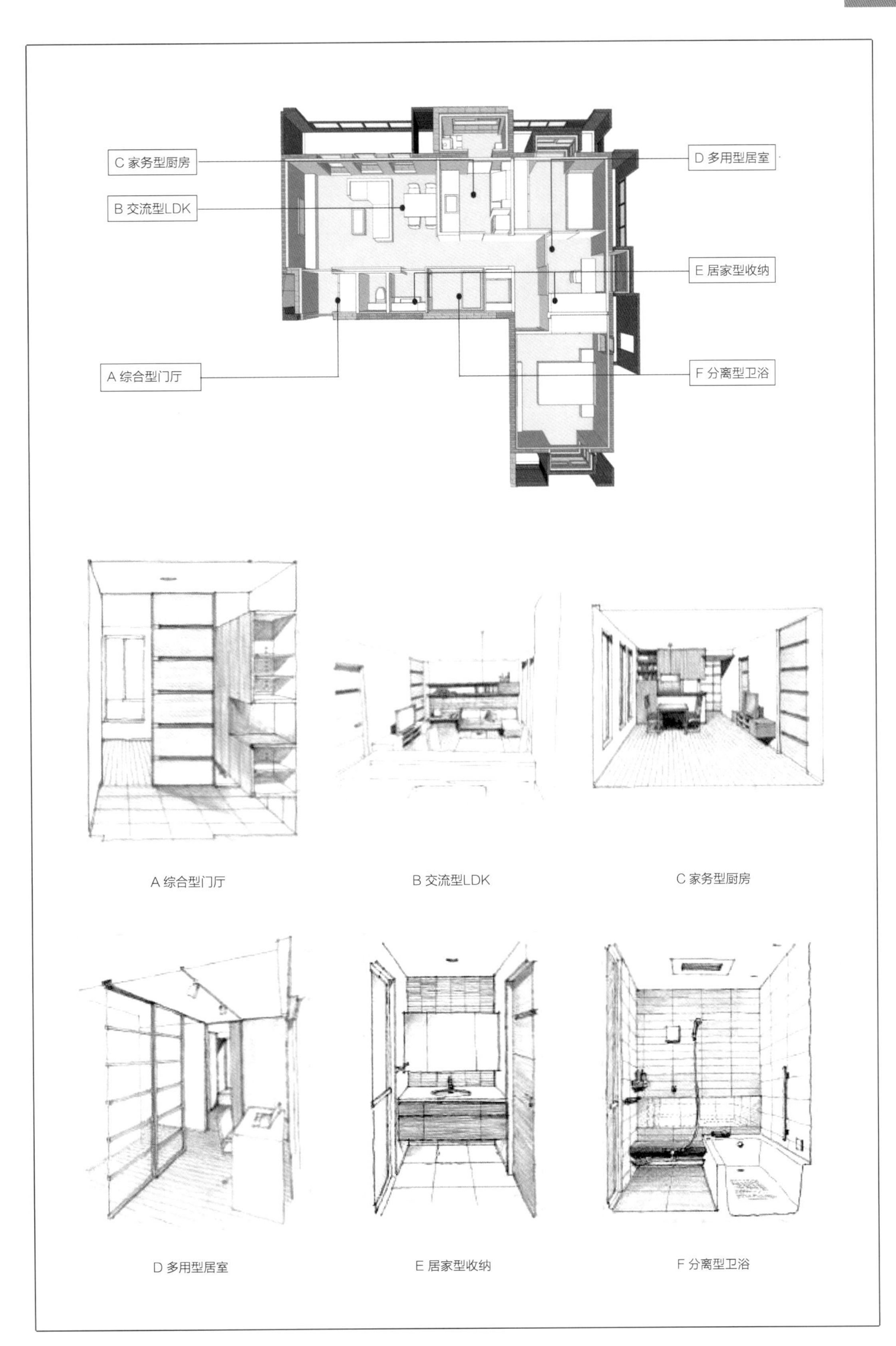

图8　六大功能系统分析与设计

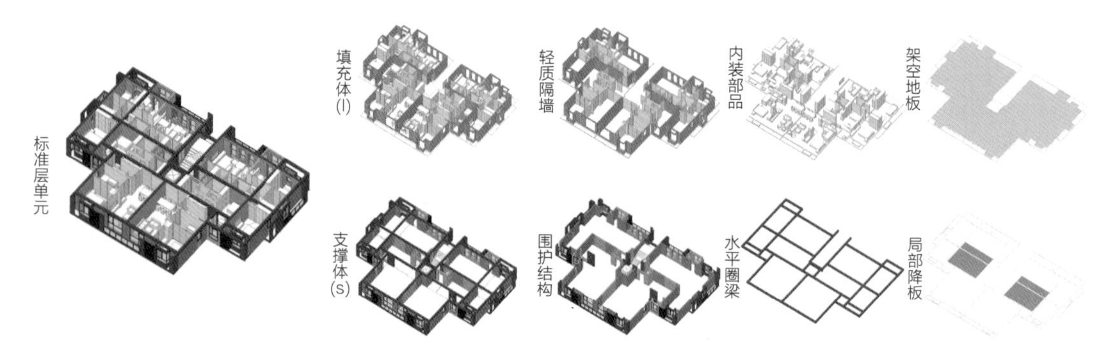

图9 普适型中小套型住宅装配式集成技术

3. 装配式内装工业化创新集成技术

项目立足于探索新时期我国普适型住宅可持续发展的建设之路，统筹考虑装配式建筑与住宅生产工业化等基础技术条件，实行了产、学、研、用相结合的技术创新体系模式，联合了科研院所、高校、房地产企业共同开展科技攻关。项目从提升居住品质出发，结合精装修采用了装配式内装集成技术。针对全寿命期设计和建造技术，运用隔声技术和部品、安防技术与智能技术和部品、同层排水技术和部品、干式地暖技术和部品、新风换气技术和部品等，打造具有优良性能的、示范性普适中小套型的精装成品住宅。

墙体与管线分离的内装工业化集成技术：一般来说住宅结构的使用年限在50年以上，而装修部品和设备的使用寿命多为10~20年。也就是说在建筑物的使用寿命期间内，最少要进行2~3次重新装修施工。管线填埋的做法，既不符合工业化施工要求，难以保证质量，而且日常维护修理也是异常困难，完全不适合住户重新装修的需求。项目工业化集成技术开发在保证居住基本功能的基础上，进一步考虑提高日常的设备维修以及将来改建翻新，采用国外先进的建筑主体与辅体相分离的技术理念，对住宅内装工业化集成技术进行开发和整体应用。其内装工业化集成技术可以将住宅室内管线不埋设于墙体内，使其完全独立于楼体结构墙体外，在建设时，施工程序明了，铺设位置明确，施工易于管理，特别是入住使用时维修方便，且有利于住户将来装修改造。

架空地板集成技术：项目在室内采用全面同层排水技术，也就是将部分楼板降板，实现板上排水。管道井内采用排水集合管，同时连接两户排水横管。地板下面采用树脂或金属地脚螺栓支撑，架空空间内铺设给排水管线。在安装分水器的地板处设置地面日常检修口，以方便修理。架空地板有一定弹性，对容易跌倒的老人和孩子起到一定的保护作用。同时，与一般的水泥地直铺地板相比，地面温度相对较高，温度适度也是架空地板的一大特征。为了解决架空地板对上下楼板隔音的负面影响，在地板和墙体的交界处留出缝隙，方便地板下空气流动，已达到预期的隔音效果。

双层结构墙与内保温集成技术：项目承重墙表层采用树脂螺栓或木龙骨，外贴石膏板，实现双层贴面墙。架空空间用来安装铺设电气管线、开关和插座。外墙采用内保温做法，可充分利用贴面墙架空空间。与传统外墙的水泥找平做法相比，石膏板材的裂痕

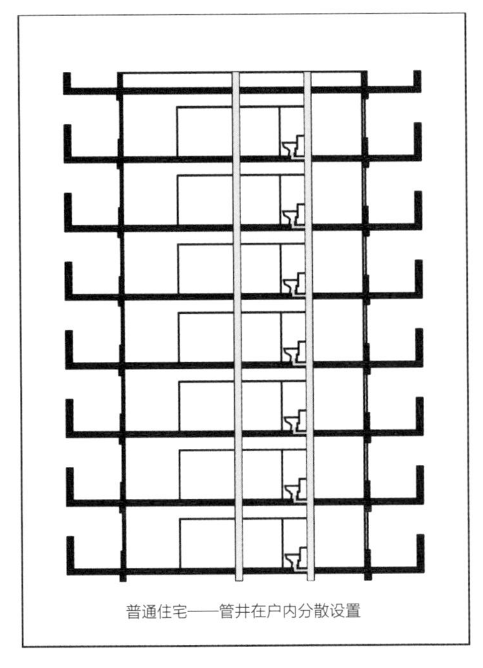

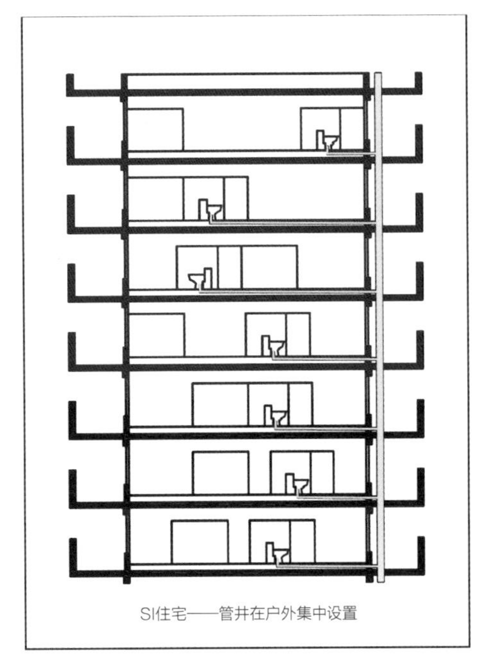

图10　墙体与管线分离的内装工业化集成技术

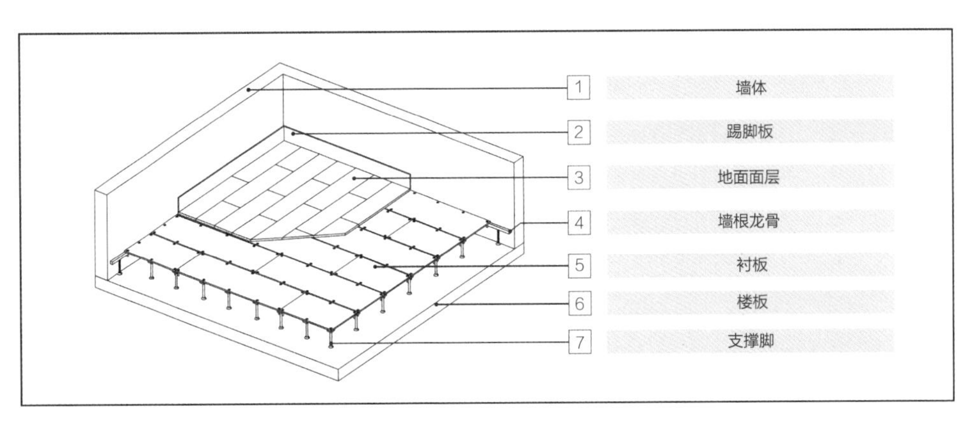

图11　架空地板

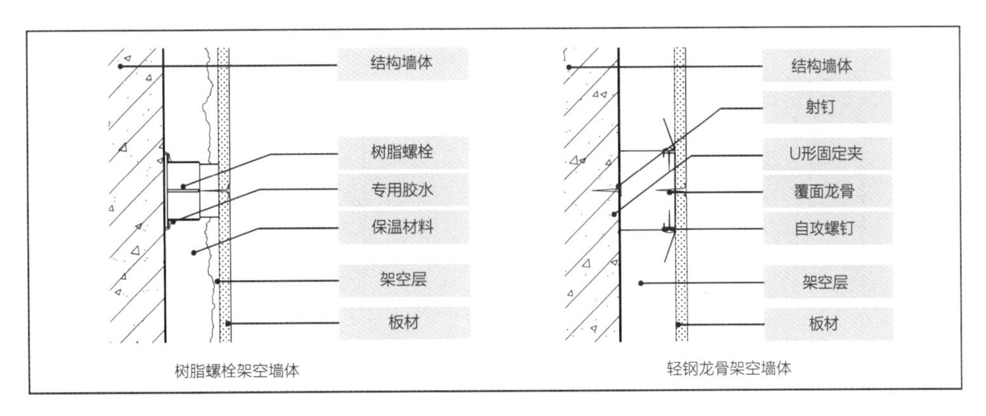

图12　双层结构墙

率较低，粘贴壁纸方便快捷。采用内保温施工工法，在双层贴面墙架空空间内喷施内保温材料，达到了北京65%节能标准。与外保温工艺相比内保温工艺施工安全，不会出现脱落现象。从长远看，外保温更新需要拆卸外墙表层部分，施工时间长，规模大，耗资大。而内保温可以同内装一同更新，施工简单，周期短，随时可以进行维修，大大减轻住户的经济负担。

轻质隔墙集成技术：室内采用轻钢龙骨或木龙骨隔墙，根据房间性质不同龙骨两侧粘贴不同厚度、不同性能的石膏板。需要隔音的居室，墙体内填充高密度岩棉；隔墙厚度可调，因而可以尽量降低隔墙对室内面积的占有率。此类隔墙，墙体厚精度高，能够保证电气走线以及其他设备的安装尺寸。同时，隔墙在拆卸时方便快捷，又可以分类回收，大大减少废弃垃圾量。

双层顶棚集成技术：项目采用轻钢龙骨，实现双层顶棚。顶棚内架空空间，铺设电气管线、安装灯具、换气管线以及设备等使用。将各种设备管线铺设于轻钢龙骨吊顶内的集成技术，可使管线完全脱离住宅结构主体部分，并实现现场施工干作业，提高施工效率和精度，同时利于后期维护改造。

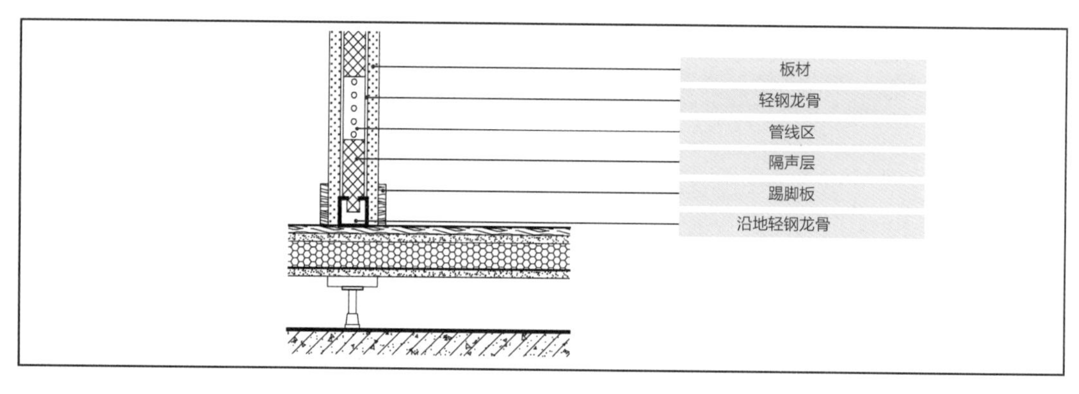

图13　轻质隔墙

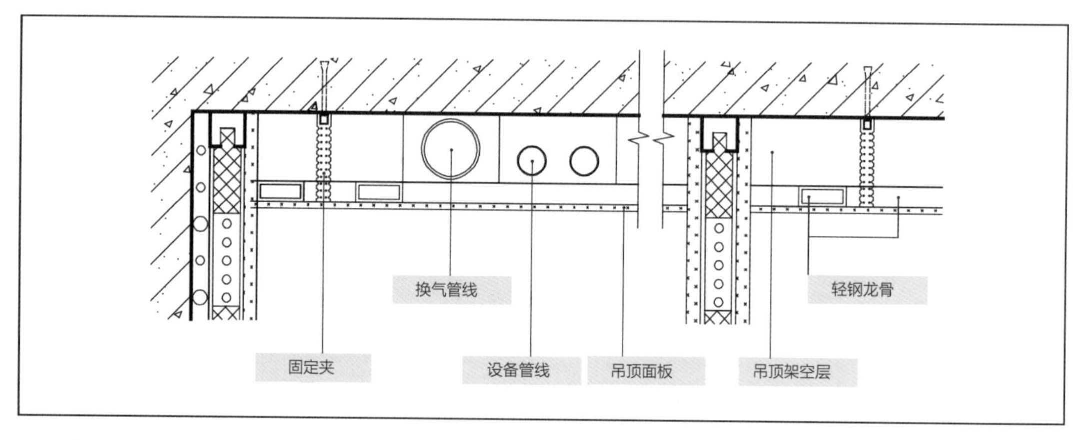

图14　双层顶棚

集中管井集成技术：目前，国内多采用板下排水方式，万一发生漏水或修理问题，都会殃及楼下住户，同时排水的噪音也是令使用者烦恼的事情之一。因此，项目在公共楼道部分设置公共管道井，尽可能地将排水立管安装在公共空间部分，再通过横向排水管将室内排水连接到管道井内。

同层排水集成技术：在室内采用同层排水技术是将部分楼板降板，实现板上排水。同时，管道井内采用排水集合管，连接两户排水横管，节省材料。

日常检修维护集成技术：为满足设备定期检修及更换需要，项目针对换气设备在其附近设置天花检修口，对给水分水器设备在其上方设置地面检修口或墙面检修口；对较长横排水管接头附近设置管道检修口，采用带有检修口的排水集合管等一系列措施，保障设备管线的正常使用。

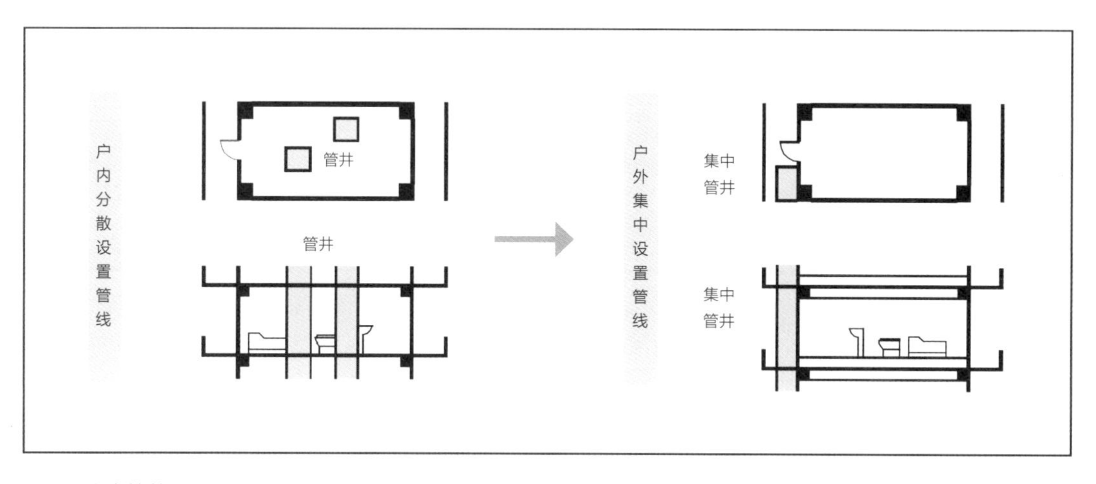

图15　集中管井

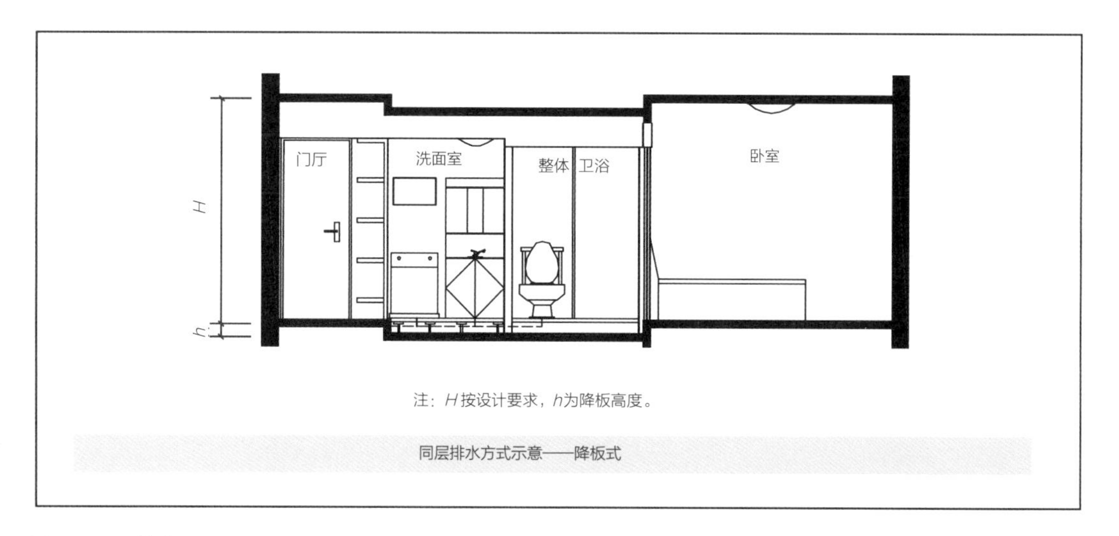

图16　同层排水

厨房横排烟集成技术：国内大多数的厨房设有上下层贯通的烟道，将油烟由屋顶排出。此类烟道存在上下层隔音差、火灾发生时通过烟道火势迅速蔓延、长年累月的使用使烟道内油腻不卫生等问题。项目取消排烟道，直接将抽油烟机的排烟口设置在阳台外窗上方，独户完成排烟。为了减轻油烟对外墙壁的污染，相配套的抽油烟机需要拥有较高的油烟过滤能力。

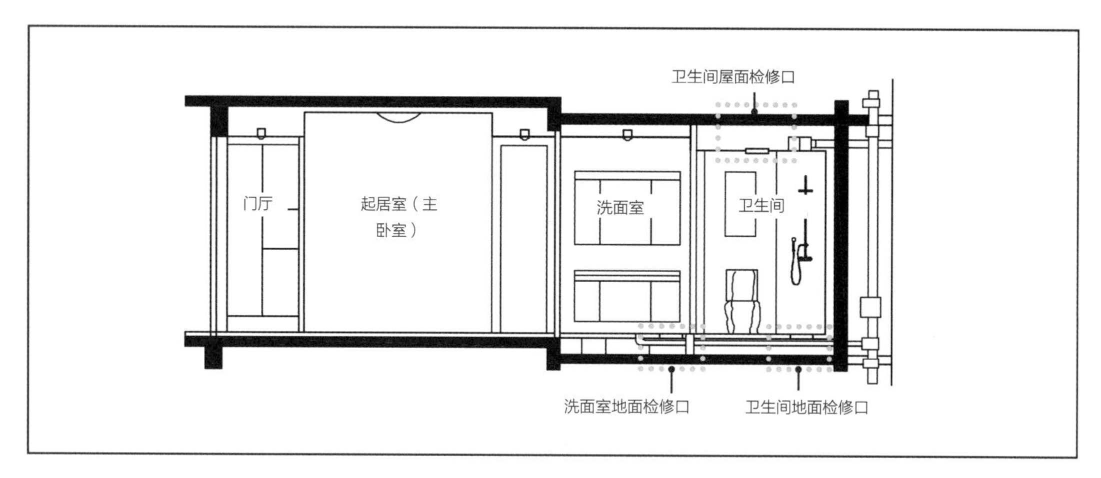

图17　故障检修

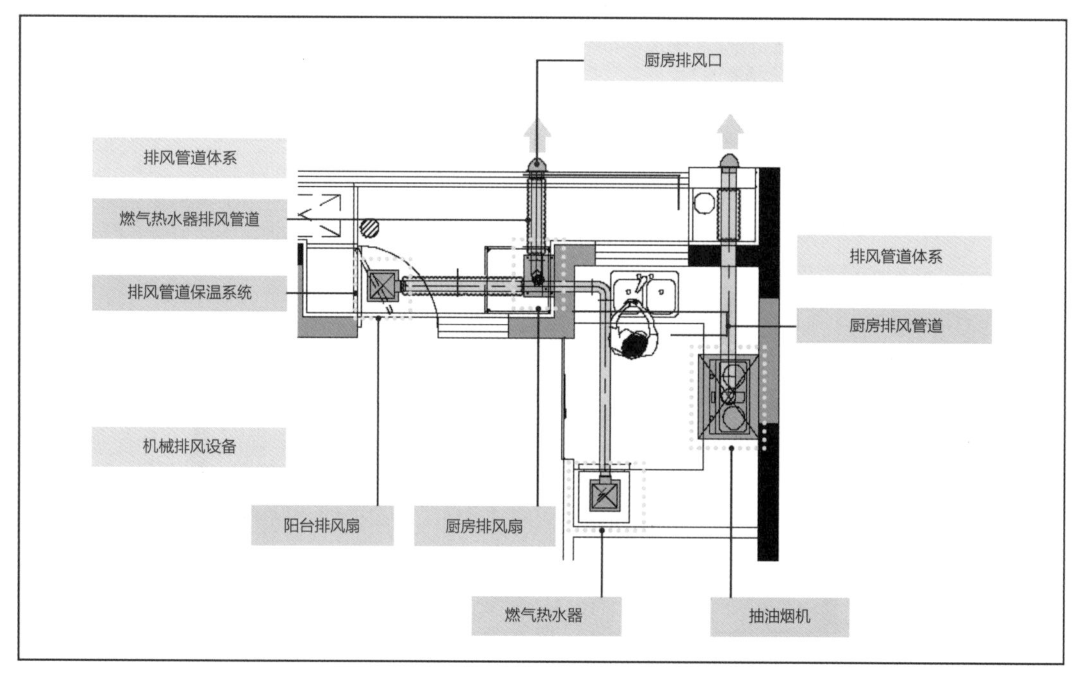

图18　厨房横排烟

干式地暖集成技术：为了达到既舒适又节能的居住效果，项目采用通过燃气壁挂炉供暖的干式地暖，实现独户采暖。根据气温的变化，精确控制室内温度，不用再等待采暖期的到来，也无需忍耐室内过热或是过冷的不适，更人性化、更舒适。

在当前我国住宅大规模建设的历史时期，住宅全生命周期的建造、使用和改建问题已经成为国家资源消耗的重要组成部分和可持续发展的重大课题。要改变这种现状，一要加强全社会意识的改变，二要有政策作为保证，三要加速关键技术的整合研究。正确引导有效利用资源的住房消费、提高住宅质量和性能、注重采用装配式住宅工业化生产的新型思路，加紧住宅相关集成技术的研发工作。

我国住宅建设应从研究市场需求出发，通过住宅供给方式的多样化和综合性措施来解决面向中等收入普通家庭的普适型住房需求，住宅发展应实现普适型建设与设计的转型。通过住宅工业化的集成技术与生产提高住宅性能，应加强住宅建筑体系、技术与部品体系和住宅性能认定体系，以及建筑节能环保、住宅全装修等政策和技术的研发，推动住宅建设向着生产的工业化方向发展。正确引导绿色建筑全生命周期的居住理念，力求在住宅全生命周期中实现持续高效地利用资源、最低限度地影响环境，引导住宅生产的部品化和集成化的关键技术研究开发，通过推进技术创新和技术集成的应用，促进住宅产业化的发展。

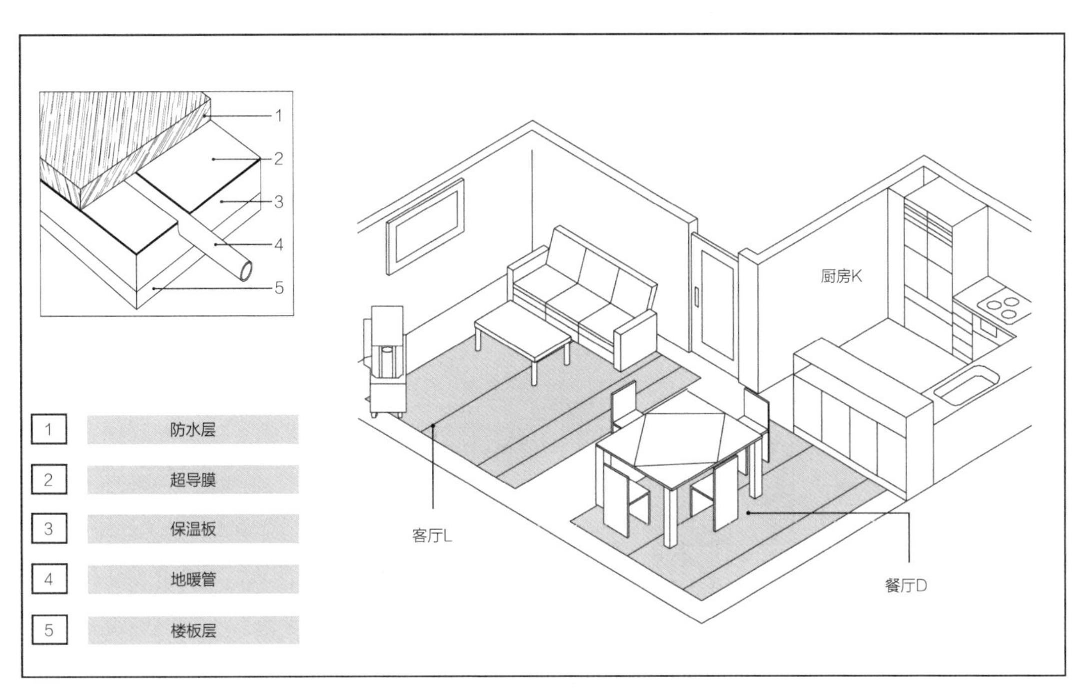

图19　干式地暖

北京雅世合金公寓项目面对新时期住宅建设与发展所需的集合住宅工业化核心领域的技术进行研究和开发，在推动住宅的设计、生产、维护和改造的新型装配式建筑和工业化住宅关键技术系统研发、体系化的国内外先进适用性技术的整体集成应用、具有优良住宅性能的普适型中小套型住宅的建设实践等方面具有开创性的意义，传播了国际先进住宅科技理念与成果，推动了我国住宅建设的可持续发展。

设 计 团 队：
设计主持人：刘东卫
建筑设计团队：衡立松　程开春　黄路　魏曦　吕博　郝学　薛磊　胡璧　韩亚非

合作单位：

示范项目的主要技术开发应用和主要参加单位	
技术开发与应用	相关单位
普适型中小套型住宅设计及集成技术	中国建筑设计研究院、财团法人Better Living、国家住宅工程中心、市浦设计事务所、雅世置业集团有限公司
大空间配筋混凝土砌块剪力墙结构与建造工法集成技术	北京金阳新建材公司、FUKUVI化学工业公司、SKK（上海）有限公司
SI住宅内装分离与管线集成技术	上海积水化学公司、久保田公司、博洛尼公司、史丹利公司、TOTO（中国）公司
隔墙体系集成技术	北新集团建材公司
围护结构外内保温与节能集成技术	中国建筑科学研究院
干式地暖节能集成技术	能率（中国）投资公司、林内公司、森德公司、积水腾龙（北京）环境科技公司
整体厨房与整体卫浴集成技术	海尔CSG开发部、松下电器（中国）有限公司
新风换气集成技术	松下电器（中国）有限公司
架空地板系统与隔声集成技术	FUKUVI公司、万协公司
环境空间综合设计与集成技术	凤设计事务所、北京建王园林工程公司

整理：秦姗

张桦

教授级高级工程师，同济大学建筑专业博士，现任华东建筑集团股份有限公司总裁，兼任中国勘察设计协会副理事长，中国建筑学会副理事长，上海勘察设计协会理事长。长期从事建筑设计工作，获得多项上海市优秀设计奖和上海市科技进步奖，并获上海市领军人才称号。先后主持完成住房城乡建设部和上海市科委多项装配式建筑科研课题，包括上海市科委重点课题“叠合板式工业化住宅体系研究”、上海市科技人才计划项目“上海地区住宅工业化关键技术研究”等。

设计理念

“集成”是工业化建筑发展的必由之路。

工业化4.0时代，“集成”是一种新的设计理念，也是一种建筑语言，通过高度集成的“建筑产品”实现高品质的建筑是我们追求的设计理念和目标。

物联网、人工智能、大数据等新技术，随时代发展融入建筑的设计和建造，在改变人们生活方式的同时，也进一步改变建筑发展模式。建筑理念、建筑技术、建筑材料、建造方式的变革推动建筑向工业化制造转型。

创新“建筑产品”理念，全面搭建设计、建造与工业化制造的对接平台，“建造”与“设计”协同并行，新的“建筑产品”必将在未来展现出自己独特的新姿，改变和影响传统的建筑美学和设计理念。

访谈现场

访谈

Q　请问华建集团作为行业先锋是何时开始进入装配式建筑领域的？

A　华建集团每年都有计划安排科研课题，其中包括对建筑业前瞻性、基础性和关键性的科研课题。2011年，集团开始研究工业化建筑课题，专门组建工业化建筑科研课题小组，调研考察国内不同地区的工业化建筑工程项目、生产基地和生产厂家，梳理各种调研和文献资料，分析不同技术体系，总结概括出中国现有的工业化建筑主要的技术体系、技术要点及其核心技术。我国装配式建筑起步阶段主要集中在住宅建筑，我们认为工业化建筑住宅不宜采用框架剪力墙结构形式，应优先采用叠合墙板、叠合楼板结构体系；工业化建筑住宅应采用大空间、灵活空间分隔、可变卫生间和厨房等技术要点。调研中我们发现框架结构的角柱问题难以解决，尤其是底层角柱因受力因素，尺寸过大，影响内部空间的使用，这种体系在实际工程中遭受使用者广泛的诟病。通过技术的梳理、分析和分类，我们也从中发现一些工业化建筑的规律，试图探索一条适合中国工业化建筑发展的技术路线。

Q　你觉得装配式建筑在国内发展的必要条件是什么？

A　随着工业化建筑研究的不断深入，我们越加体会到：工业化建筑是一场建造方式的变革。而目前国内装配建筑发展总体上讲，仍主要局限于施工建造方面的变革，从本质上分析，与20世纪从苏联引进的大板体系的技术路线差不多，只是拆分的构件数量更多，节点构造更合理，材料和技术手段更加丰富。装配式建筑的技术重点主要局限于建筑结构体系，结构工程师参与度高。因此，装配式建筑构件拆分主要集中于结构构件，这些构件没有与建筑保温材料、建筑内外饰面、机电管线等其他建筑元素有效集成，仅仅满足结构构件拆分组合，施工工艺没有实质上的突破。我们认为工业化建筑应该首先从建筑设计开始，设计阶段就要研究工业化制造，建筑师要主导设计、建造、制造和材料等主要技术要素，而不是目前的状况，建筑师完成设计后，才开始装配式建造拆分设计，其充其量只是满足装配式建造，仅起到缩短建筑工期，减少现场环境污染的效果。对于建筑物的整体性能和性价比提高没有起到实质性的作用。建造体系没有根本改变，装配式建筑还只是在建造方式上的一种革新、提高和完善的浅层阶段。

工业化建筑是基于整体建造的理念，其集成化部品部件适合于工厂的制造生产。因此，作为建筑产品设计的总指挥——建筑师，如缺席工业化建筑的发展工作，工业化建筑发展过程中的问题就难以从根本上和整体上予以解决。我们既要鼓励建筑师积极参与这场建造的变革，也要使正在积极参与装配式建筑发展的结构工程师和施工企业，以及部分业主和政府官员对建筑师参

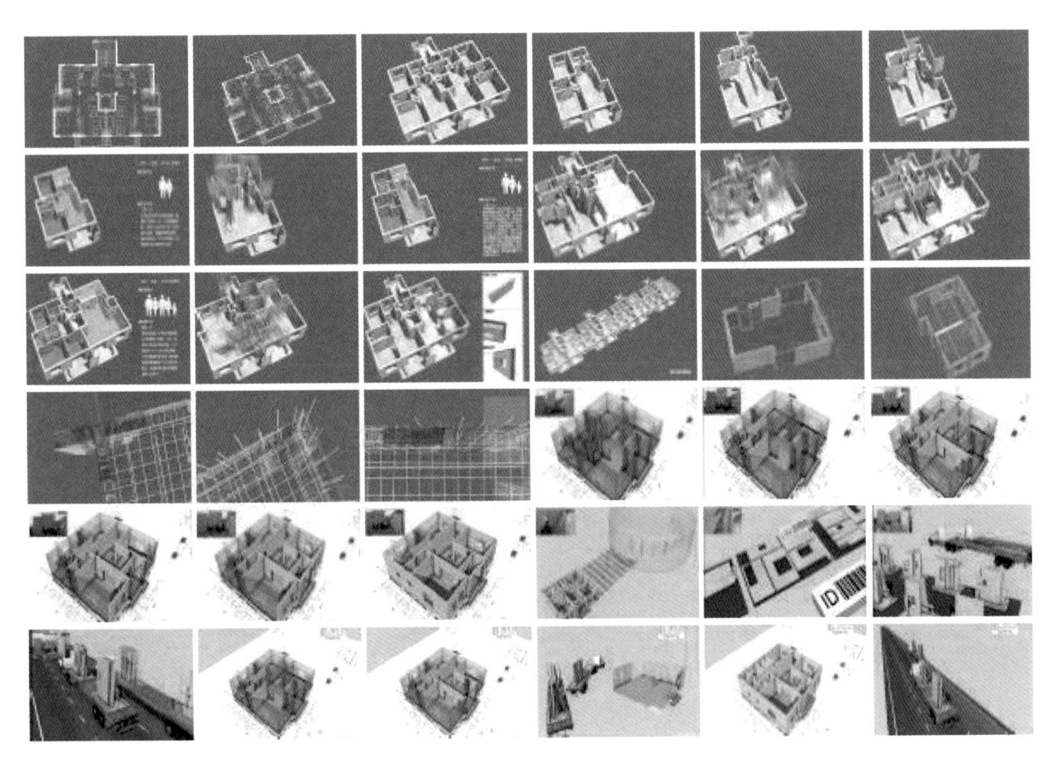

装配式建筑是建造设计方式的变革

与的重要性的理解，共同将工业化建筑的发展推进到一个新阶段。从建筑设计入手，探索一条集成设计、制造和施工的新技术路线，并逐渐形成现代化产业体系，是一项非常艰难和十分重要的工作。因此，我们多次在相关学术和论坛的交流中，呼吁要跳出现有的建筑业体制，向集成化方向发展。工业化建筑发展的队伍中，需要更多的建筑师，以及建筑、结构、建造、制造、运维等方面的复合型人才的参与。人才的复合与技术和产品的集成是工业化建筑的标志之一。

Q　目前，华建集团在装配式建筑领域是否已经找到了合适的技术路线和发展方向？

A　从技术路线的角度看，国内的装配式建筑发展侧重于结构构件的预制装配。但是，由于国内工程体系对现浇建造方式有偏好，许多标准、规范和规程基本上按照现浇体系方式制定的。然而结构构件属于安全性构件，我国规范要求十分严格。因此，结构形式的创新是十分审慎的，结构体系突破是很困难的。装配式建筑对结构性构件大量拆分，存在较大的风险，也不利于工业化建筑顺利发展。相反，建筑围护构件的拆分和集成相比较容易，且量大面广，同时也是建筑师比较擅长和关注的设计内容。为了充分调动建筑师参与的积极性，我们开始了建筑围护集成化构件设计。有了建筑师的介入和参与，工业化建筑的建筑造型和立面处理越加丰富和新颖时尚，可以充分展示出新材料和新工艺产品的形象特性。目前，建筑围护构件的建筑材料还是混凝土、砖和砌块等一些传统材料。因此，围护构件的自重仍较大，不易于大尺寸构件的生产、吊装和运输。现代建筑的围护构件基本没有建筑承重的功能，现有普遍使用的围护建筑材料在结构强度上超度，而保温隔热性能却不足；厚重的墙体占据了大量的空间，浪费了宝贵的土地资源；建筑结构构件的设计寿命一般为50~100年，通过后期加固改造还可以延长结构构件的使用寿命。但是，建筑围护构件设计使用寿命不需要那么长，可以随着使用功能变化、新材料新技术的发展，进行更新改造，不断提高建筑物建筑性能和使用功能。

工业化建筑另一项重要任务是建筑材料的革新突破。高强纤维混凝土强度大，同等强度下厚度薄，有效减少了围护墙体的自重和厚度。通过试验分析，高强纤维混凝土集成式外墙厚度可以压缩到10cm，满足现有建筑外墙的热工和建筑强度需求，有效减少外墙的厚度，如果采用更高保温性能的材料，墙体还可以进一步减少厚度，这对土地资源有效使用具有重大的意义。

基于高强混凝土建筑外围护集成体系的研究，华建集团“科创中心”专门建造了一栋新围护构件的试验楼。该集成化外墙板高度可以做到4.5~5m，满足一般公建的楼层高度需求。而目前装配式建筑中采用的复合墙板，同样尺寸条件下，自重一般有5~6t，构件自重大的缺陷限制了预制墙版的几何尺寸。而我们研究设计的外墙板不仅强度高，且重量轻，将来还也可以在内墙中使用。集成化外墙系统设计过程中，建筑师与产品制造商、施工单位共同研究构件的构造、连接方式、防水构造和吊装安装工艺等技术环节，不断完善构件设计，提高产品性能。

装配式建筑施工现场

Q　华建集团在装配式建筑领域的发展方式是怎样的？

A　首先，我们还是从技术路线入手，确定研究方向和方法，投入资源推进落实，我们与不同的供应商合作，将不同技术集成起来，组合成集成化建筑部件。通过工程项目应用实践，不断总结经验和技术积累，推动技术发展。高强混凝土外墙板是一项关键的集成化部件，也是我们现在的工作重点。我们的团队承接了一项青浦农产品物流交易中心的项目，由于工期非常短，双曲面建筑设计，悬挑支撑体系，几乎无法采用现浇方式实现，因此选择了预制外墙的技术体系。集成化外墙体系既可满足传统建筑外部造型美观要求，也可以创新性运用预制外墙生产新工艺，生产出与众不同的新的外墙形象。实现由内而外的形象转变。

Q　你对目前针对装配式建筑的诸多沙龙、论坛、展览有何建议？

A　现在全国有不同组织或机构举办的临时或固定的会议和展览，交流装配式建筑的技术和成果，对宣传和普及工业化建筑起到了积极推动作用，建筑行业和社会普遍对装配式建筑有了新的认识。华建集团不仅积极参与工业化建筑的研究，也积极参加各类交流活动，包含各类展览和峰会。2017年开始，华建集团与万耀企龙合作，每年举办一次大型工业化建筑论坛和展览，邀请国内外工业化建筑的企业和机构参加论坛交流和技术成果展览。论坛设立不同类型的交流板块，将相同技术企业和专家召集在一起，针对某一主题开展交流，分享技术成果。比如新的技术研发产品、新的管理方式、新的工艺创作等，这样的交流才会更有聚焦，更有利于技术深度发展。

Q 作为一名建筑师，你对装配式建筑的设计理念是怎样的？

A 随着工业化建筑研究工作的不断深入，对工业化建筑的认识也在不断深化。作为一名建筑师，我认为盖房子已经到了新的转折阶段。传统的标志性建筑，作为城市的地标，慢慢会让位给环境、生态和人的体验上。中国许多内地城市建设，一般都选择沿海大城市相同的城市发展模式，人们普遍认为这就是现代化城市应有的形象，这体现了一种“现代化”美学的认知水平。

“什么是好的建筑？”我们会经常反思这个基本问题。从许多近代历史建筑来看，从建造到拆除的全生命周期过程中，建筑功能并不总是从一而终。许多上海的教堂建筑后来变成了学校，又变成了仓库，变成了酒店，甚至变成了商场，一些教堂建筑可能永远不再会用作于教堂了。传统的建筑设计教学方式是按任务书设计，例如做酒店，建筑师必须认真地去研究酒店功能，柱网间距设计到最经济尺寸，空间功能排布和交通布局也是近乎最适合酒店，而现实情况可能是，图纸还没出完，建筑功能就变了。但是，有趣的是我们还是依然持续传统的设计方式。我曾经在西班牙参观过一家医院，设计是通过竞赛获得的，作品采用了工业化建筑的体系，结构体系经济合理，12m跨度钢结构框架，大跨度预制混凝土楼板，中间为条状混凝土核心筒。医院内部空间完全是大房子里套小房子的灵活隔断，医院的病房、门诊按照不同阶段的使用需求合理布局，方便以后医院不断调整的需求。建筑设计，不能只考虑近期功能，也要兼顾建筑全生命周期的应用和新的需求，不能觉得量身定做就是最好的，传统理念需要与时俱进。结构空间不能限制未来变化的需求，要将结构资源利用最大化。建筑师可以二次分配空间资源，满足不同阶段的空间使用要求。

Q 我国产业工人与技工的培养基本是缺失的，你对这一现象如何理解呢？

A 中国作为制造业大国，需要一大批高素质的产品工人和技工队伍。建筑业长期使用农民工，建造技术进步和建筑质量提高不明显。工业化建筑虽然不需要大量现场施工工人，但是需要大量生产制造的产业工人。在未来，中国工业化建筑发展中，产业工人的队伍和人才培养问题不能忽视。

Q 你对国内建筑师的培养有何建议？

A 我国建筑院校教育课程中，建筑技术和构造方面的培养和研究不够，学生和教师普遍对建筑创作的学习和训练比较重视。其实作为一名高素养的建筑师，在其他专业知识的学习上也不应偏废。一项完美的工程设计需要将建筑创作与建筑构造、生产工艺紧密结合，建筑师不仅需要考虑建筑整体效果，还要考虑建筑材料、产品制造、施工安装等技术内容。建筑师对技术的把控有利于提高建筑产品的完成度。许多好的建筑创作在最后设计细节的完成度上出现欠缺的现象不在少数。对成熟的建筑师，有一个判断方法，同样画2条线，经验丰富的建筑师与其他缺乏实践经验的建筑师是不一样的，有经验的老建筑师线条间包含许多内容：材料厚度、构造缝隙、吊装和安装空间等，是包含空间尺度的，是具体的、三维的，在不同的设计阶段逐步深化，建筑设计思考的元素十分综合和丰富的。而学生在做设计作业时，平面图都画完了，才发现楼梯实际是放不下的，然后再重新调整方案和立面效果，反复折腾。有经验的建筑师经常在同一张草图上完成各种设计细节，整体设计是不会推翻或做大的调整的，设计效率极高。技术设计能力强的建筑师可以把更多精力花在建筑的设计构思上，不会过度担心实现度的问题。一件设计作品的完成度反映出设计师对方案、材料、构造、细部的总体把控能力。“完成度”是设计效果图与建成建筑实际效果的一致程度。如果建筑物最终建成效果与设计效果比较后面目全非，那么这个建筑师的设计功力是不足的；如果是基本一致的，则说明这个建筑师的设计把控能力非常强。

Q　国内目前建筑师参与装配式建筑广度不足，请谈一下您的看法。

A　目前我国的装配式建筑研究队伍中，建筑师只占少数，工业化建筑不仅需要考虑建筑设计空间和形体的设计要素，还要考虑建造方面的技术要求，包括材料、施工、构造等。建筑设计需要回归对工程负责的本源，这种“新”的设计价值观展现出设计更多的魅力和趣味，同时也一定程度上增加了设计难度，建筑师要有“苦中有乐，乐在其中”的设计状态。我们在工程实践中，十分注重与制造商和施工单位交流，了解制造工艺、施工方式，以及存在的问题和不足，并充分征求他们的意见，互相启发。待所有技术细节和问题解决后，绘制施工图纸和施工过程会十分顺利，且含金量十足。设计和技术问题往往是综合和交织的，有了建筑师的参与能够将问题从源头上解决。住房城乡建设部推行建筑师负责制和工程总承包制，根本目的是树立建筑师和工程师对工程负责的理念，从建筑业制度建设上，提高建筑产品的质量。部分行业主管、设计院领导，甚至建筑师们，对目前建筑业体制改革的方向和目的的认识并不十分清楚。当下，建筑师地位不高的主要原因之一是建筑师没有树立对工程负责的理念和担当，“无为则无位”。国际上有不少建筑师为捍卫设计权利，不允许业主和施工单位擅自修改建筑师设计而不屈抗争的成功案例。建筑师负责制和以设计为龙头的工程总承包是提高设计工程完成度的较好实现方式。

Q　你如何理解工业化本质?

A　首先，在汶川大地震发生后，有关部门要求集团参与抗震救灾工作，快速建设安置房。当时，上海市只有临时简易房建筑设计标准，无法满足灾区大规模灾民居住的建设要求。这件事让我触动很深，作为建设者无法提出满足现实要求的技术解决方案，有些遗憾和自责。这催生了我

青浦农产品交易市场项目

对工业化建筑的最初基本诉求——快速建造。其次是多样化。建筑工业化必须满足个性化的需求，建筑形态丰富多样，符合新的美学要求，易于改造更新。工业化建筑不应该是原来的装配式建筑标准化、模数化、参数化等带来的单调、千篇一律、不灵活的传统印象。再次是集成化。部品部件由内而外的一体化设计工厂生产，减少现场作业施工。工厂制造可以极大提高构件的精度和质量。最后，新材料运用。新型材料或者高性能材料会提高构件自身结构强度和性能，减少材料的消耗，提高构件性价比。集成化的建筑部件产品逐渐摆脱低端建材和管材的应用，逐步采用高性能和高强度的新型材料，实现未来建筑的高端现代化建造。最后，建筑工业化产品应该提高建筑整体性能和居住舒适度。集成化的产品还要满足建筑全生命周期的更新要求，即便未来30年建筑不推倒重建，也能轻松实现改造更新，让用户及时享受技术红利。

Q　你如何定义我国的装配式建筑？

A　最近我们承接了青浦农产品交易市场项目，3万m^2的开放式立面围护设计，由于进度原因，采用预制高强混凝土外挂墙体系统。“华建数创”研发了一套管理软件，从备料生产、运输、吊装全过程数字化，实现项目各个生产安装环节的统筹，提高了建造效率和效益。统筹管理也可以在众多生产企业之间实现。工业化生产背后是社会化生产，就像汽车生产过程，配件在专业的配件厂生产，组装在总装厂。我们不赞成用“装配式建筑”这一名称，装配式建筑是工业化建筑的形式，不是目的，把形式作为目的并不合适。

工业化建筑是一场建造的变革，不同于传统的建造理念和方式。首先是工厂化。工厂化生产是工业化建筑的主要特征之一，但不是将传统的建造工艺换到工厂去完成的“异地预制”，因为，这种建造不具备现代工业生产特征。工厂生产要有工厂生产工艺的设计，符合工厂制造的标准和管理，不是一般意义的建造工场。其次是社会化。工厂的生产有社会公认的技术标准，不同生产厂商遵守统一规范标准，在市场上公平竞争，共同推动技术发展，不断提高产品质量，完善技术体系和产业链，形成专业技术人才队伍，最终实现工业化建筑的现代产业。社会化生产注重的是通用体系建设，而不是个别厂商的专用体系。通用体系是社会集体的智慧和创造，有巨大生命力。

Q　华建集团的装配式建筑在未来10年是如何规划发展的?

A　我们的目标是重点研究外围护体系。包括外围护的结构体系、材料更新、保温性能优化、一体化集成能力提高等，除了门窗的集成外，还有内外饰面集成、设备管线集成等。未来还要研究集成楼板、集成内墙隔断等，还有许多领域需要去研究和探索。

Q　你对这个行业的未来有怎样的建议?

A　我们希望通过工业化建筑的发展使未来的建筑形式更加丰富，建筑性能不断改善，建造效率不断提高，自然资源得到更好保护，人民的幸福感得到满足，城市可持续发展和城市风貌发生新的变化。

访谈后工作留影

图1　装配式技术集成试验楼

装配式建筑集成技术试验楼

设计时间	2018年
竣工时间	2019年
建筑面积	355.62m^2
地　　点	上海沪南公路8999弄1号

目前的装配式建筑仅是为了提高建造效率，采用预制部品部件进行建筑物建造的方式，关注的是建造过程，在实现预制结构构件、标准化部品部件、空间模块化等基本技术要求下，出现了异地建造、选择受限、空间单一、质量参差不齐等诸多问题。实际上，工业化建筑是提倡一种一体化的新建设方式，更加关注建筑形式、技术、材料统一的建造形式，其最终的目标是提高建筑物的性能。因此，“集成”才是工业化建筑的核心。

为了解决装配式建筑中存在的诸多问题，我们以装配式建筑试验楼为研究载体，开展集成混凝土外挂墙板、集成楼盖、同层排水、预制大空间结构等一系列装配式技术的可行性研究，以标准化设计为主要控制手段，以现场检测、数值仿真和经济性分析为主要研究方法，研究各类预制部品的生产与施工工艺，完善装配式建筑部品与构配件的设计与应用，提高装配式建筑的设计与建造水平。

该项目总用地面积为598m^2，总建筑面积为335.62m^2，建筑高度为8.1m，共2层，一层模拟技术展示厅，配套小会议室和辅助准备室，二层模拟130m^{2}的居住空间（图1）。具体技术措施如下：

1. 单元集成混凝土外挂墙板技术

目前，装配式外墙主要以单元式幕墙系统和预制混凝土夹心保温墙板为主，其中预制混凝土夹心保温外墙板作为传统建筑外墙材料，在民用建筑中被广泛运用。由于其单元板块重量大且样式单一，不仅增加了吊装施工的难度，也对建筑立面的效果产生了制约。因此，需要一种高强轻质的混凝土外墙来替代传统混凝土外墙板。在该项目中，我们尝试采用轻质高强混凝土制作单元式集成外挂墙板（图1），并将门窗、阳台、遮阳等外墙构件做集成一体化设计，一并在工厂内预制完成，实现高预制装配式单元。该外墙厚度薄、体重轻、强度大，集成化程度高并且性能稳定，极大减少了现场的施工作业流程，保证了防水和保温性能，外挂施工简单易行。另一方面，在构件的连接节点方面也做了创新构造设计，实现全构造防水，不仅增加了装配式建筑立面效果，也保障了其安全性。（图2~图5）

图2　单元外墙构件

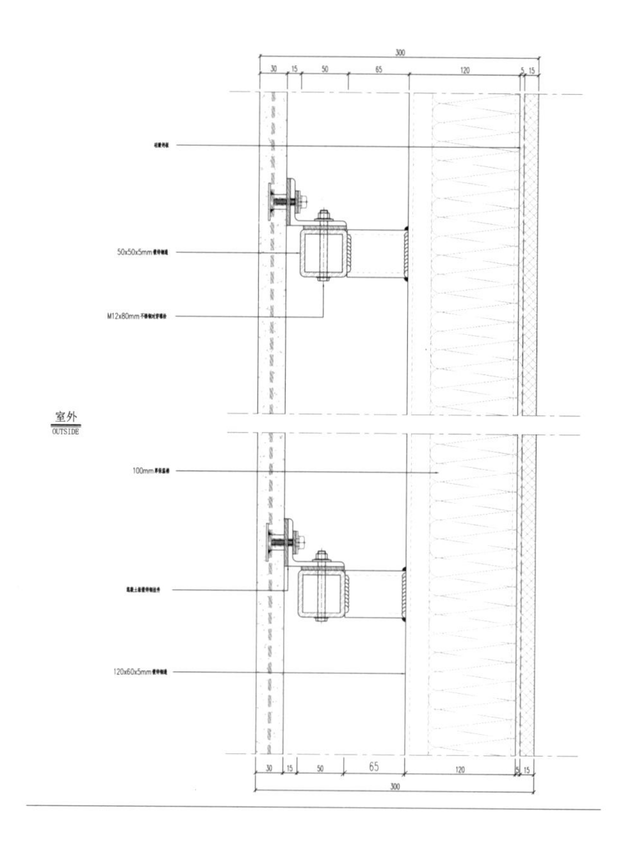

图3　单元外墙节点

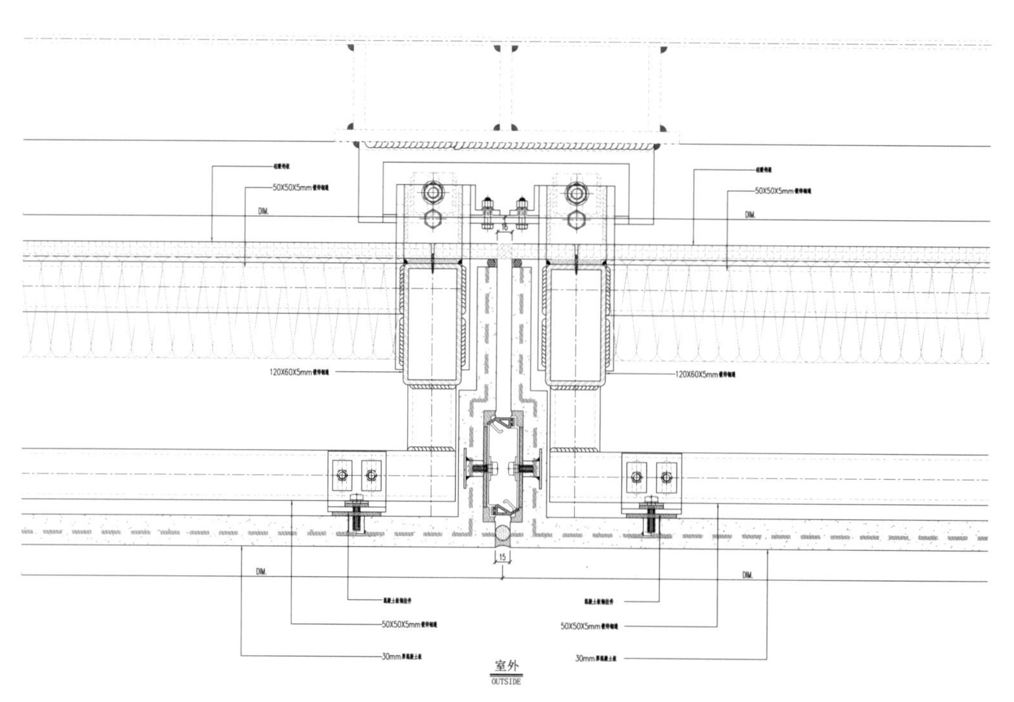

图4　单元外墙竖缝构造

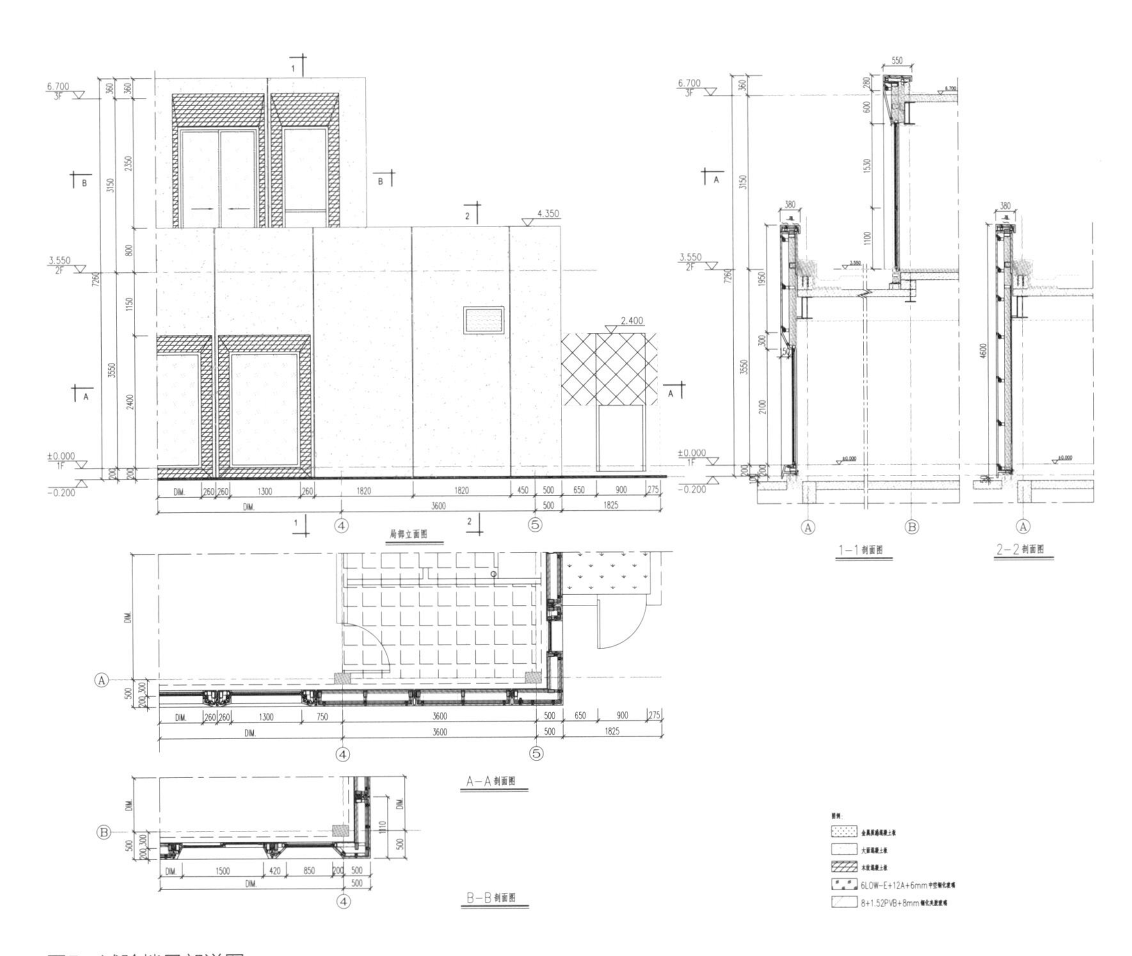

图5　试验楼局部详图

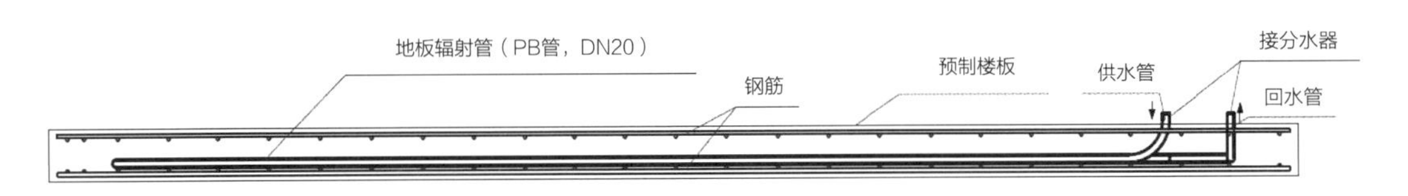

图6　集成辐射楼板剖面图

2. 集成辐射楼板技术

在工厂预制混凝土楼板生产过程中，将冷热水管浇筑在混凝土楼板中（图6~图7），与混凝土楼板组成整体的预制构件。混凝土作为一种蓄热性能较好的材料，通过日间所蓄热量，适度升高调节夜间室内环境温度；通过夜间所蓄冷量，适度降低日间室内环境温度。该技术的优势在于利用自然冷热源进行室内温度微调，工厂预制方式也降低了现场施工难度。因此，采用多能互补系统，以太阳能集热器、空气源热泵以及自来水作为系统冷热源，提高用能效率，最大限度地降低空调能

图7　集成辐射楼板生产图

耗，再采用CFD模拟软件，研究不同布局、不同流速下的换热效果。我们希望该项技术措施可以有效降低建筑能耗，降低材料损耗，增长建筑材料的耐久性。

3. 大空间可变住宅平面设计

可变住宅在时下的居住建筑设计中已不是一个陌生的词汇，针对住宅全生命周期变化的需求，通过运用灵活的隔断、可移动隔墙等装配式装修部品技术实现可变效果也是设计师常用的手段。但是，本项目的设计初衷是希望通过大空间优势实现空间重组，完全摆脱主体结构的束缚，真正实现标准化建筑空间内的私人定制方案。

因此，试验楼的二层采用了10m × 10m的标准化矩形空间进行户型设计，由其中一种两室两厅两卫的两人居室作为基本房型，进而设计出三套衍生房型来实现家庭生命周期中的不同阶段的需求方案。（图8~图11）

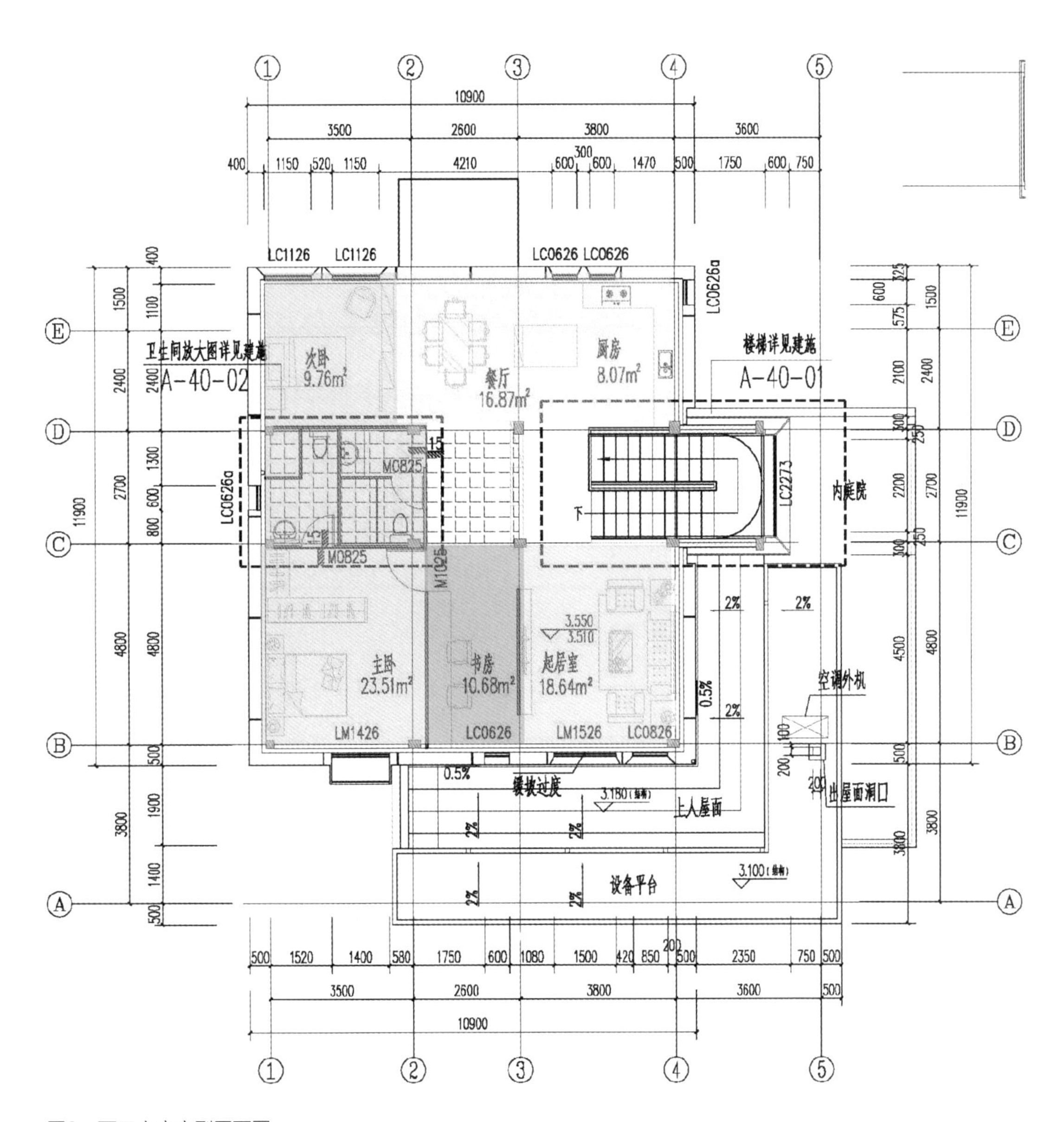

图8　两口之家户型平面图

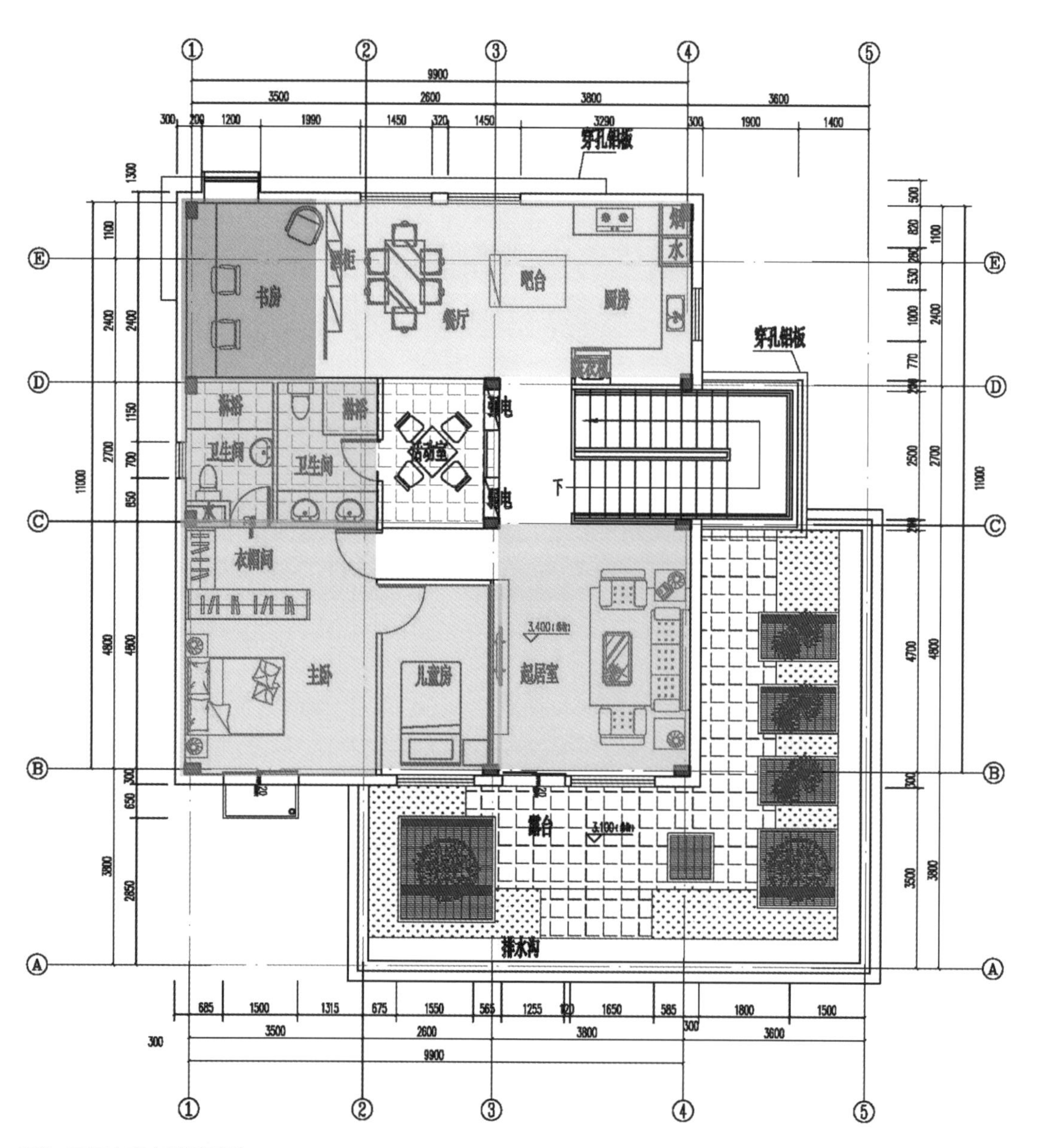

图9 三口之家户型平面图

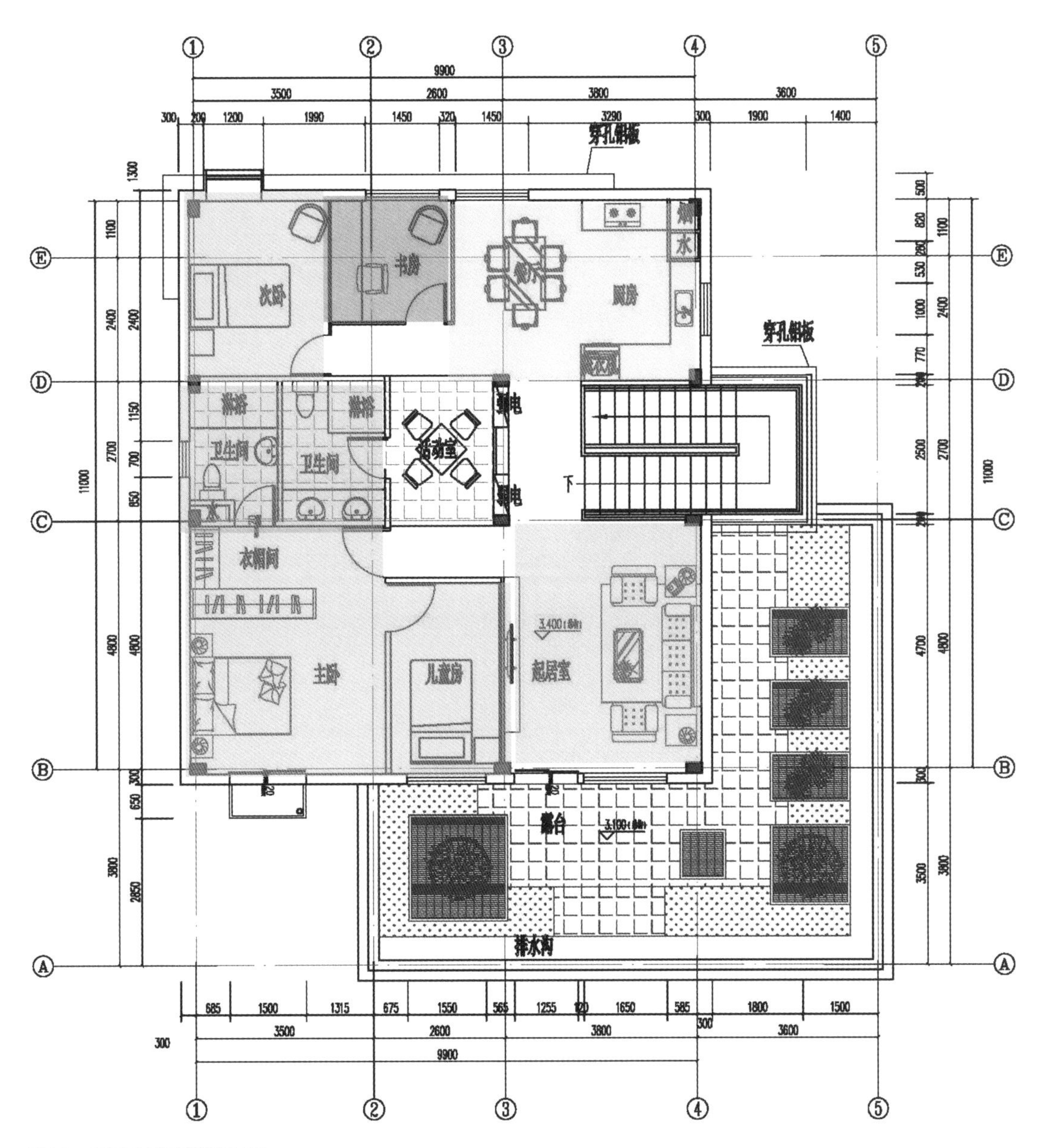

图10　五口之家户型平面图

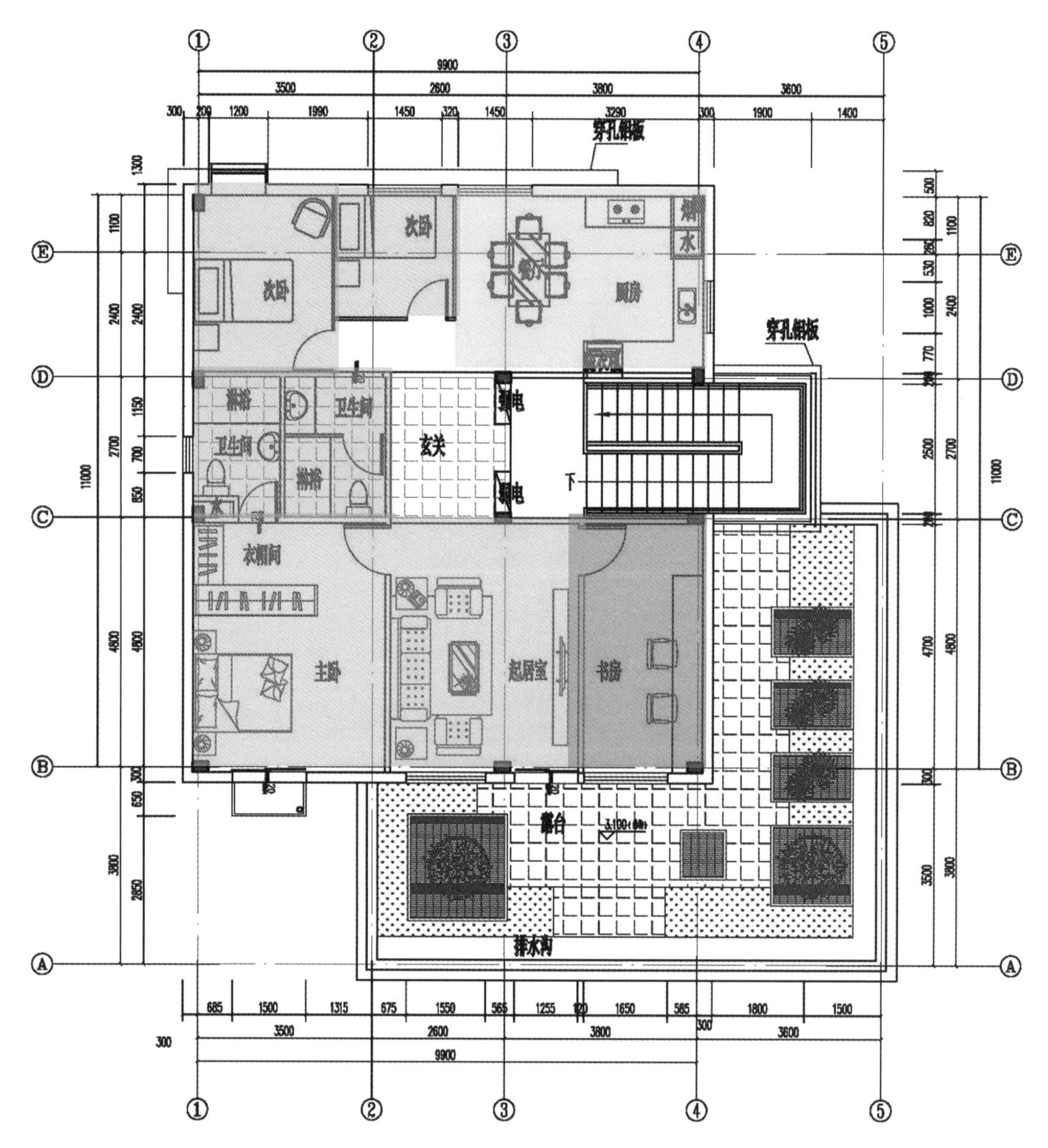

图11　老人之家户型平面图

4. 同层排水技术方案设计

同层排水是通过不穿越楼板的排水支管在同楼层内连接到主排水管，确保防排水措施可以在楼层内完成而不影响到其他楼层的一种排水系统。若要实现房间灵活可变，满足普通卫生间向无障碍卫生间转变的需求，便需要集成同层排水系统，即预留好降板空间的可扩大区域，待卫生间布局方案改变或进行设备维修时，只需在层内进行设备管拆换即可。经过大量的项目考察和多次技术讨论后，我们认为同层排水是一种安全可发展的排水系统，能够支持可变空间的实现。其技术难点在于其排水管线置换方式；其面层的材料及构造的防水性能是否能够得到保证；降板区域的防水技术等。我们也将其解决方案在试验楼中逐一实践并体现。（图12~图14）

5. 装配式内装技术

装配式内装随着装配式建筑的发展也越发丰富，品牌繁多且各有所长。我们的技术研究团队选出目前国内发展较好、技术水平较高、参与项目较多的八家经营装配式内装的企业进行调研，从系统构造、系统优势和适用条件三方面充分剖析部品部件系统，总结施工及验收流程，了解装配式全装修项目的综合收益，并对其施工难度、围护成本、设计生产周期进行统计，最终选出适合于试验楼的部品部件，并与主体结构、高强混凝土外挂墙板进行技术性集成。（图15）

图12　卫生间效果图

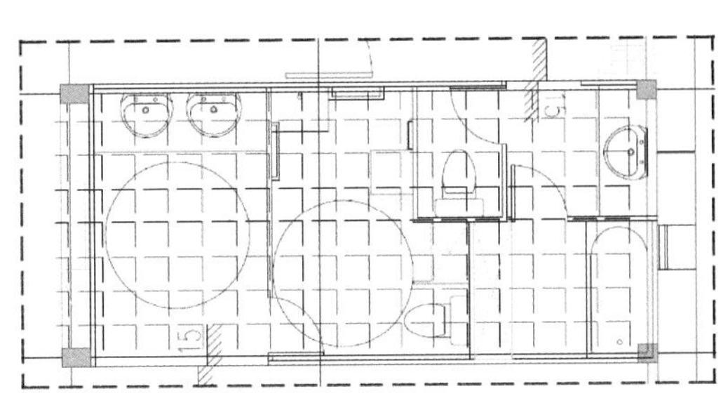

图13　无障碍卫生间方案设计

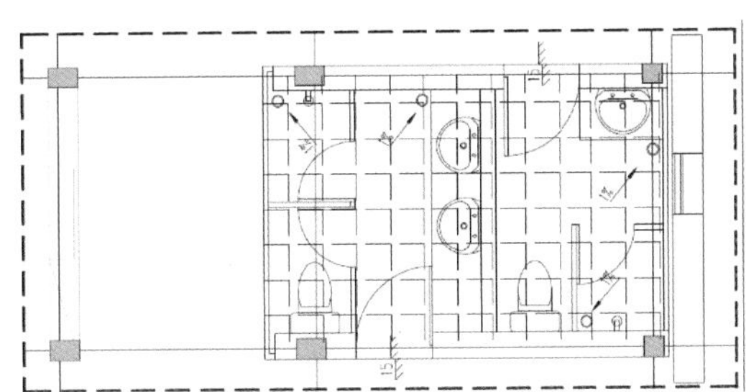

图14　试验楼卫生间平面设计

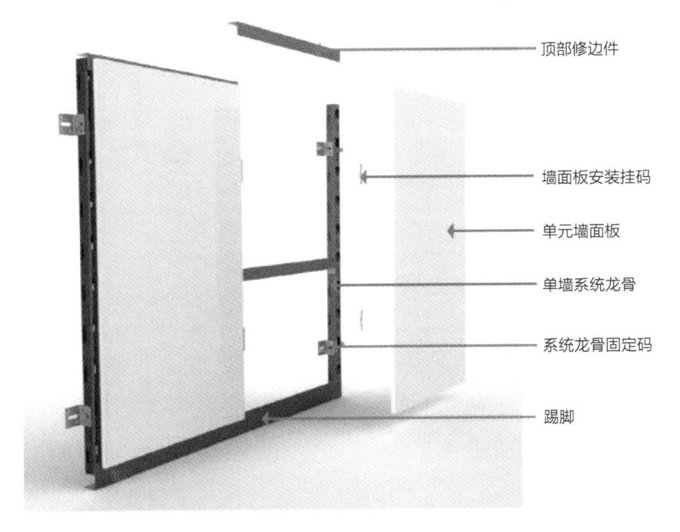

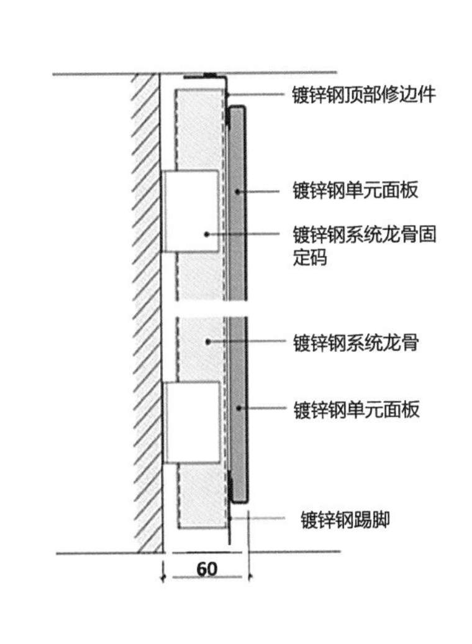

图15　试验楼内墙技术

6. 智能家居的智能控制体系

工业化4.0是数字化的时代，越来越多的智能控制系统融入人们的生活当中，慢慢地改变着人们的生活方式。装配式建筑也会有越来越多的智能系统集成介入：从控制生产、进度到辅助施工；从协调解决技术问题、模拟吊装到一体化管理。但是随着人们生活习惯的改变，建筑的发展也在顺应这种改变，为其提供一个智能化的生活环境。因此装配式建筑集成技术试验楼中采用了电力导轨、智能灯光控制系统、智能外遮阳控制系统、安防控制系统、设备检测控制系统等系列智能控制系统。特别需要指出的是单元式集成混凝土外挂墙板与外遮阳集成一体，并将控制系统一并集成。希望能够实现建筑与智能化体系的集成，我们也在试图设计与智能控制体系相契合的空间环境，探索优质空间与环境的设计条件。（图16~图17）

图16　集成外遮阳的一体化外墙

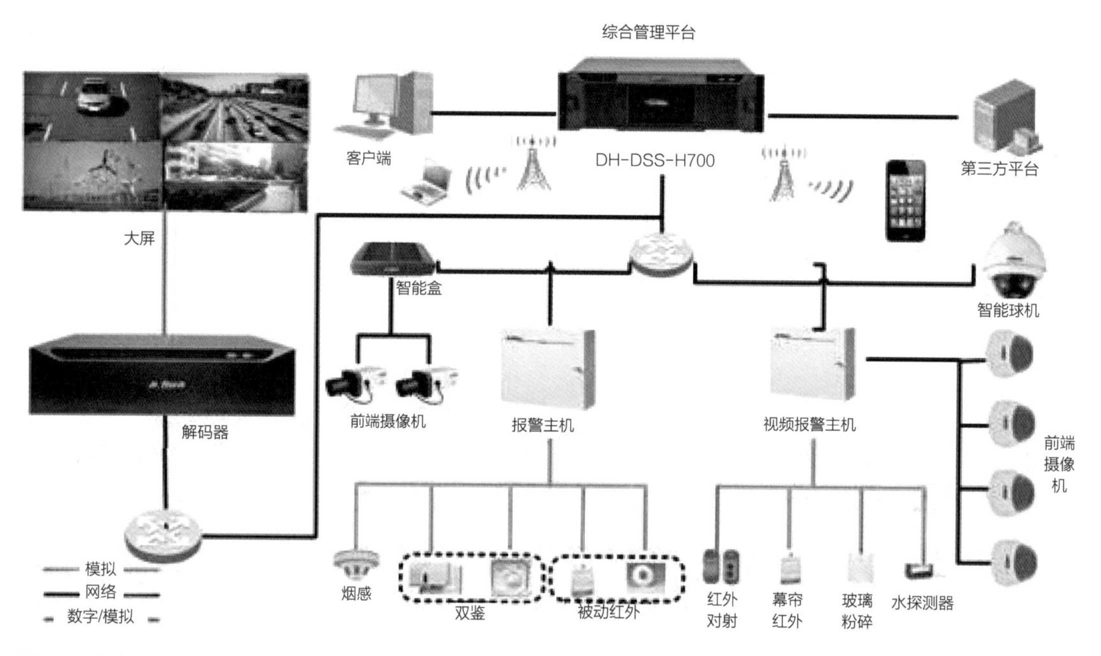

图17　试验楼智能化控制系统

7. 室外地面预制硬化铺地技术

在试验楼外部有三处预制硬化地坪。其中东侧小庭院内地坪为架空预制硬化地坪，其他两处为实铺预制硬化地坪。架空硬化地坪采用高强混凝土预埋调节支撑构件的方式进行铺装，支撑地面不需做硬化，仅通过金属条形基础做支撑面进行水平度调节。该技术措施的优势在于更换方便、施工效率高、隐藏式排水，是对传统室外排水系统的一种“减负”和补充。（图18）

8. BIM的技术应用

装配式建筑是系统集成工程，BIM具有信息集成和数据源唯一的优势，在BIM环境下有利于装配式建筑的设计、深化、生产、装配、使用一体化协同发展。引入BIM会审机制，价值在于能够明确和规范约束各承包商深化设计的范围（界面）和深度，弥补了设计总控方通常重规范工艺的审阅、缺综合深化与论证推敲的空缺。

在技术方面，本项目采用了“中心文件链接+工作集”的协同方式，对整个项目团队协同要求的门槛较高，对标国际一流水准的三维协同设计的做法。（图19~图22）

图18　试验楼预制硬化铺地

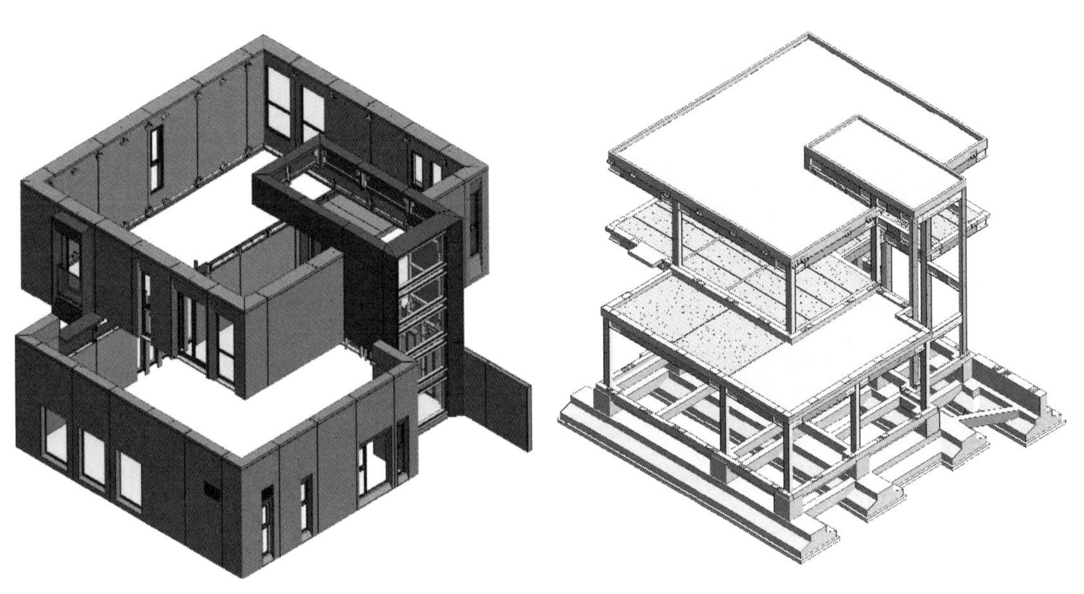

图19　外围护体系模型

图20　主体结构模型

BIM在该项目中有着至关重要的作用，可视化交底即在各工序施工前，利用BIM技术虚拟展示各构件模型、施工工艺，尤其对新技术、新工艺以及复杂节点进行全尺寸三维展示，有效减少因人的主观因素造成的错误理解，使交底更直观、更容易理解，使各部门之间的沟通更加高效。（图23）

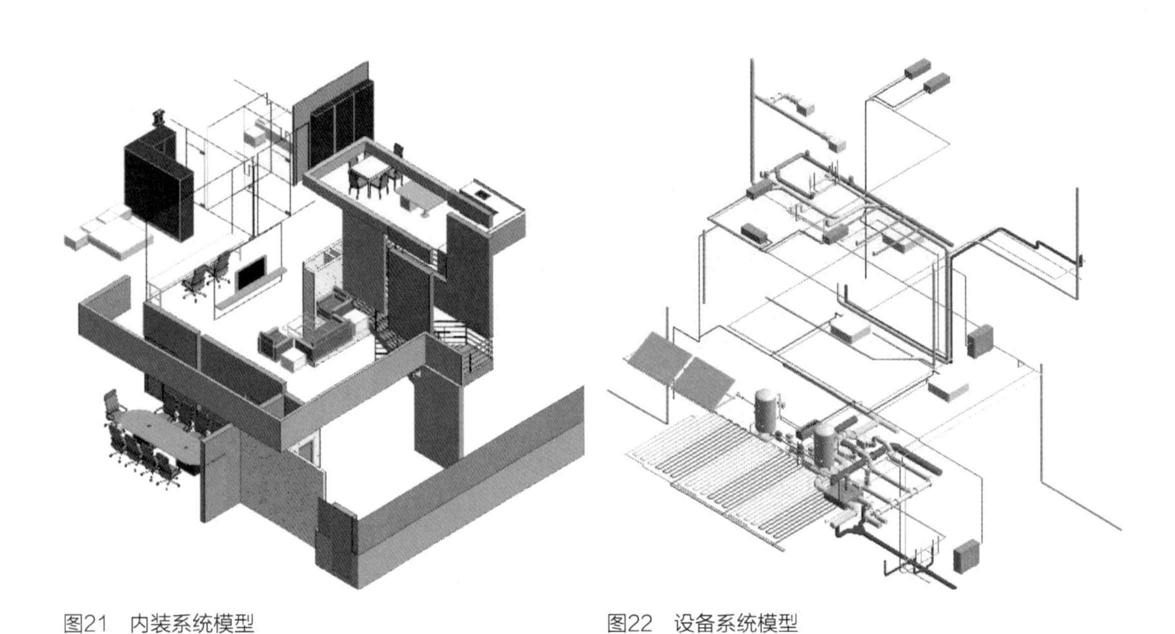

图21　内装系统模型

图22　设备系统模型

东北视角

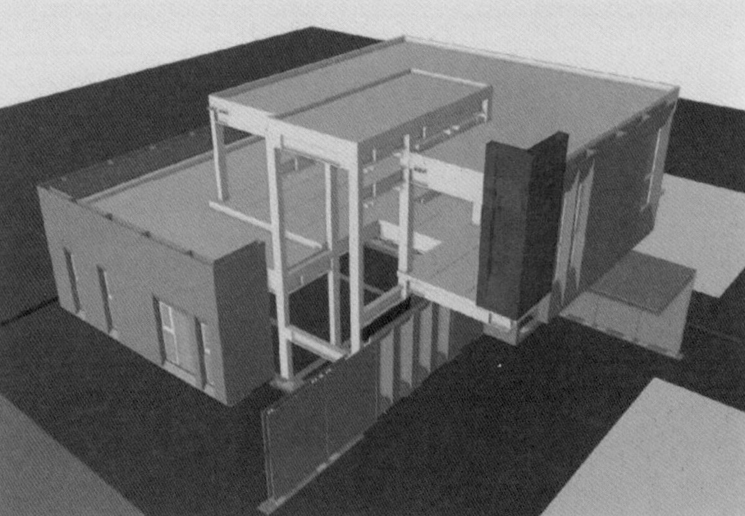

BK-27

图例　现浇结构　吊装钢结构　吊装外墙板　人工安装　埋件安装

图23　试验楼模拟吊装模型

9. PSC钢-混凝土组合结构体系

本项目是通过采用PEC部分组合钢-混凝土框架结构系统与楼板、墙板连接，组成完整的结构体系。PEC梁中的型钢可充当填充混凝土中的受力纵筋，焊接在两翼缘间的横向系杆起到箍筋作用，两种材料结合，既克服了混凝土结构抗拉强度低的弱点，又弥补了钢结构稳定性差的缺陷。相比传统钢梁和混凝土梁，PEC梁刚度更大，承载力更高，可在梁高400mm的情况下满足承载力要求，挠度比钢梁更小，可减小震动提升舒适度。而PEC柱在结构设计中通过旋转90°，由PEC柱强轴承担该计算长度（PEC柱刚度在强弱轴方向都显著大于等截面纯钢柱），在不加大柱子截面的情况下满足柱子长细比和承载力的要求，从而满足建筑设计的要求。全楼梁柱拼装节点都采用了栓焊连接的方式。梁柱构件均采用了钢板数控切割、机器人组拼焊接技术，构件成品精度高，可满足安装施工要求；安装速度快，单根构件吊装仅11分钟，全楼框架结构施工仅用时七天。

装配式建筑是技术集成的建造，其工法往往与传统工法不同，有时需要打破传统思路，通过BIM的模拟，进行工法考量。更重要的是，很多时候即便理论合适，在实际操作时，也会有很多不曾预见的困难，这也是施工与设计一体化的意义。我们通过装配式建筑集成技术试验楼的建造，不仅对其技术进行了系统、深入的研究，同时也对其建设相关的项目管理、商务管理、施工管理、产品化管理、团队建设等方面进行了对比研究和总结。

工业化建筑实现精确施工、提升建筑品质的目标仍有很长的路要走，如何系统、科学、全面地开展对装配式建筑这种新型建筑形式的研究，研究装配式技术集成对工程项目的有效性、实用性，影响着我国装配式建筑发展，这对落实我国政策，促进装配式建筑发展意义重大。相信试验楼的建造能够为装配式建筑的发展提供坚实有力的基础。

项目团队合影

整理：白杨

樊则森

教授级高级工程师，一级注册建筑师，2010年荣获中国建筑学会青年建筑师奖，并多次荣获北京市优秀设计奖和全国优秀设计奖。现任中建科技集团有限公司副总经理，总建筑师。主要负责装配式建筑和绿色建筑设计技术研发。主编国标图集《装配式混凝土结构住宅建筑设计示例（剪力墙结构）》《全国民用建筑工程设计技术措施装配式建筑专篇——装配式混凝土住宅设计（剪力墙结构）》，北京市地方标准《装配式剪力墙住宅建筑设计规程》《装配式钢筋混凝土结构建筑工程设计深度要求（建筑部分）》。参编国家标准《装配式建筑评价标准》，行业标准《装配式混凝土结构建筑设计规程》等。

设计理念

整体建筑观、系统工程观、技术理性观。

整体建筑观：建筑是物质的，在物质性方面，建筑要全方位满足功能和性能要求。建筑的精神性是在设计、建造及使用过程中被赋予的。物质性和精神性的融合，构成整体的建筑。

系统工程观：建筑是一个复杂的系统，一般由结构系统、围护系统、机电系统和内装系统构成。需要建立“建筑系统”和“集成设计”的理论和方法，将建筑作为一个整体的系统加以研究，以总体最优为目标，实现建筑的提质增效和可持续发展。

技术理性观：建造技术是建筑活动的基础，需要科技引领建造技术发展，用材料、构造、工艺、建构之美作为建筑表情达意的技术手段。

访谈现场

访谈

Q 请樊总介绍一下是什么原因让你在建筑工业化方向发展的？

A 好的，我不是刻意地去做建筑工业化的。回想起来，我进入建筑工业化这个领域是一件机缘巧合的事情。我原来在北京市建筑设计研究院工作了20多年，北京院在建筑工业化方面有很深厚的历史积淀。新中国第一个装配式建筑——北京民族饭店，就是北京院张博总设计的。张先生在《建筑学报》上有一篇关于北京民族饭店采用装配式建筑快速建造的文章，那个时期北京院在装配式建筑方面就已经全国领先了。

我一直比较关注建筑如何从设计到建成的相关技术。除了方案创作，在建筑技术上一直涉猎较深。早期，我跟着柴裴义大师做了很多公共建筑。2000年以后，因为跟着朱小地院长完成了第一个原创的住宅项目——北京朝阳公园东侧的“观湖国际”项目而介入住宅设计。2006年初，调到北京院十所当副所长，到岗不久，朱小地院长给了我们一个与万科北京公司接触的机会，我们抓住这个机会，成功地承接了中粮万科假日风景项目。我作为设计总负责人，带领设计团队完成了60余万平方米的小区规划、方案设计，和施工图。在合作过程中得到了北京万科的认可。2006年年底，时任万科集团董事长的王石先生要求北京公司推行“住宅工业化”（当时叫法，后来才叫“建筑工业化”）。万科北京公司总经理周卫军先生选择了假日风景项目（图1a，1b）为试点，同时委托我们负责该工业化试点项目的研究和设计。我是因此而加入建筑工业化设计研究的。

2007年开始，我们先在榆树庄构件厂设计了一栋两层的试验楼，然后设计建造了中粮万科假日风景B3B4工业化住宅，这个项目首先被列为北京市试点工程，建成后成为北京市示范工程，成为21世纪北京建成的第一栋装配式商品住宅，也成为我国建筑工业

图1a

图1b　北京市中粮万科假日风景项目

化的一个里程碑项目。从此开始，我们就以每年做一个以上装配式建筑的节奏，从中粮万科假日风景D1D8、中粮万科长阳半岛工业化组团、京投万科水碾屯小区、住总万科金域华府，到青岛、沈阳、大连等地的工业化住宅示范项目等。技术越做越成熟，体系越做越完善，就这么一年一年，转眼间就一直做到了现在。

Q　十年后为什么离开北京市建筑设计研究院?

A　我做了近十年的工业化建筑设计研究工作，看着她从无到有，从稚嫩走向成熟，很感恩这个成长的过程。也就是在这个过程中，我发现设计在全产业链中的作用越来越边缘化，设计费不升反降，人才流失严重，其中的原因很多。从设计行业自身检视，我认为一方面由于近十年房地产公司的强大和强势，将方案、造价和使用功能等的决策权拿走了，设计沦为地产商的画图工具；另一方面，建筑行业分工的碎片化和不合理的责权利划分，促使设计院的工作很少去关注建造本身，设计成果既不能体现生产制造的要求，也不能支撑现场施工的需要。当上述作用消失后，设计仅剩下满足规范和通过政府部门审批的功能，其价值必然降低。

Q　你到了中建科技以后的最大收获是什么?

A　为了重新找到设计的价值，同时也为了排解自己职业生涯中的第二个瓶颈期之困，2015年8月，我加盟中建科技。现在已经过了3年。这3年最大的收获就是通过设计与生产、施工的深度融合，把设计的价值发挥出来、体现出来，基本上找到了设计价值的着力点，这个着力点就是叶浩文先生在中国建筑学会建筑产业现代化发展委员会成立大会上提出的“建筑、结构、机电、内装一体化；设计、生产、装配一体化和技术、管理、市场一体化”（简称“三个一体化”）的发展思想，该思想通过装配式建筑EPC工程总承包全产业链发展模式来得以落实。这3年，通过我们的EPC工程总承包项目实践，真正地让建筑师和建筑设计融入建筑全产业链中，在设计阶段就考虑招标采购、工厂生产、现场施工、竣工交付和后期运维的需求，把设计的价值体现出来，让装配式建筑和建筑科技的创新能真正落地，这应该是我这3年中比较大的收获。

Q　你觉得中国建筑业有没有可能在“弯道超车”中走出中国式建筑工业化路子?

A　最开始我也认为是“弯道超车”，后来跟一些业内的专家学者讨论，大家都认为中国建筑业现在已经不能叫“弯道超车”了，应该叫“直道超车”。因为从数量上看，我国建筑业已经世界第一了，目前已经进入了量变到质变的过程，到了“直道超车”的阶段。虽然和发达国家及地区相比较，中国建筑业可能在整体效益和体制机制方面还有差距，但这些差距最终也会通过实践积累，逐步完善。中国有世界最大的建筑体量、需求旺盛的建筑市场和世界顶尖的建筑技术，我们可以建成例如港珠澳大桥这样的超级工程，应该有自信走出“直道超车”的建筑工业化道路。

我国建筑行业传统的依赖劳工的人海战术模式已经不适合现在的发展需要了，我们需要一种新的力量来改变。很幸运我们已经找到了这种新的力量，这就是要在建筑业实现工业化、信息化和智能化。这是全新的生产力，必然要求建筑业的生产关系发生革命性的改变。我国要走出中国式的建筑制造之路，必须要研究好并解决好新的生产关系和新的生产力之间的匹配问题。如果两者匹配得好，必将促进建筑工业化、信息化和智能化的深度融合，激发出建筑业迈向先进制造业，也必将能够超越那些国际一流的建筑同行。

Q　目前是否有项目真正达到了数字化智慧建造的理想状态？

A　打通建筑全产业信息链是一个逐步发展的过程，目前还没有项目将建筑全链条完全打通，不过我们有阶段性的成果。

第一个阶段，深圳裕璟幸福家园，实现了构件深化到工厂的数字化。裕璟幸福家园是中建科技在深圳的首个试点项目，EPC工程总承包中标以后，因为政府管控体制的要求，我们的报批报建工作还是用传统的方式。但是在内部工作中，我们要求“全员、全过程、全专业”的三全BIM，为此构建了基于私有云架构的“BIM协同平台”，所有专业在协同平台上协同完成构件加工图设计。我们设定的目标是工厂和工地不需要再次深化设计，直接使用设计院提供的BIM模型就可以进行生产和施工，从而将整个内部设计、生产、施工的信息链打通。强制性地在工厂和工地应用设计BIM成果，实现了我过去在设计院想做而没有做成的事情。但是也有遗憾，就是信息链打通以后，由于管理模式和技术手段跟不上，无法在线上获取施工现场的需求，只能人工统计数据，制作统计表，用统计表的形式完成数据的传递。这些工作全部都是基于线下平台，通过远程登录来得以实现，尚未实现基于互联网的数据互通。

第二个阶段，打通建筑从设计到生产再到现场施工的数据链。通过前期的积累我们有了数字平台，在平台上将施工现场的管理和前期设计生产的数据信息结合，运用到坪山高新区综合服务中心、深圳长圳公共住房（图3）和坪山区三所学校EPC总承包项目（图4a，4b）中，结合项目运用开展如何基于数据和互联网平台进行管理的问题。在综合服务中心项目上，在“管人”方面，通过工地出入口的人员识别，自动统计项目现场人员的出入信息，自动识别出人员的个人信息。在“管物”方面，通过信息化手段记录构件从工厂出厂以后的运输、堆放、吊

图2　深圳裕景幸福家园项目效果图

装、验收过程的详细信息，可以对构件生产和施工过程的不同阶段、不同环节及不同责任人进行追溯。在安全质量管理方面，现场安全员和质量员通过APP上传现场发现的问题，提交到相关的部门，并通过平台实现其管理动作及处理信息反馈。

最后，可以将施工过程产生的数据信息写入到每一个构件的BIM模型上，形成基于网页端轻量化BIM模型的全过程信息链。

目前这些数据链的打通还是以片段的形式存在，将来要完全打通建筑全产业数据链，还有一段路程要走，尤其是工厂部分的数据链。目前流水线机器读不懂数字模型，大多数机器需要依靠工人输入信息才能实施自动化生产，容易出现信息错误、生产低效等问题。我们打算通过自主开发、购买软件和直接进口设备等措施，早日实现平台上的落地。

Q　在推行智慧建造的过程中阻力大吗？

A　阻力主要来自于设计师们对新体系的不习惯。当时我们在裕璟幸福家园项目上强推构件设计，要求设计师们用三全BIM出构件大样图，为此还有一名副总工程师辞职离开了，他辞职的

图3 长圳公共住房项目

理由是没想到我们这个创新的设计院，比传统的设计更加辛苦，还要画更多更细的图。但是他不知道，我们这个全是数据驱动的BIM构件库，一次辛苦，将来能无数次地简单应用。现在随着成果的积累和越来越多年轻设计师的锻炼成长，我们应用BIM的优势已经初露锋芒。

还有一个阻力来自于工程项目管理的惯性，智能建造要改变很多惯有的管理思想和管理模式，对于那些在工地打拼了一辈子的管理人员是个新事物，一时还难以接受。

Q 你们平台是自己开发还是委托开发？

A 我们的平台是一个整体的系统。建筑平台的开发，首先要懂建筑行业，要了解建筑的管理体系和管理逻辑，明白建筑业的应用需求，预见建筑行业的应用场景，有的朋友喜欢用“know how”这个词，这是一个无形的财富。在早期，很多开发BIM软件的软件公司不懂建筑管理，开发出来的软件不能完全满足建筑业的需求。往往建筑公司把需求告诉软件开发商，出钱请软件商来实施开发，其中建筑公司知道要什么和如何管理，软件公司知道如何开发软件来满足建筑公司的要求，两者其实都有知识产权在里边。遗憾的是，由于建筑公司没有采取一定的知识产权保护措施，软件公司成为100%的知识产权拥有者，这是不公平的（图5）。

图4a　深圳坪山实验学校效果图

图4b　深圳坪山实验学校项目吊装构件

图5　中建科技装配式建筑智慧建造平台首页

现在，随着社会进步，开发软件的门槛降低了，我们立足自己的“know how”，梳理行业需求，立足于自己来开发，这个平台的系统框架和整体的架构设计是我们自主研发的，主要功能需求是我们梳理的，这个系统是集成创新的成果，其中包括委托专业公司帮我们编写代码并开发软件的部分，我们出资，委托软件公司开发，但知识产权归我们所有，虽然我们自己不会写代码，但是关键思想和内核是掌握在我们的手中。

Q　中建科技装配式建造的完美的愿景是怎样的？

A　从现代建筑运动开始，建筑业就一直在对标制造业，但是始终达不到制造业的高度。我们的愿景就是希望把建筑业真正做成制造业，而且是以数字启动的，以智能化和机器人化为典型特征的先进建造业。目前设计的数字化不是问题。问题主要在工厂和现场，而其中在工厂实现数据驱动的生产加工比较成熟一些。目前已经可以用流水线的生产方式命令机器完成固定的加工流程和工作，而且目前很多工厂也实现了标准构件流水线生产，像用机器人焊接钢构件，用机械臂完成PC预制构件加工。最难的是工地的机器人化，工地的数字化和机器人化也是下一步我们要攻克的（图6）。

图6 建筑智能机器人在项目上试用

我们已经在构想设计适合机器人建造的房子，不是所有的建筑都适合机器人建造，我们需要分析什么样的建筑适合机器人建，需要按照机器人的逻辑去设计适合它建造的房子，我们现在正在朝这个方向努力。这样就可以把工地变成工厂。如果工地变成工厂了，建筑业就跟先进制造业很像了。当然，没有最完美，只有更好！这种奋斗创新的过程就很好。

Q **你觉得这个愿景大概多少年可以实现？你了解的发达国家的智能建造程度是怎样的？**

A 希望十年左右能做出来，我们现在在某些项目上已经开始尝试了。我觉得基于当时社会的人力资源条件和生产条件，在过去几十年发达国家的建筑工业化发展比较先进，但是因为受制于那时候的生产力水平，发展到一定程度基本就慢下来了。比如就不太可能去想象今天他们如何在互联网驱动下发展建筑产业，因为早期的时候互联网还不成熟。虽然现在互联网成熟了，但是已经没有了大规模的建筑需求。海外的很多大学是把智能建造当作学问来研究的，他们普遍认为智能建造无法学以致用，因为没有需求旺盛的建筑市场。而中国有庞大的建筑市场，城镇化还有很长的路要走，我们需要盖更多高质量的房子。市场需求是对行业最大的推动力，正好又和互联网大数据挂上钩，这种时代的生产力产生的技术能量和发达国家之前的发展环境不一样，我们有更大的潜能。当然国外建筑业在很多方面还是十分先进的，虽然没有大量应用，但我们还是要学习他们的先进技术，通过大量应用，实现我国建筑业的跨越式发展。

Q 整体来说，你认为中国建筑行业转型升级的瓶颈和制约因素是什么？

A 我觉得最重要的一个因素是对成本和经济性的片面理解和唯成本论的建筑观。中国建筑业多年来质量性能始终落后于建造数量，主要是被成本问题所困。为了节省成本，设计、施工、验收都仅仅以满足规范为原则。众所周知，咱们的规范标准实际上是建筑品质最底线、最基本的标准，如今却成了建筑品质评判的上线，由于大家都只考虑满足最底线的要求，不去关注建筑的高标准高品质，不去考虑做一个好建筑，做一个长寿命的可以用100年都还是那么好的建筑，这种唯成本论，制约了整个建筑业的发展。

唯成本导向是得不偿失的行为。比如说开发商，无论他的房子卖多少钱，赚了多少，他总要追求更高的利润，其中降低建造成本是普遍乐于采取的方法。唯成本论对建筑业没有什么好处，最后建筑的品质依旧得不到提升，老百姓花很贵的价格，住的房子质量依旧很差。

要解决这个问题，首先是要解决标准问题。应该适当提高建设标准和对应的成本投入，对标国际标准，做高品质、高性能、高质量、绿色、环保、节能的建筑，而不能一味地降低成本。国内一些城市，之所以建筑市场尤其是建筑工业化发展得好，其中一个重要因素就是建筑标准高，普通住宅要求全装修，含全装修的工程总成本价控制在5000元/平方米以上，把控建筑造价标准的同时形成国际惯例的EPC工程总承包管理机制，做到优质优价，把钱真正花在建筑上，而不是变成某些人通过压低成本装到兜里的暴利。

另外我觉得过去这些年，把房子当作金融工具去炒作，房子的居住属性被弱化和淡化，为了赚钱，没人关注房屋的质量和性能，为了赚钱大家都唯成本论。还好现在总书记说：“房子是用来住的，不是用来炒的。”建筑的定位发生了变化，如果继续“炒”的思路，大家会用炒房的逻辑来建设，考虑的是一次售卖的经济利益。如果是用来“住”，其宜居、质量、性能和可持续性就应该是大家首先要关注的。建筑行业就会站在长寿命、高质量、低维护成本的角度去考虑，这样房屋的品质也会提升，建筑标准也会随之提高。

Q 现在中国哪几个设计院对装配式建筑比较重视，或者是基础条件比较好？

A 应该说现在大家都很重视，就我自己知道的做得比较久一点的设计院有：北京市建筑设计研究院、中国建筑设计研究院、中国建筑标准设计研究院、上海现代集团、同济建筑设计研究院、上海中森、上海天华等，深圳有中建科技设计院、华阳、华艺、筑博等；其他城市有南京长江都市院等。

Q 装配式建筑这两年是定性下来，原来叫建筑产业化、建筑工业化，还有很多其他叫法，你觉得是不是叫装配式建筑更贴切一点?

A 我经历了这几个词的叫法变化的过程。2007年的时候，由于是企业自发地在搞，主要目的是要在住宅建设中推广工业化的建造方式，因此叫“住宅工业化”，采用这一类建造方式建造的住宅叫“工业化住宅”，后来政府开始推广后，从产业发展的角度，将其改名为“住宅产业化”。然后又觉得“住宅产业化”不够充分，应该涵盖所有建筑类别，改称“建筑产业化”，中间还曾经有过一小段叫作“建筑产业现代化”，最后国务院文件确定叫“装配式建筑”。这几个词本身，从不同的角度来看，都有其特定的意义和内涵，我个人比较倾向于“建筑工业化”和“装配式建筑”，首先这两个词都不是新词，其表达的意义非常清楚。“建筑工业化”是目标，当前我们抓建筑业转型升级，就是要对标先进制造业，用工业化的手段来改变建筑业，实现质量更好、性能更优、效率更高和可持续发展。而“装配式建筑”是对标先进制造业、实现建筑工业化的重要抓手之一,一说装配式建筑，大家立刻就能理解是把工厂预制的部品部件在工地现场装配。我想，当初选择用“装配式建筑”这个词，恐怕就是看上了它便于理解、便于落地的好处吧。

我的观点还是不太希望在命名方面争论太多，对于一个持续发展的事物永远没有完美的名称去定义，关键在于认准目标认真做事。2013年，时任全国政协主席的俞正声同志专门安排了一次关于发展建筑产业化的全国政协双周座谈会，他指出:“叫什么名字不重要，反正是就做这件事，我们现在暂且就叫‘建筑产业化’，将来怎么样再说。”我觉得我也是这个态度，还是“实干兴邦”。

Q 你是怎么表述和定义装配式建筑的设计理念的?

A 我觉得装配式建筑是个很好的东西，这几十年无论是国内还是国外，基本上每一代的建筑从业者都有所接触，但是一直没有发展起来。究其原因，我想主要是缺少整体性的思维和系统性的思路。早期的装配式建筑，主要是结构装配，但是没有与之配套的建筑、机电、内装系统。最后出现了如墙体开裂、漏水等很多问题，但这些其实都不是装配式结构的问题。

对于装配式建筑的设计理念，我比较推崇系统工程的方法，把装配式建筑看成一个整体的大系统，包括建筑、结构、机电、内装等子系统，每个子系统下面还包括更小的系统或模块。它们通过最优化的技术来进行系统集成。

在设计上，装配式建筑要求进行系统集成设计。2016年，我受命代表中国建筑股份有限公司，以项目负责人的身份牵头申报国家重点研发计划项目“工业化建筑设计关键技术”（图7），我用了三个多月的时间梳理了装配式建筑的系统框架：用系统工程的理论与装配式建筑结合，做出系统框架图，把涉及的建筑、结构、机电、内装各专业进一步细分，梳理出一套完整的架构，申报国家重点研发计划，获得评审专家们的广泛认可，并帮助我们成功地取得了该项目的牵头资格，目前我们的研发实践都是围绕这个核心框架在展开。

图7 “工业化建筑设计关键技术”实施方案论证会

图1　建筑整体鸟瞰

坪山高新区综合服务中心

设计时间	2017年
竣工时间	2019年
建筑面积	133000m^2
项目地点	深圳坪山

2017年底，坪山区政府找到中建科技，希望为坪山建设一座可以用于展览、会议、科技文化交流的文化场所。就是现在的坪山高新区综合服务中心。

1. 文化寻根

深圳坪山区是深圳最新的城区，也是一个产业新区，集中了生物医药、光电技术、新能源汽车等前沿新兴产业。然而，坪山有着深厚的客家文化传承，著名的客家建筑有大万世居、龙田世居、丰田世居等。客家文化的根基来自中原汉文化，是中原汉民族南迁后与地域环境结合后产生的本土文化，由于其保留了很多古代正统的汉文化特征，被誉为“古汉文化的活化石”。我们第一件事就是要为坪山在新时代下来一个文化寻根。

中国传统公共建筑文化的理性主义基础始于秦汉时代高台木构的基本形制，精髓是其基于材料特征、气候影响和功能需求的理性主义精神和对后世建筑文化的开创性。唐代建筑在继承秦汉理性建筑文化的基础上，融合国际先进文化并逐步完善、成熟，开创了理性与浪漫相交织的盛世建筑风格，形成了中华民族引以为傲的盛世建筑体系，客家文化也是这个体系的重要支系，但客家建筑多为民宅，少有官式建筑，其空间、尺度、气质等均不能适宜本项目需要的厚重、大气和宏大叙事。我们需要找到坪山建筑文化根基的本源，让历史的时间轴前延后达，贯穿古今，照进未来，方能代表高新区，代表创新坪山面向未来的雄心。因此，我们以汉唐建筑文化为根，继承和发扬其基本形制和创新开放的基因，将其与深圳特有的人文精神相结合，产生了这个中而新的本土建筑。

图2　西南向街角视图，大体量建筑掩映在绿树中

图3　建筑南立面

2. 场所精神

建筑是因环境而生的，场所是建筑的永恒母题。本项目选址于燕子岭之南，背山环水，在规划中是未来坪山的“城市客厅”。承载着打造“山水坪山”“开风气之先”的重任。因此，建筑与环境的对话，与山水的融合尤为重要。设计之初，我们进行了多方案的研究，有街区式的方案，有集中式的方案，都由于与场所精神不合而放弃了。最终我们选择了群落式的方案。群落式布局是中国建筑最主要的特征之一，承载了中国文人精神中极致而浪漫的情怀，那些山水田园、天人合一的人文理想，让这组建筑自然而生动地融入这片山水。

在建筑中，室外空间、半室外空间成为公共空间的核心。展厅与会议之间使用一个风雨通廊联系。顶部的挑檐为风雨通廊挡雨，夏天凉风从通廊穿过，在炎热的深圳给人们提供了休息乘凉的自然空间。

会议与酒店之间，是一个合院，成为二者之间的公共空间。在面向坪山河的地方，设计了两个凹院，将坪山河的景观引入建筑中。

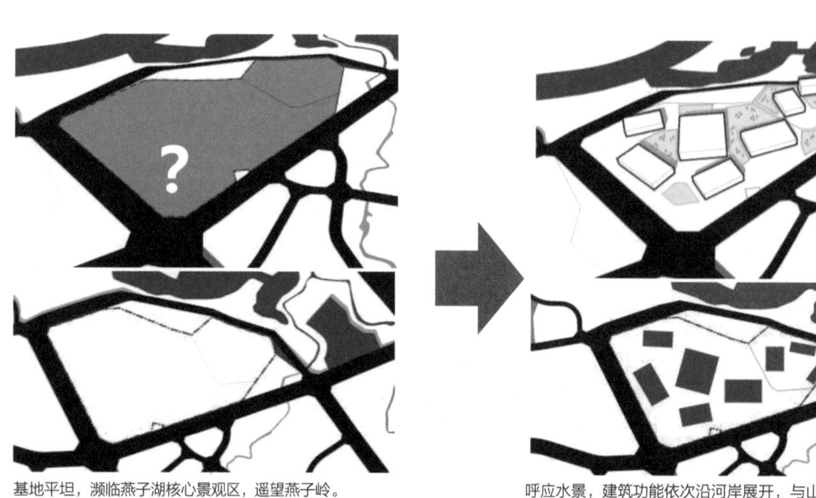

基地平坦，濒临燕子湖核心景观区，遥望燕子岭。

呼应水景，建筑功能依次沿河岸展开，与山、水、城形成良好对话关系，同时形成聚落群体。

一横，三纵；一中心、多院落的群落关系，带来步移景异的空间渗透感。

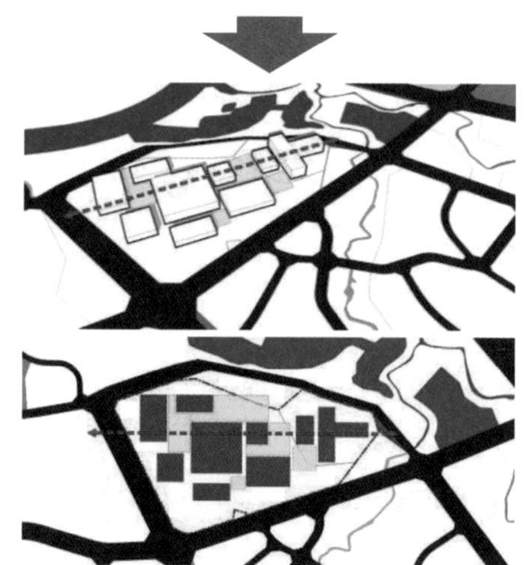

规整功能群落，沿基地东西方向排列成良好的空间对话关系，进一步塑造院落的秩序感。

图4 建筑体型设计过程

图5 群落的建筑体型与远处山峦的呼应

图6 遮雨纳凉的通廊空间

图7 会议与酒店之间的合院

3. 营造哲学

在建筑技术应用上，我们试图探寻和回应中国传统建筑“反宇向阳”的哲学观。建造房屋时，在末跨的槫上置生头木，屋面依纵轴方向两端翘起，使得建筑主体的屋顶产生“反宇向阳”的效果，屋顶与大地之上的天宇一阴一阳，相互交融，浑然一体，人作为宅的主体也融合在天地之中。这种源于建构技术，依托于建筑形式，最后体现在中国人世界观上的营造哲学，让我们回归“初心”，寻找中国建筑的本源，从材料和建构本身的特征出发，以现代钢结构装配式建造方式，诠释新时代建筑的本源之构。

建筑主体采用钢框架结构体系，其构件在工厂生产，运至工地通过焊接或螺栓连接形成梁柱式的结构系统。为了保护钢结构，外墙采用装饰混凝土与玻璃幕墙形成外墙系统。覆盖以金属屋顶，

图8 运用“凹院”空间取得“景框”效果，将景观引入建筑中

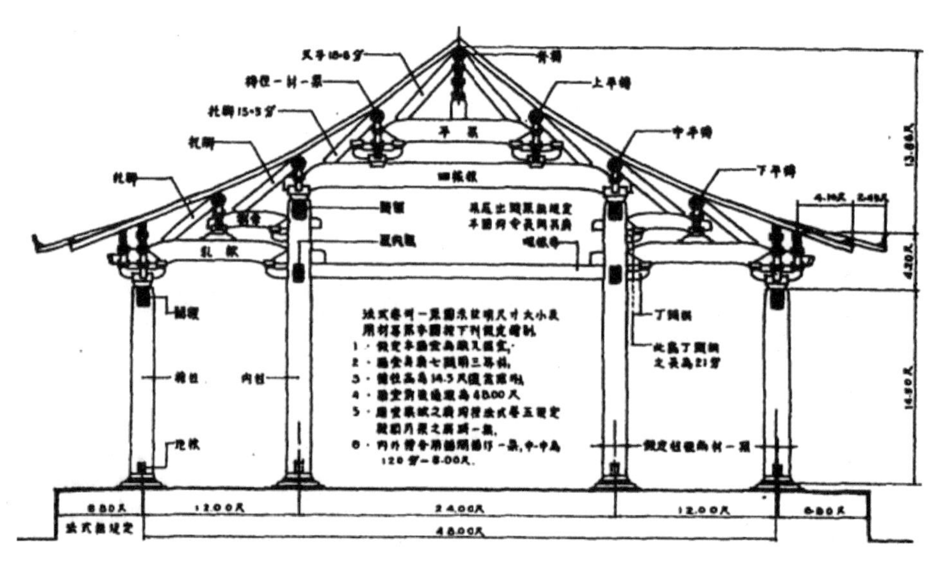

图9 中国传统抬梁建筑剖面

为了满足防水要求而找坡，形成屋面系统，为了适应本地气候而挑檐。为了满足其功能而采用了装配式的装修方式，形成内装系统。

建筑取300为基本模数，12.6m的标准柱跨，6m基本层高，立面一切均按此划分，实现模数统一。

这样的模数在立面上有着清晰的反映。我们把立面按照水平900mm和高度600mm的模数进行划分，得到了1800mm宽、9600mm高的装饰混凝土柱子和4500mm、宽9600mm高的玻璃幕墙。柱子上下分两截，均为4800mm高，可实现整体吊装。幕墙最小单元1200mm高、宽900mm。幕墙整体水平分三段，两段1800mm宽、9600mm高的幕墙单元整体吊装，中建900mm宽单元做散拼，调节误差。在施工现场，GRC柱吊装时让人不禁联想起古人用整颗原木立柱的场景。

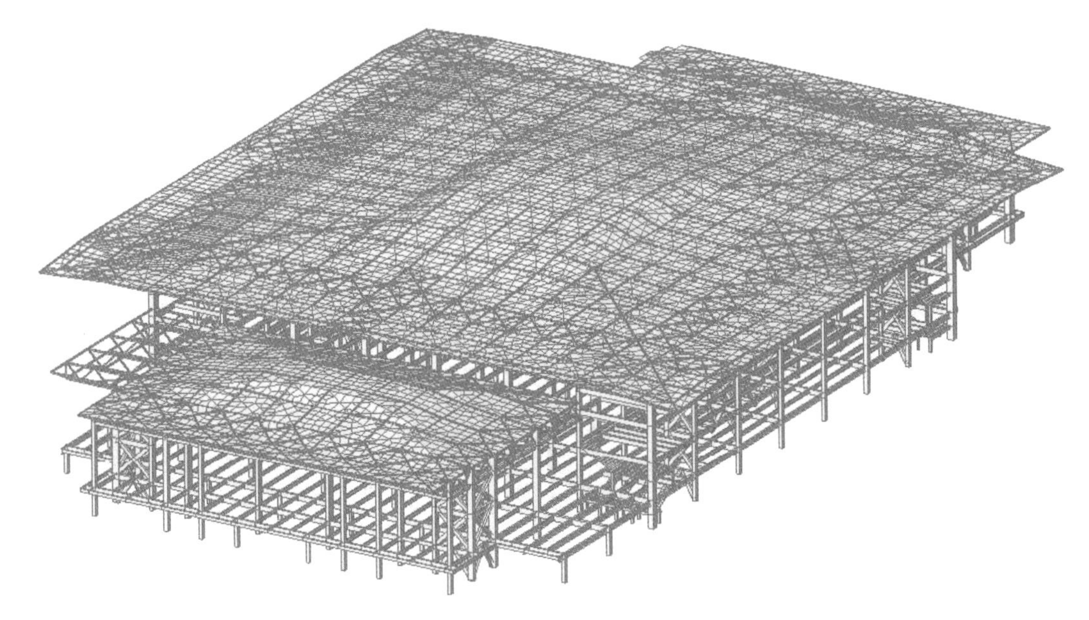

图10　建筑的结构反映了中国建筑“柱+屋架”的基本逻辑

图11　朴素的建造逻辑带来的规整的顶部屋架（图为1万m^2主展厅）

图12a　结构系统

图12b　外墙系统

图12c　屋面系统

图12d　机电系统

图12e　内装系统

图13　从俯视角度看完工前的建筑

平缓的屋面坡度是因为排水的要求而来，却达到“反宇向阳”的效果。

通过对钢铁材料、空间结构、建筑功能和装配逻辑的“本构”式解答，用基于营造本质的诠释，最终达到一种厚重质朴的风格表现，不是简单地模仿或抄袭中国传统建筑之形，而是以装配式建筑的逻辑回归中华建筑文化的艺术气质和哲学本质。

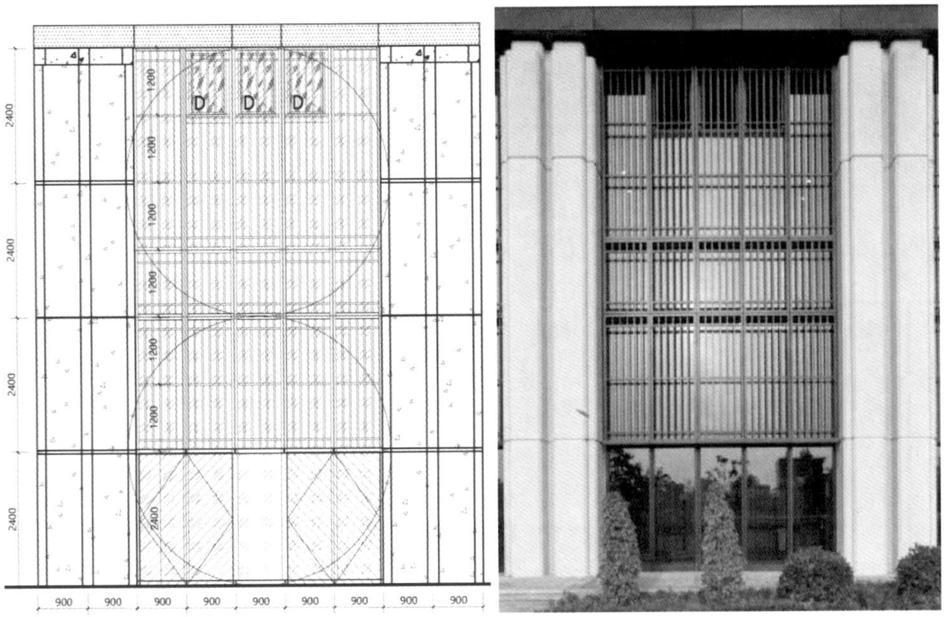

图14　立面单元局部及完成效果

图15　完整玻璃幕墙单元吊装

图16　完成柱单元吊装

图17　叠涩檐口顺应了结构截面变化

项目小档案

设 计 指 导：樊则森
设计总负责人：徐牧野
建　　　　筑：徐牧野　罗传伟　张志彬　欧天祺　曹杰　陈曦　张超　张永深
结　　　　构：方园　芦静夫　刘鹏　王春　李勇　黄伟
暖　　　　通：浦华勇　李丹　杨巧霞　马惠芳
给　排　水：岳禹峰　贺水林　李佳
电　　　　气：王连宾　王健　程小威
整　　　　理：徐牧野

李昕

上海中森建筑与工程设计顾问有限公司党委书记、总建筑师，上海市建筑工业化专家委员会会员，上海市装配式建筑示范工作评审专家。1990年毕业于哈尔滨建筑工程学院建筑系。主持上海万科金色里程、上海万科海上传奇、苏州积水裕沁庭、江苏常州新城地景北地块、上海绿地杨浦96街坊等多个装配式住宅、公建项目，并多次获得中国土木工程詹天佑奖优秀住宅小区金奖、全国优秀工程勘察设计、上海市优秀住宅工程设计等奖项。参与国家及上海市相关课题研究，主编国家及地方行业标准。组织上海市装配式建筑后评估体系研究、开展建筑工业化专项技术培训，获得一系列建筑工业化应用技术专利。

设计理念

“科技创新、绿色低碳”是我始终坚持的建筑理念。

作为建筑师，我在不断审视市场和房地产业的发展趋势，从住宅功能的完善到住宅品质的提升，对住宅的环境、质量、功能等都在不断进行重新认识和定位，以实现住宅性能和居住环境的全面提高。

访谈现场

访谈

Q　你是在什么背景下进入装配式建筑设计领域的?

A　我于1990年从哈尔滨建筑工程学院建筑系大学毕业后就分配到中国建设科技集团，先后在中国建筑标准设计研究院、中丹国际咨询公司和深圳华森设计公司工作过。2003年底集团重新组建上海分公司，我被派到上海。刚到上海时拓展业务非常艰难，我们采取先和曾在深圳合作过的老客户对接。万科集团是我们在深圳合作很好的一家房地产开发公司，2004年底他们在上海刚好有一个项目，借这个机会接触到“万科金色里程”这个项目。

万科的装配式技术应用应该是国内启动最早的一批企业之一，当时他们就有一个口号“不PC，就PK”，进入万科的办公空间，满眼都是这样的口号，意思是你不做装配式就只有走人了，可见那时他们的决心。我自己也对装配式建筑技术非常感兴趣，感觉与万科合作，在这个平台上双方共同探索技术领域的创新，是个双赢的结果。“万科金色里程”项目将7万多平方米建筑面积的高层精装修住宅采用预制装配式技术。就这样，开始了国内首个将装配式技术大规模应用到商品住宅项目的研发、创作、设计、深化工作。

Q 在第一个装配式项目里有没有遇到难点？是如何克服的？

A 在“万科金色里程”这个项目实际操作中的难点虽然很多，但我们也从中学习到了很多。当时国家和上海市都还没有与装配式技术相关的政策、法规，很多东西都是从无到有。这个项目采用的是PCF，也就是外挂式墙板，我们通过借鉴日本的经验、国外考察的数据、整合各材料供应商的技术参数，改进传统设计流程、研发新的项目操作流程，与万科各相关部门反复探讨方案，多轮图纸修改完善，采用BIM技术深化设计后实现的。

比如在立面效果控制中，我们既要保证面砖的完整性，又要保证现场不做切割处理。据此开发商需要将外墙面砖的采购流程前置到策划阶段，设计院需要将立面分色图前置到方案阶段，根据立面砖尺寸加灰缝的尺寸再加整块外墙板拼接缝尺寸得出一个模数，通过拼贴综合算出层高，这样就有了一个2.935m的碎数层高。（图1）

再比如对于一块预制阳台板来说，传统施工图只有一个平面、立面、剖面，再加一个节点就可以表述清楚。但是对于装配式建筑来说，就要完整地表达阳台预制板的六个面，同时包括所有预埋件的标识：这里不单指结构的，还包括机电设备专业的，还包括晾衣架、排水沟、储物架等。因此，我们第一次尝试所出的施工图是有颜色标识的，不同性质的预埋件采用不同颜色分类标识。（图2）

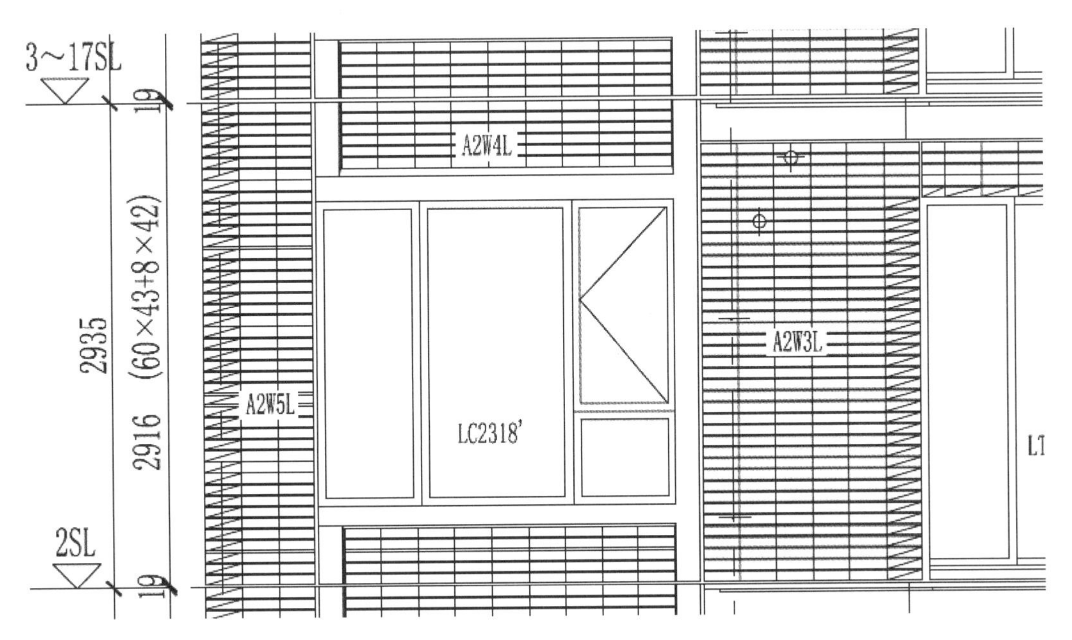

图1　金色里程局部立面图

图2　设备管线综合

再有就是在这个项目里贯穿了全装修一体化设计理念，室内深化单位在方案设计阶段就要提前介入，提供在装配式墙板上预留的各种管线、各种点位位置，以避免二次装修时主体结构的再次破坏。

Q　通过第一个装配式项目的实践，有没有从中提炼出新的思路？

A　有的，在做完第一个装配式项目后，我们提炼出多个成体系的装配式住宅设计思路。比如说，第一个思路是根据产品定位进行产品固化，例如在住宅市场中，70%是刚需产品，30%是高端产品。在70%的刚需里90m^{2}到120m^{2}的户型需求又占70%。我们就建议把90～120m^{2}的住宅产品进行固化，可以包含总体布局、单体平面、立面、剖面、细部构造节点、机电设备管线、公共部位和户型内部装修标准、产品标识等方面；第二个思路是大空间的开放式结构体系（图3），所有剪力墙都布置在户型外墙或分户墙，所有竖向管井都布置在户型外部区域，套内取消结构竖向构件，这有利于产品根据市场区域、客户需求、未来改造等二次优化，充分体现预制装配式建筑在绿色、可持续方面的综合优势；第三个思路是做菜单式的装修标准化，装修风格、成本根据市场定位，将材料、部品的选择标准化、菜单化，帮助房企快速、精准、规模投放市场。

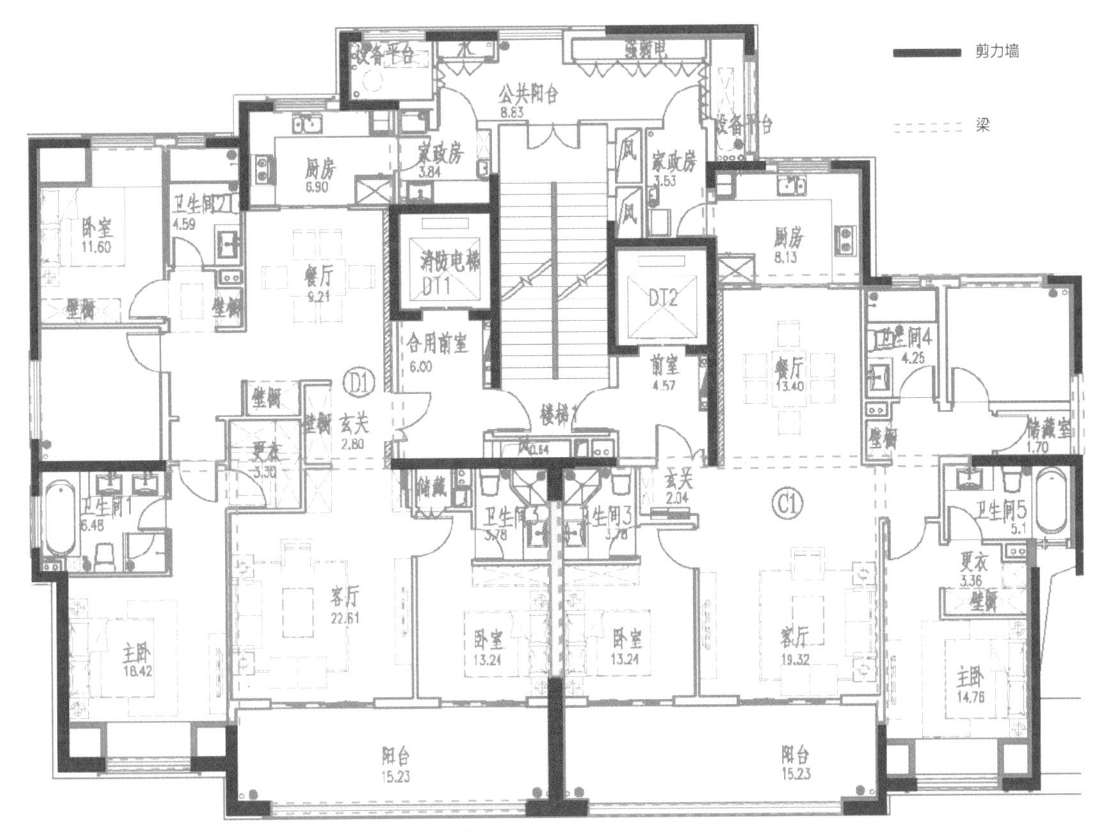

图3 剪力墙外置

Q 在装配式住宅设计的路上，你觉得有什么捷径么？能不能给些建议？

A 通往装配式设计的路其实没有什么捷径，都是通过脚踏实地去探知、摸索和实践。我个人认为装配式建筑最根本也是最重要的贡献就是绿色、低碳、环保、可持续。装配式技术是实现绿色低碳建筑的一个非常重要的手段。

首先以“装配式、工业化”作为设计理念，倡导结构主体工业化与室内装修工业化同步实现。其次以“安全、舒适、健康”作为生活理念。以室内空气调节方案为例，采用室内毛细集成辐射模块，将风式空气式调节改为辐射式调节。彻底摒弃传统室内风式空气调节方式带来室内温度不均衡、易患空调病等弊端。顺应绿色建筑需求，积极利用可再生能源，通过室内毛细末端辐射手段，推广安全、舒适、健康住宅生活新理念。第三，以“绿色、可持续”作为发展理念。如采用开放式结构体系，实现可变户型；采用环保建材，减少甲醛等有害气体对空气的污染；采用节能高效集成设备，减少用电负荷等。

Q　如果帮助开发商固化了产品后，他们后续找别的设计院去做施工图，对中森是不是一种损失呢？

A　标准化产品对于开发商来说是一种利益最大化的产品，对于我们中森来说不仅是一种专业技术的掌握、积累与运用，更是提升我们多领域技术的整合能力，开放式创新才有未来。建筑领域里的技术不是闭塞的，我们也是通过多种学习才达到今天这一步。我们所做的不只是为开发商谋求利益，而是要对整个行业有所引领，为整个建筑市场的发展尽一份绵薄之力。

Q　我知道国家大力发展装配式建筑是在2016年，在这之前中森除了装配式研究之外，还有什么其他方面的研究？

A　我们除了装配式研究以外，还会研究一些目前国内少见的建筑产品。比如我个人很感兴趣的立体停车库（图4），就像电影007中的那种场景，它是一个筒状的大空间，外面可以是幕墙结合LED，内部采用钢结构体系，一层层钢板搭建停车平台，每辆车可以操控灵活移动，既节省用地又提高效率。但目前我国政府对于这样的项目没有相关的政策支持，无法解决开放式大空间立体停车库的容积率、消防等问题。对于这样的项目我们只能先作为技术储备，一旦条件成熟，市场有需求的时候，产品马上就能推出。

图4　立体停车库效果图

Q　你这一路走来，风风雨雨十几年了，作为这个行业的开拓者，你对目前行业的现状有哪些看法呢？

A　首先，我认为任何一个新的东西都会有个适应阶段，目前国家把装配式技术定位在比较高的战略地位，在建筑行业内是前所未有的，这必然有它存在的价值。它不仅是为现在服务，更是为未来服务的。目前它的市场接受度不一定是最高的，建造方式不一定是最经济的，但因为它的低碳环保理念，装配式建筑一定是一个必然的趋势。其次，装配式技术是一种建造方式，是调整产品定位和品质的综合手段。装配式的比例不是一刀切的，而是要根据项目周期、人工成本、产品定位等综合决定。装配式体系和现浇体系对于建筑来说是可以同时存在的，可以由开发商和市场去公平、理性、自由地选择。

Q　你认为装配式建筑的本质是什么？

A　装配式建筑的本质是绿色低碳节能。比如一块钢筋混凝土墙板，在工厂制作时，不仅品质得到保证，使用的水、电、人工和二氧化碳排放率都很低，材料的损耗也可以达到最合理。而在施工现场现浇楼板需要实现同等要求时，需要消耗大量人力和物力。地球属于我们的资源越来越少，人工也越来越贵，只有把工作内容思考清楚了再去做才是最优秀，最省时、省力、省材料的。装配式技术就是这样。

Q　现在中森有哪几大板块呢？

A　中森目前有九大板块，分别是方案创作板块、传统设计施工图板块、装配式技术研发板块、建筑与人居工程研发板块、规划与海绵城市研发板块、室内设计施工一体化板块、健康养老研发板块、绿色节能与BIM板块、施工图审查板块等。中森在2015年成立时只有传统设计施工图单一业务，这九个板块是伴随中森十五年逐步发展起来的，代表着中森的一个发展过程。

Q　你从事装配式设计已经有十多年了，给你印象最深的是哪个项目？给你启发最多的是哪个项目？

A　印象最深的还是第一个装配式项目——万科金色里程。这个项目从2004年开始接触后，经历了太多的酸甜苦辣，也投入了太多的精力，虽然装配率只有15%，虽然只做PCF，但磨练了我们的队伍，完善了我们的技术体系，开拓了我们的视野和思路。这个项目可以说是中森装配式技术的开始，也是中森在行业内的一个转折，一个机遇。

启发最多的也是这个项目。这个项目中有七幢标准单元高层住宅采用了预制装配式技术。从产品定位就推敲了很久，最终确定做90m²的小三房住宅。其中最有价值的设计是我们把卫生间三分离布置。三分离卫生间在日本比较普及，我们想把这种设计带到国内，进而影响改变传统的生活方式，让使用者感觉更舒适、方便。在做居住者回访时，他们说最大的好处就是三分离卫生间，刚买房子的时候是小两口，后来有了孩子，父母过来帮忙照顾，虽然房型不大，但一家五口人在卫生间使用上不会撞车，私密性、舒适性都得到了保证。户型单体的阳台（图5）也很有特色，阳台在分户墙处没有按传统设计设置结构承重墙体，而是采用中空夹心穿孔铝板，所有的管线都隐蔽布置在这个空腔里，包括雨落水管、上下水管、空调冷凝水管、煤气管等，阳台内可见的只有一个从墙面探出的洗衣机和拖布池水龙头，做到点位精确，既美观又适用。这种例子在这个项目中不胜枚举，而所有的这些技术变革都得益于装配式技术的合理运用。2017年，上海万科的技术总监在一次公开演讲中提到，万科金色里程是在万科所有房产项目中，唯一一个外墙渗漏零投诉的项目，这也从侧面反映出项目的高品质、高技术。

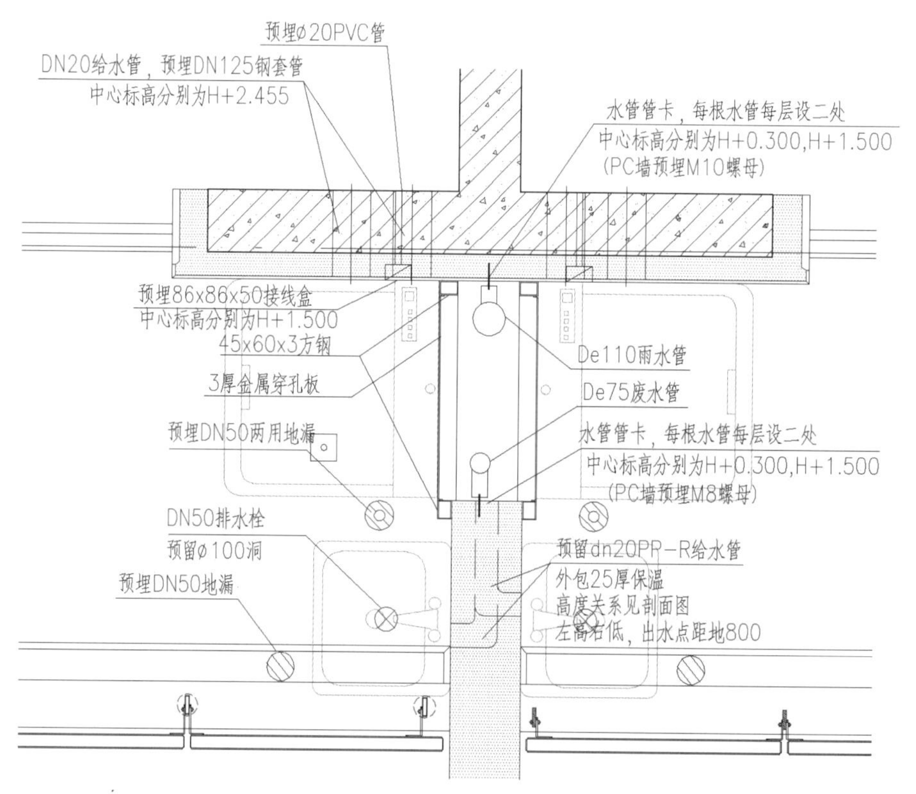

图5　阳台局部详图

Q　现在很多企业都开始转型，往研究方向靠拢，但是他们不知道方向在哪里。你是过来人，能不能给他们一点建议？

A　首先要在顶层设计、战略规划层面高度重视，建立相关企业制度和政策保障体系；第二要找到合适的带头人，这也是最关键的。带头人不仅要有前瞻的理念，把握建筑行业的动向，更要有超出常人的坚韧和坚持品质；第三是组建专门的研发团队，专人专事；最后要采用开放式创新手段研制出自己的标准，研发出自己的产品。

Q　中森目前比较有特色的产品是哪一个？

A　最有特色的产品应该是百年住宅体系（图6）。"百年住宅"是个全生命周期的建筑产品，以建设产业化的生产方式建设的，建筑长寿化，品质优良化，绿色低碳化的新型可持续住宅；通过保证性能、品质的规划设计、施工建造、维护使用、再生改建等为核心的新型工业化体系和集成技术，以实现居住长久价值的健康人居环境。

首先在建设产业化方面我们采用的技术有预制装配化、BIM信息化系统、集成专项设计等。在预制装配化方面所有的结构构件全部在工厂预制，现场装配化施工，消除了墙体常见的渗漏、开裂、空鼓、房间尺寸偏差等质量通病，实现了主体结构精度偏差以毫米计算，室内空间舒适度也有了明显提高。同时室内装修体系也实现集成装配式全干法施工：如装配式内隔墙体系、集成顶棚、集成地板、整体卫浴、整体厨房、装配式储物空间等。

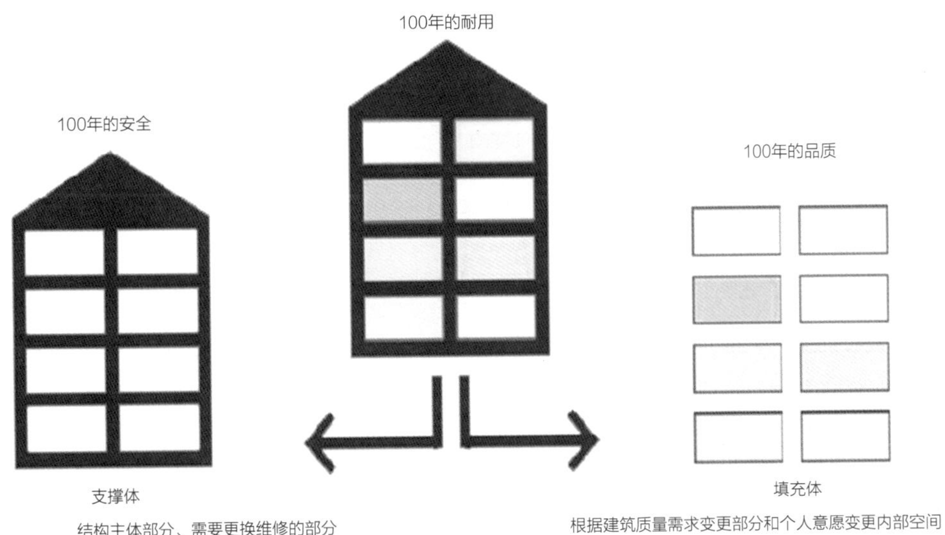

图6　百年住宅概念

同时项目通过规划设计、施工管理、后期运维全周期整体实现全专业BIM模型。

建筑长寿化方面我们采用的技术有结构耐久性、SI体系、设备集成、空间可变等技术体系。传统住宅随着时间的累积，建筑内填充部分逐渐老化；而百年住宅强调采用SI住宅体系，实现支撑体与填充体完全分离、共用部分与私有部分区分明确，有利于使用中的更新和维护，实现100年的安全、可变和耐用。

品质优良化方面我们采用的技术有功能空间、全屋收纳、智能化系统、人性化部品等技术体系。对综合性玄关、收纳系统、阳台家政区等进行人性化设计，同时采用环保内装、新风系统、地暖等产业化新技术，并采用智能家居APP控制平台等手段，有效提高住宅性能质量，提升住宅品质。

绿色低碳化方面我们采用的技术有节地与室外环境、节能与资源利用、节水与水资源利用、节材与材料资源利用、室内环境质量等技术。

图7　百年住宅技术体系

Q 我知道国外的装配式内装很普遍，尤其是日本发展得很成熟，在国内有没有比较成熟的室内厂商和团队？

A 国外装配式内装比较成熟，是因为有相关行业标准，能处理好不同厂家材料拼接之间的节点，做到标准化拼接。国内目前还是一个待整合集成的状态，亟需制定相关行业标准。目前海尔、品宅、美的等企业都在尝试。

Q 作为一个设计院或设计公司，如果想从事装配式建筑设计和研究，你有什么好的建议？

A 如果这家设计院或设计公司还没有涉足装配式建筑，可以来我们中森参加装配式建筑的培训，学习行业内最先进的理念和技术，少走弯路。我们中森每年为行业内召开不少培训班，有装配式建筑讲座、装配式结构体系培训、百年住宅高级研修班等，都是系统地告诉你装配式的理念、建造方式、设计流程等内容。当然也可以来中森实习一段时间，或者寻求项目合作。项目实际操作中会碰到各式各样的问题，只有在实践中才能学习并积累。

Q 你觉得中国装配式未来的发展趋势是怎样的？或者五年、十年后的一种状态？

A 我觉得未来国内装配式发展比较迅速的除了京津冀、长三角、珠三角这三块区域，从北到南的沿海地带也会发展比较快。因为这部分区域交通方便、信息通畅、经济发达，装配式技术一开始是必须要有经济投入的，前五年的成本也是比较高的，只有有一定经济基础的城市才能支持和发展。老百姓不会在意住宅是现浇还是预制，他们更关注的是实用、经济、美观。全装修、大空间、智能家居系统等，这些都可以通过装配式手段去推广。在推广结构主体预制的同时，室内精装、机电设备等都会愈来愈多地实现预制装配式。我个人认为现在国家强推5~10年，目的是希望此技术广泛推广并掌握，推到一定程度的时候，应该有些地方不用再推了，想做的自然就做了。到十年之后，该项技术完全成熟，应该是纯市场调节，是由项目的综合市场定位，人工成本、施工周期、产品品质等来决定装配率。比如在严寒地区现场施工周期短，就适合装配式施工技术，装配率自然就高，不需要政府强制规定。

图1 整体鸟瞰图

上海 万科金色里程

设计时间	2007年
竣工时间	2009年
建筑面积	13.6万m^2
项目地点	上海市浦东新区

金色里程项目用地位于上海市浦东新区中环线内，属于浦东新区住宅开发的一个重要区域。本项目是上海市第一个装配式住宅，也是国内首个将工业化预制装配式技术大规模应用到商品住宅的项目，还将SI工法运用到室内精装修中。本项目在贯彻国家相关规范、标准和规定的前提下，以全新的概念创造出一个别具一格的居住小区。

本项目结构主体采用剪力墙体系，使室内空间尽量完整。外围护体系采用单面叠合剪力墙（PCF）形式。

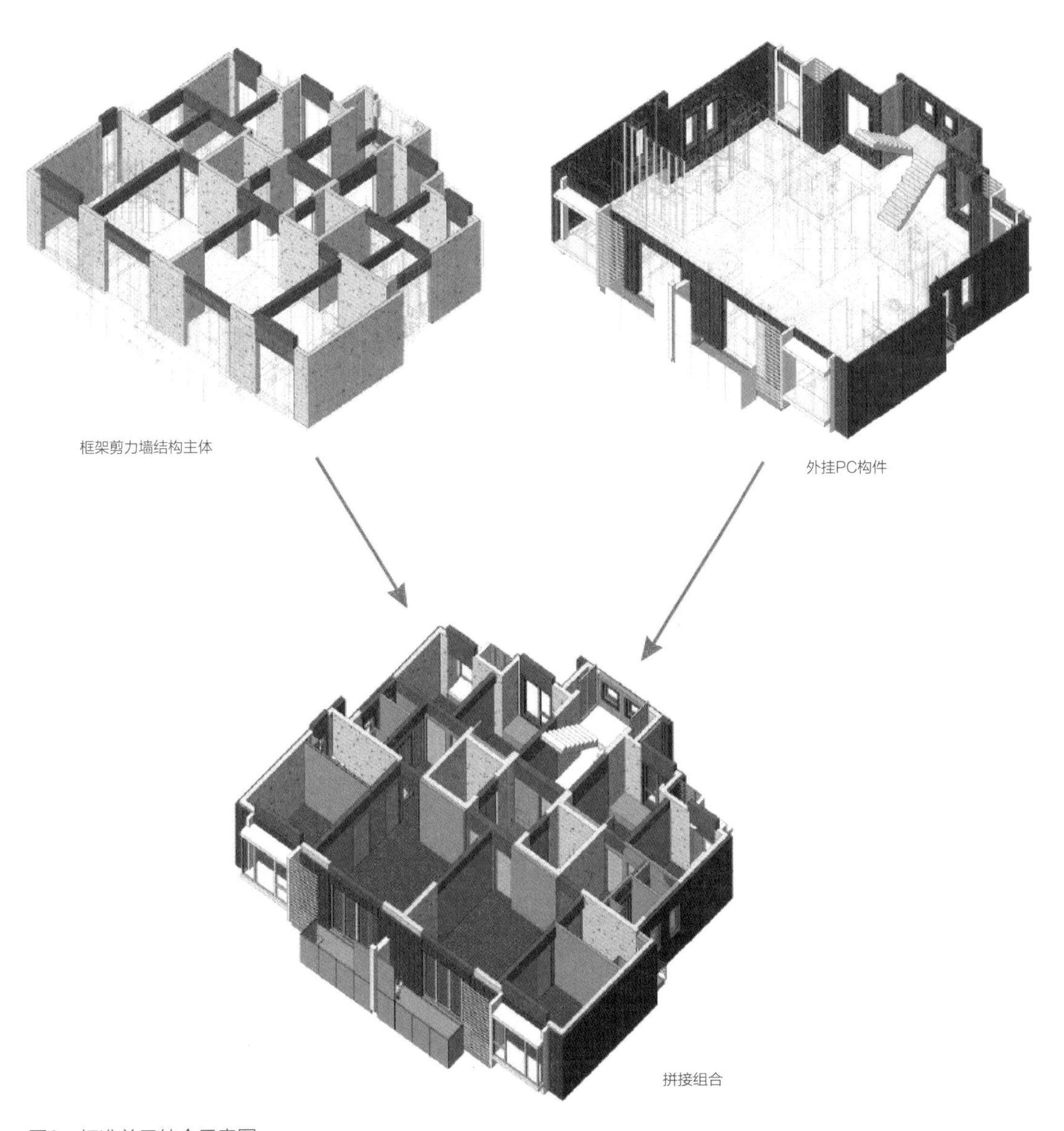

图2　标准单元结合示意图

预制构件为单面叠合剪力墙（PCF）、预制混凝土阳台、凸窗、空调板、楼梯。

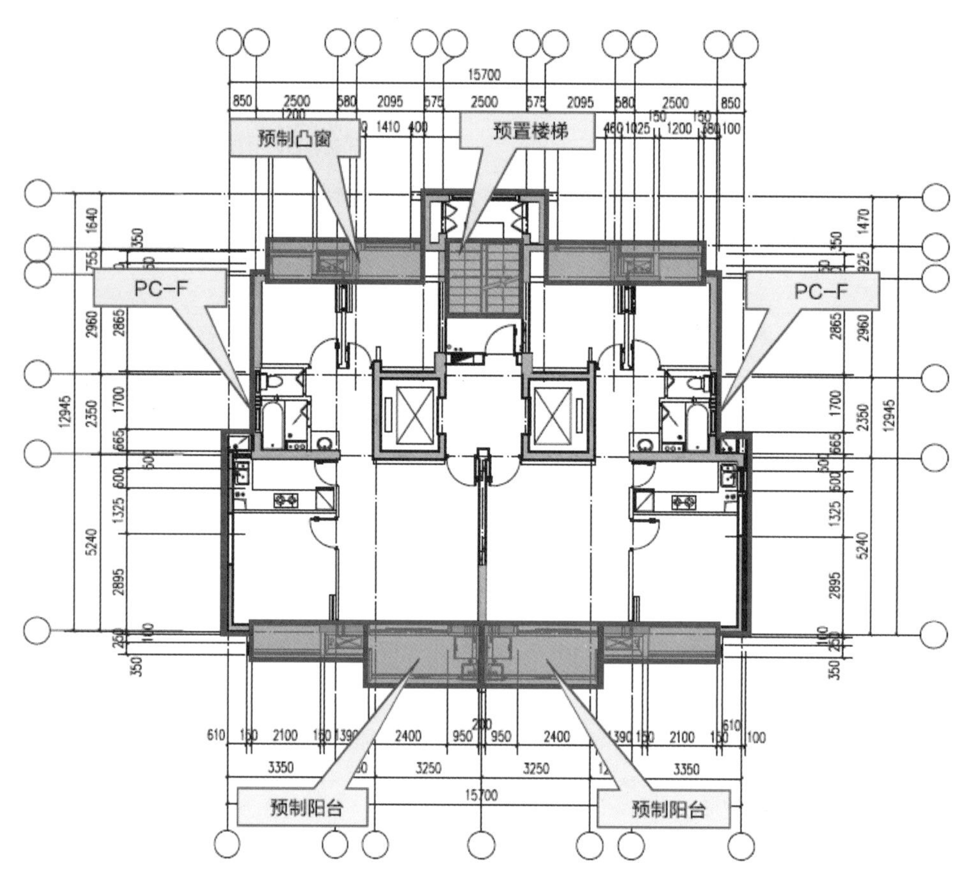

图3　标准单元拆分图

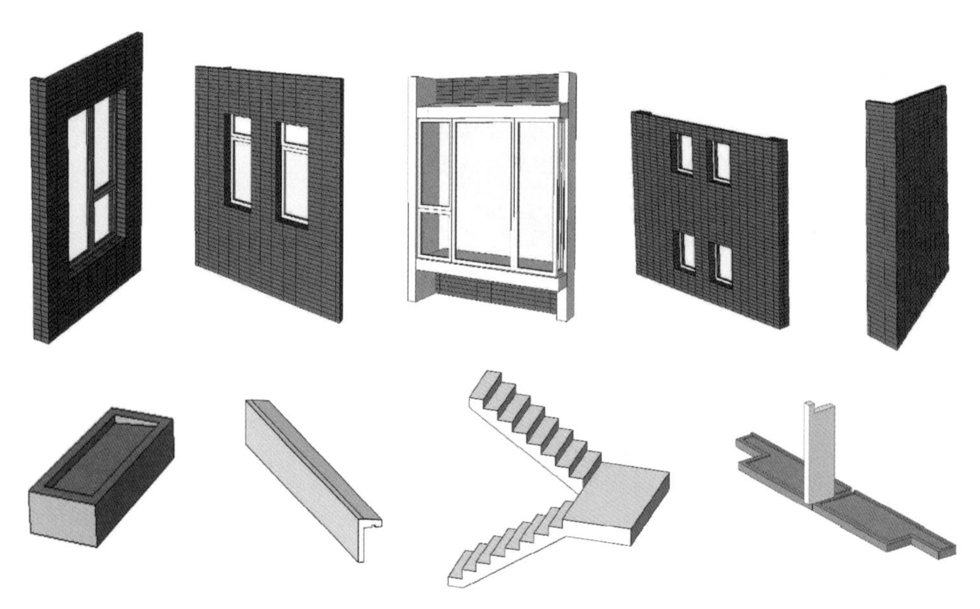

图4　标准构件三维图

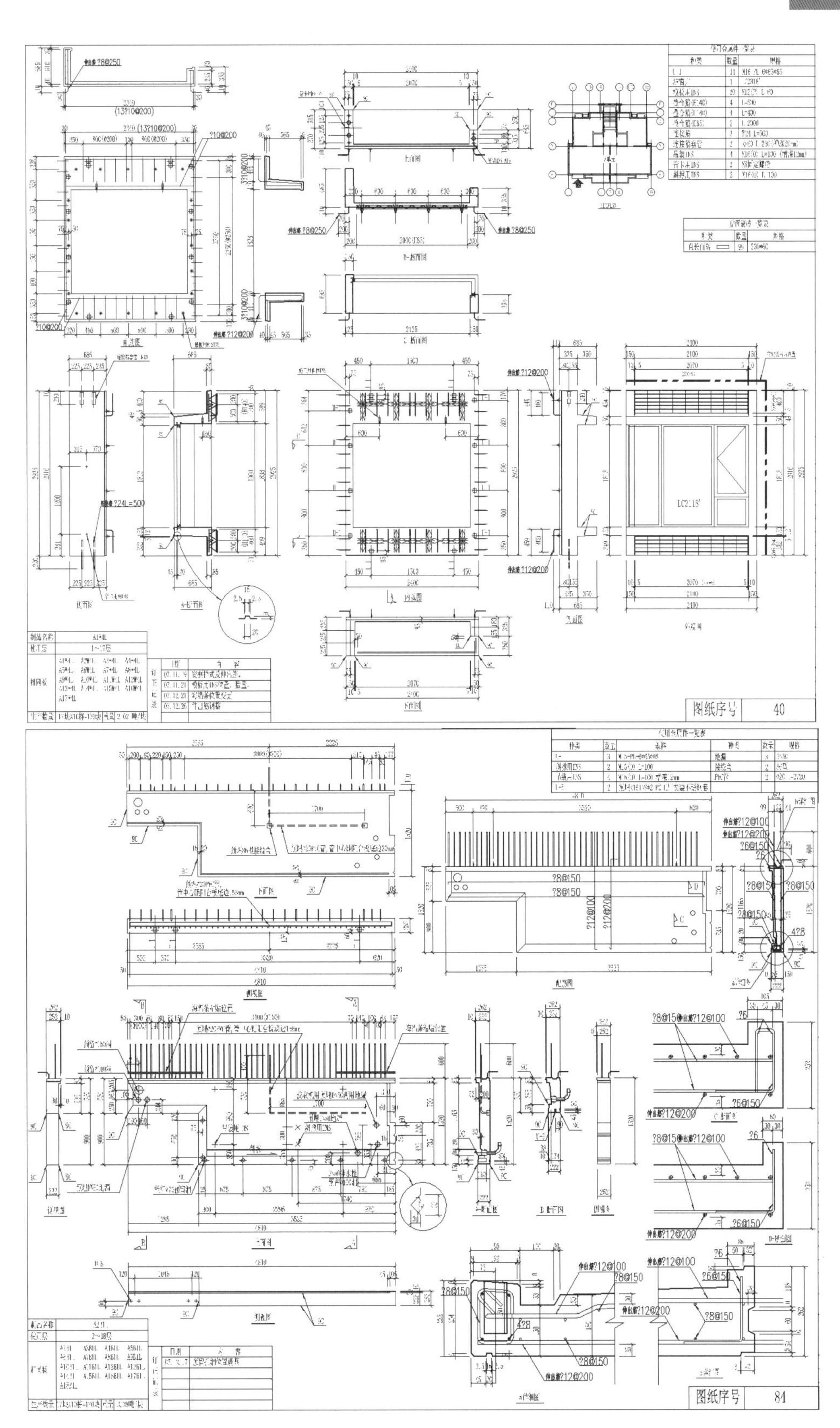

图5　构件深化图

预制叠合层与现浇剪力墙结合部位，通过叠合层伸出的桁架筋与现浇混凝土拉接构成完整墙体。尽可能减薄单面叠合剪力墙的厚度，通过丰富的计算经验和缜密的配筋方案，将外墙厚度由原来的95mm减到85mm，减小外墙厚度，加大使用空间。

统一预制阳台、空调板、凸窗的尺寸与模数，减少模板使用量。同时考虑并预留设备专业的孔、洞、预埋件等，实现一步到位及方便施工安装。

接缝处防水由传统的材料粘结性防水变成构造疏导性防水，同时采用多道防水措施，由外至内为材料防水（密封硅胶）、构造防水（板缝空腔）、结构防水（主体剪力墙），渗水机率大大降低，不会积水返潮，防水效果有效可行。

外饰面面砖在工厂内统一反打成型，不仅能保证外观效果，还能有效解决外墙裂缝、泛白、渗水、面砖脱落等问题。

预制楼梯踏步高度、宽度数据精确且面层平整，可大大降低逃生时的绊倒机率，在危险时刻体现安全价值；预

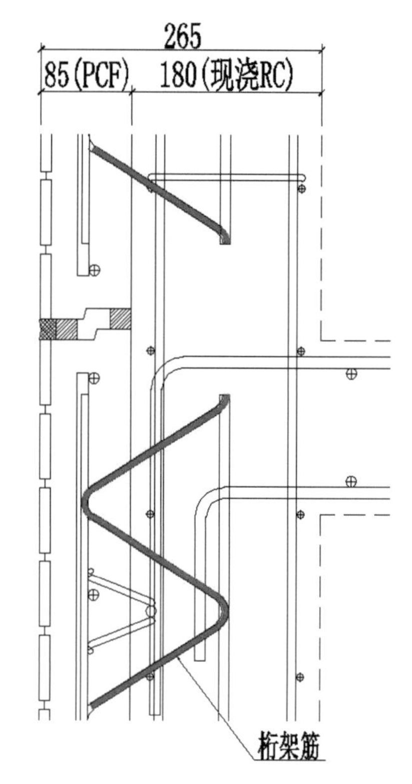

图6　单面叠合剪力墙详图

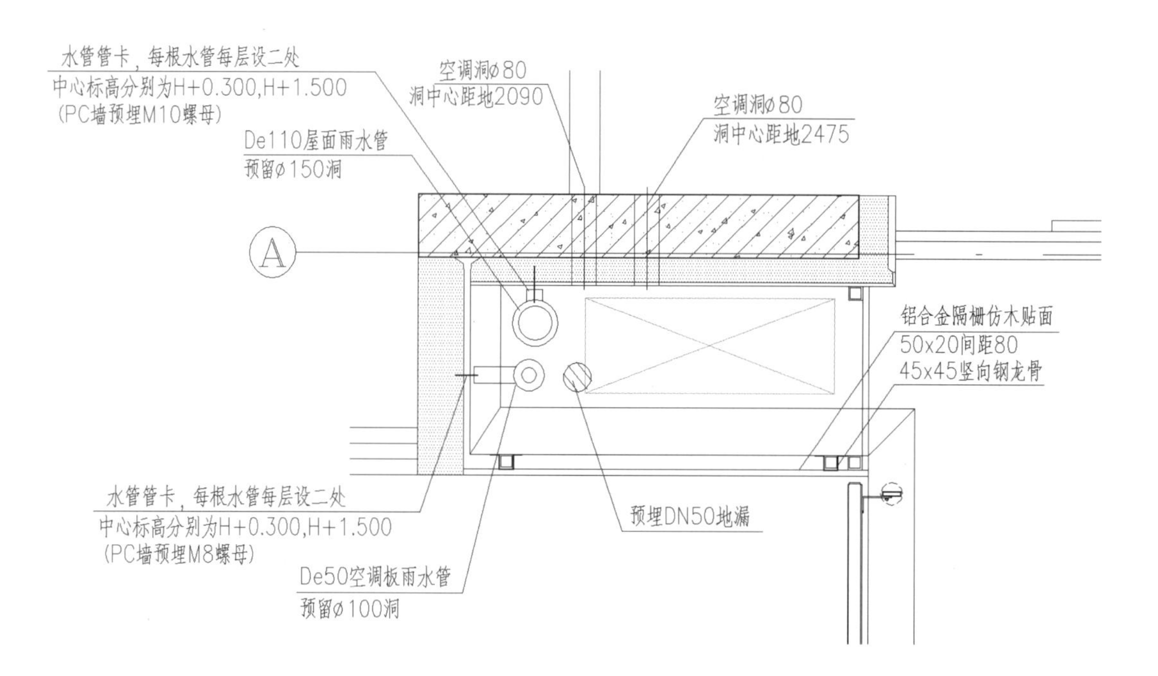

图7　标准空调板详图——详细表达设备专业孔、洞及预埋件

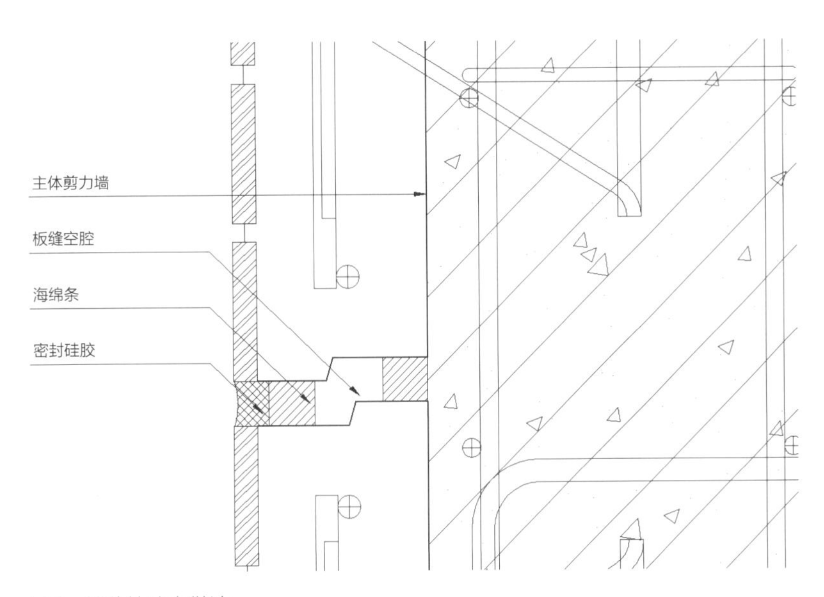

图8　接缝处防水做法

图9　外立面使用后实景图　无裂缝、泛白、渗水现象

图10　预制楼梯实物　踏步面层与楼梯一体化成型

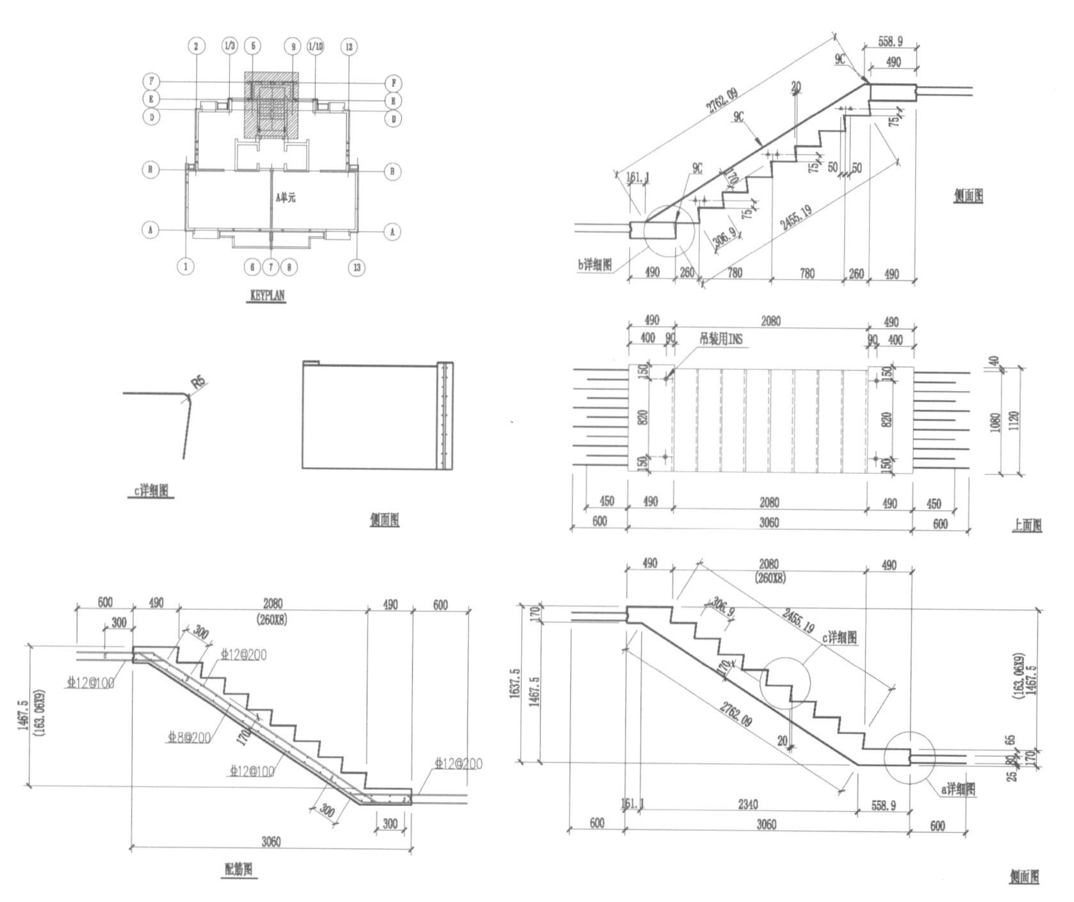

图11　预制楼梯深化图

图12　窗框、批水与预制构件一次成型

制楼梯模数统一，可有效减少模板使用量，节材节时。

铝合金窗框、窗台批水在工厂生产过程中已预埋至预制构件，不仅大大增加门窗牢固程度，还可杜绝门窗变形。

本项目为全装修交房，全装修与建筑设计一体化设计，减少土建与装修、装修与部品之间的冲突和通病。

阳台案例：在这个项目中，对阳台空间进行了一次革命性设计，彻底解放阳台的使用空间，使阳台内没有任何暴露的管线。让在传统设计或二次装修设计中无法解决的诸多管线，如雨水立管、上下水立横管、电源插座等通过一体化设计，提前预设在墙体内，只留出精确的使用点位，给业主带来物超所值的感受。

室内空调机案例：传统设计往往是土建与装修设计没有同步进行，带来空调留洞和插座位置比较随意，空调管线外露。

图13　阳台实景与深化图

图14　传统型空调

图15　一体化设计

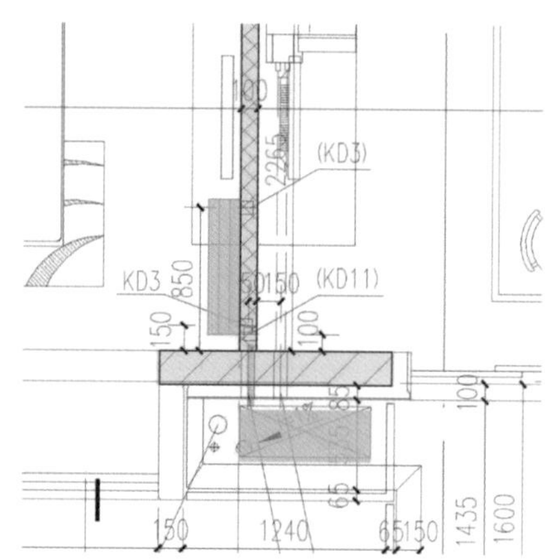

图16　一体化设计平面示意

传统防护栏杆

一体化设计实例

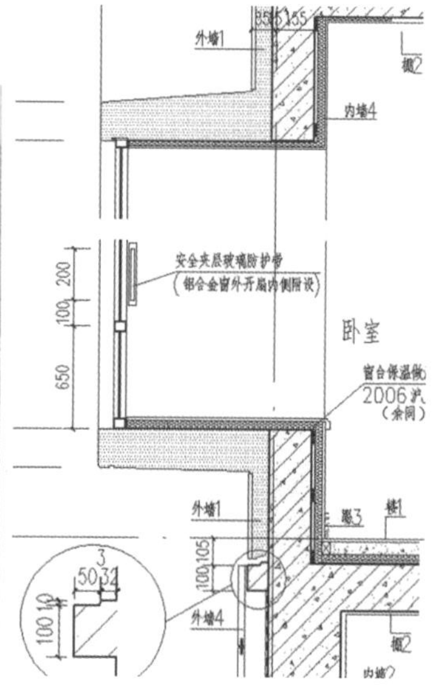

节点详图

图17　外窗防护案例

在一体化设计中，我们将室内机位置确定后，空调管考虑通过内隔墙暗埋再直接出室外，插座位置也相对隐蔽，达到良好的感官效果。

外窗防护案例：传统设计采用防护栏杆，既不美观又影响使用。我们在一体化设计过程中，没有把这个问题再留给业主，在设计前期就积极与门窗厂家充分沟通，最终由建筑师主导，采用安

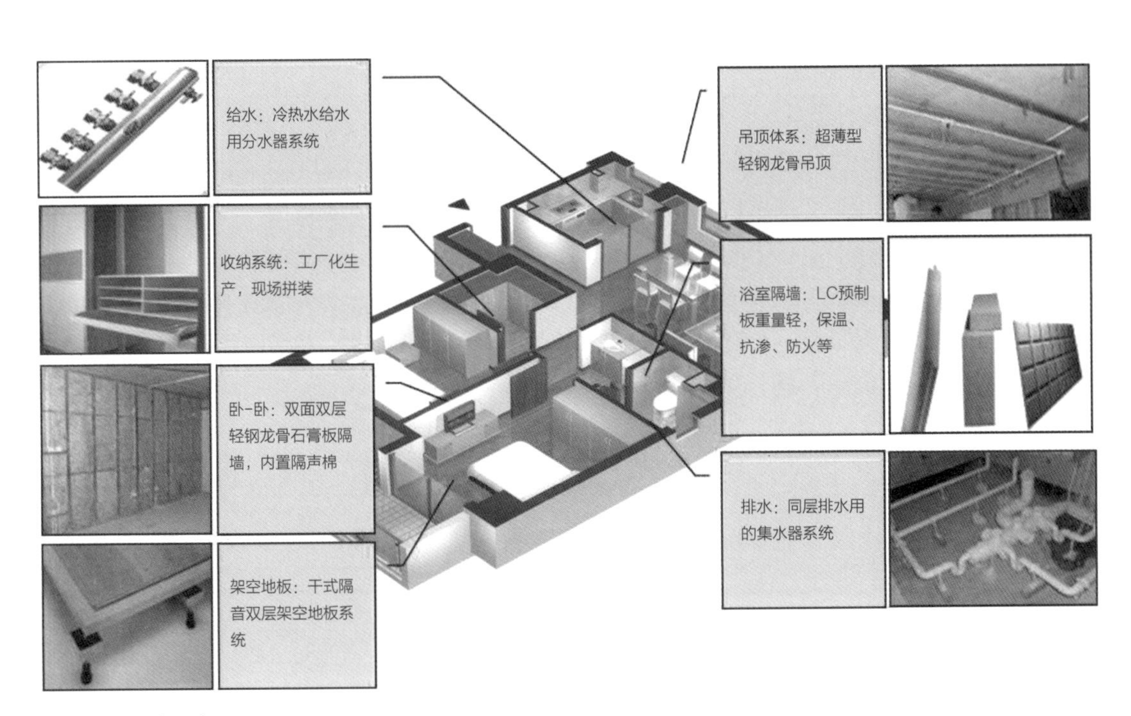

图18　SI工法示意图

图19　室内实景照片

全夹层玻璃作为防护，由工厂一次性加工成型，既美观又具有安全防护功能。

采用SI工法，减少现场湿作业，避免二次装修污染。SI工法就是指结构体（支撑体）和填充体（内装体）完全分离的一种施工方法，也是创造长寿命、可变、可持续使用的施工体系。

本项目方案户型确定后由建筑师组织室内设计师、设备工程师及结构工程师共同对产品进行多方位研究，如面积的精确核算、结构体系的经济合理，对各种性能（如日照、通风、采光、节能、流线等）及功能（如储物空间、顶棚、地面、卫生间、厨房等）进行全方位的分析。

同时与开发商的成本采购、销售等部门共同确定外部材料、内部材料、设备选型、部配件选型等，以确定最初的产品定位。

在此基础上进行扩初、施工图的深化工作，并在设计过程中对细节进行反复检讨、推敲，最终形成全装修内容的全套施工图纸；并总结出详尽的产品成果清单及产品说明，内容包括对产品的质量、性能、成本概算、适用范围、操作注意事项等详尽描述，对产品成果精确把控。

本项目采用预制装配式，构件工厂能有序、保质保量地提前生产，建造速度明显加快，施工质量可控。由于采用面砖反打、窗框预埋的工艺，可以提前撤出脚手架，精装修施工可提前进场，缩短项目总工期。

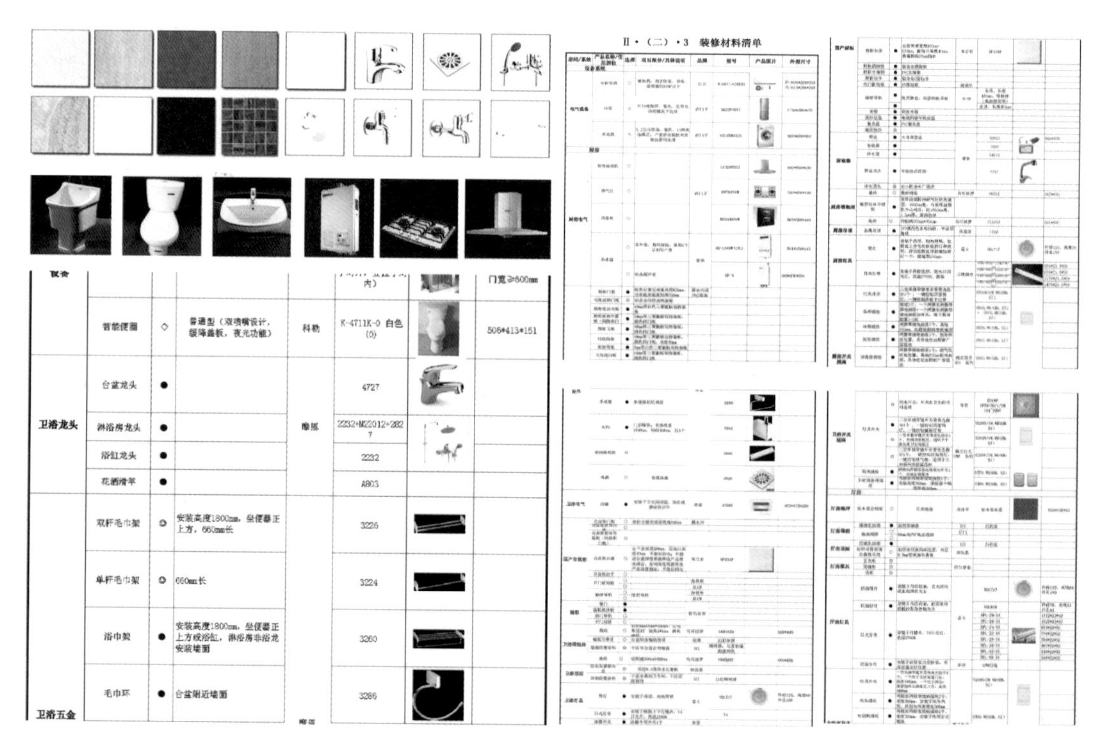

							门宽≥600mm
	智能便圈	◇	普通型（双喷嘴设计，缓降盖板，夜光功能）	科勒	K-4711K-0 白色(0)		506*413*151
卫浴龙头	台盆龙头	●		摩恩	4727		
	淋浴房龙头	●			2232+M22012+2827		
	浴缸龙头	●			2232		
	花洒滑竿	●			A803		
卫浴五金	双杆毛巾架	◎	安装高度1800mm，坐便器正上方，660mm长		3226		
	单杆毛巾架	◎	660mm长		3224		
	浴巾架	●	安装高度1800mm，坐便器正上方或浴缸，淋浴房非浴龙安装墙面		3260		
	毛巾环	●	台盆附近墙面		3286		

图20　产品清单与说明

4#楼十一层楼板模板铺设 2009.1.28

4#楼地下室二结构施工 2009.2.23

4#楼十五层楼板钢筋绑扎施工 2009.3

4#楼墙体喷浆施工 2009.4.13

4#楼七层雨污水立管安装 2009.4.16

4#楼东单元楼梯栏杆安装 2009.4.30

4#楼八层厨房间墙砖粘贴 2009.6.12

1—4#楼室内地板龙骨安装 2009.8.27

1—4#楼室内地板安装 2009.9.10

1—4#楼室内墙纸裱糊施工 2009.10.5

图21　现场施工实景照片

项目小档案

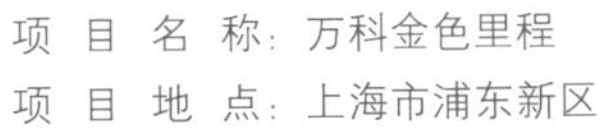

项 目 名 称：万科金色里程
项 目 地 点：上海市浦东新区
设 计 单 位：上海中森建筑与工程设计顾问有限公司
设 计 内 容：施工图设计（含装配式建筑、全装修设计）
设 计 团 队
设计总负责人：李昕
设计核心团队：李新华　马海英　庞志泉　马国朝
整　　　理：孟岚

钱嘉宏

一级注册建筑师、高级工程师（教授级）。1991年毕业于东南大学，获建筑学学士学位。现任北京市住宅建筑设计研究院有限公司总经理、副总建筑师。同时为北京土木建筑学会副理事长，北京市第十三届政协委员，北京市2022年冬奥会工程建设领域专家、北京市装配式建筑专家、北京市绿色建筑评价标识专家、北京市工程勘察设计行业专家，2015年获“北京市劳动模范”荣誉称号。

一直从事规划及建筑设计工作，完成了金域华府尚华家园、中粮万科长阳半岛、万科朗润园等近百万平方米的居住项目，获各类工程、科研管理奖30项。近年主要从事装配式建筑、超低能耗建筑的研究与咨询，参与北京市科委、住建委、科技部、国资委等相关科研课题10余项。同时，参编《北京市公共租赁住房建设技术导则》，北京市地方标准《装配式建筑评价标准》《公共租赁住房建设与评价标准》《北京市保障性住房预制装配式构件标准化技术要求》等多项行业标准。

设计理念

坚持标准化、一体化设计原则，以人为本，打造有创新技术集成的住宅产品。

通过标准化、一体化的设计理念，以人为本，致力于打造融合装配式、绿建、超低能耗、智慧建筑等新技术的新型住宅产品，为广大居住者提供更加安全、舒适、环保、健康的居住空间。

访谈现场

访谈

Q 你1991年东南大学毕业后就进入建筑行业，什么时候介入装配式建筑领域?

A 装配式项目上北京市住宅建筑设计研究院是从2009年开始介入装配式领域的，最初的项目做的是北京万科的长阳半岛住宅小区项目，当时毛大庆总经理在北京万科。那时是在“十二五”期间，万科集团正在全面推装配式和绿建，我们有幸参与了他们几个示范项目。

从建筑师个人角度来说，我记得刚进大学时，老师第一堂课就说，你们都是建筑师，你们都知道女孩子从某些方面来说不太适合做建筑师。传统建筑师都是蹲在工地边上看工匠砌砖垒房子搭木梁，老祖宗辈的建筑师都是在工地锻炼出来的。所以我认为建筑师应该是懂建造的，懂全过程产业链。而装配式建筑正好就是要求建筑师懂全过程，全产业链。这就是我对装配式的理解吧。

装配式建筑技术上的建筑师不能只懂设计，还要懂生产环节和施工环节，设计生产施工串起来成为技术总负责人，不能割裂开，对项目管理来说既可以管现场、能管工厂是更好的。技术上的全产业链是必须要打通的。

Q　你对装配式建筑的定义如何理解？

A　我认为其实住宅产业化的范围概念更清晰，从定义上更清晰，装配式更宽一点。建筑行业无论住宅产业化还是建筑工业化，只单讲住宅这一个产品来说从建造到施工到生产各个环节，它是一个产业链的问题，所以说产业化实际上是把这个产业健全，不单是设计一个环节，是整个产业链，我认为这是产业化的发展和思路。而装配式建筑是其中一个技术抓手和实施路径，它很清晰地让你聚焦现场的装配化和工厂的预制化和设计标准化，落在装配式建筑让大家更有抓手去理解这几个产业是如何串在一起的。装配式建筑聚焦到一个建造的技术体系，要不然前几年喊了好多住宅产业化、建筑工业化，却不知道抓手是什么，感觉很空。但装配式建筑技术实际上把它串起来了，不光是PC构件，是个技术体系了，工作也好理解了。让大家清楚地理解产业链的各方用什么样的技术体系和理念来做事情。

Q　北上深走得比较前沿，在北京你和上海、深圳技术上联系多么？

A　应该说最开始做装配式的时候我们去过深圳做调研，后续也去做过几次调研，比较了解。上海区域比较多的是朋友之间的系统交流，我有很多同学在那边，了解也比较多，我认为上海还是发展比较快的，政策支撑力度比较大。但起头比较早的是深圳，深圳也是因为万科总部在那儿，对推动也起到了很大的作用。在2012年、2013年讲产业化的时候，我经常开玩笑说那时候大家的业绩都是万科的，无论是北京万科，深圳万科，还是沈阳万科，全是万科的项目在说装配式。不能光说概念，光说理论，需要实际项目做载体。从2012到2014年基本都是万科的项目做装配式，而我们的装配式起步比较早，像我院、北京院、华阳都是通过万科的项目进入的装配式建筑领域。北京院更早在2007年，当年第一批进装配式的领域也都是通过万科的项目。深圳的装配式我认为特点是落地性，特别注重成本时效性，这个技术体系无论装配率、预制率是多少，最终落到现场质量好、工期快、省人工、成本可控。我认为深圳是综合效率。

我一直跟着北京市2017年8号文的起草和实施，从2015年的开的现场会，到后来住建委一系列的酝酿包括调研，也在我院开过两次专家论坛，针对北京市如何推广装配式，做了装配式产业联盟，在论坛和联盟里，广大设计生产施工单位和房地产开发商畅所欲言。北京起步也比较早，但是北京的特点是比较稳。因为所处位置，在全国示范性太强，不能冒进。从315号文到

47号文，包括后来的8号文，我认为都是逐步在提高标准，包括全装修成品交房的理念也是北京最早提出来的。所以北京的特点是比较稳，政策更全面，行业的引导性尤其在保障房体系全装修上体现出来。现在绝大部分商品房都必须做全装修。我认为政府投资类项目做的这个政策引导还是比较好的。

Q　现在是京津冀一体化，这三个地方跟它们的经济发展都有关系，在制造方面还是要加大成本，装配式产生的成本增量现在是大约400～500元每平方米，在这些大城市本身行价很高，你觉得中国这个状态处于什么阶段？

A　我觉得这两年装配式建筑技术市场已经冷静下来了，其实从去年就已经开始了。现在我认为还是在初级阶段，就是技术体系有，但实际上还不够成熟，还是要进一步完善，更要因地制宜、因项目制宜。技术细节还要更多地改进，不是所有项目地域都是用一个国标一刀切的，像北京、上海、深圳往国标靠拢都没问题。我有些同学做的就是轻钢结构、木结构技术体系。他们做小学校、做邮电所所应用的木结构体系都是很好的技术体系。为什么在那个地方用这样的技术体系呢？因为他们都是大学出来的研发，都是学者型的老师学生，没有大的规模和工厂，因为是援建项目都没有工人，在比较落后的地方建房子，工厂运完木料，现场组装，用的是当地农民工和老百姓，他们采用的体系是基于那样的现场环境和工人人员状况，才把这个技术体系做起来去落地的，所以就是因地制宜，应该会有更多的发展空间。

我认为现在还是要大力发展装配式建筑，这个声音不能落下来，因为其实无论从国家节能减排还是整个行业的用人荒，人工少，包括整个行业要求转型、提质增效来讲都是必须的。原来建筑行业都是粗放型管理，要改进这种情况，装配式建筑技术还是非常好的抓手。但还是要技术更加落地，因地制宜，不要一刀切，都去做南方那种大规模的三明治，或者北方的套筒灌浆，都僵化地采用某一个技术体系去包打天下，各地区的工人的技术能力又跟不上，这是很大的问题。所以我觉得这个政策导向的声音不能变，但还要做很多落地技术的基础工作，研发还是要做，抓住问题导向。问题是要解决什么，我们院现在做的装配式研发就是问题导向，针对我院的项目解决实际操作中的各类问题。在北京最大的问题就是人工，成本高点并不十分敏感，但是人工和效率是最大的问题。做装配式怎么让现场的功效提升，时间缩短，是所有开发单位关注的重点。

Q 请预测一下5到10年中国的装配式发展未来趋势。

A 从我们院这个角度来说，装配式建筑还是要沿着专业化、特色化的道路坚定不移地走下去。我们是住宅建筑设计研究院，住宅是一个产品，需要以产品思维来做这件事，是肯定以装配式的理念来实施的。比方说生产一个杯子，要考虑杯子的原料供应、生产工艺、加工流程，在生产全过程中设计研发都在发挥作用。我们院做装配式建筑是以设计研发为引领，最终把全产业链串起来，走我院特色化专业化道路。现在整个行业也是需求量非常大的，我希望行业发展还是问题导向。如果需求方是我们住总集团或者一个大的总包企业，也面临着转型升级，提质增效，那么装配式也一定是要大力发展的。

Q 我去现场看到建筑工人多是40~50岁的人，20多岁的人几乎没有，那么再过十年，40~50岁的人干不动了，怎么办?

A 要解决这个问题还是问题导向。将来一定要把现场的工人变成工厂里的工人——产业工人。让90后或00后的工人到工地干活的前提是工作环境跟在办公室干活区别不那么大。新型产业工人不会像以往那样工作，需要让现场变成穿工服，机械化施工，通过操作电脑或者移动电子设备管控现场的管理者。这样把这些质量提升了，管理效率提升了，那么这些年轻人会感兴趣去到有科技含量、有管理要求的岗位去工作。而现在却是不需要什么专业技术能力，都是传统的体力劳作，那肯定就没人来。所以我认为施工单位要是没有危机感，那么会越来越招不到人。今后如果要抢建一个项目，如果措施是让工人玩命地熬夜加班，抢工程，3年竣工的工程变2年竣工是行不通的。第一时间要找的就是有技术储备的施工总包，找的就是有技术储备的设计院，首先考虑的应该是用什么技术体系能提高效率，能让这个项目3年工期变2年工期，而不是说压现场工人时间去玩命，所以我觉得还是问题导向。

Q 请介绍一下你亲身经历过的典型的装配式建筑。

A 在2009年、2010年我都是带着团队去做项目，我印象中第一个装配式是我亲自带着他们做的万科长阳西站项目户型研发。我们实际上是先做了将近两年的户型研发，把住宅的户型平面从建筑入手，从使用功能入手，做标准化、模块化，最终形成符合装配式建造方式的标准化户型。先有了这样的技术研发体系，我们才承接了万科的这个项目。这个项目只有两个标准化户型，是当年万科设计部和我院设计团队一起合作，以设计研发为抓手完成的。一直做到后续的施工图设计，再到构件生产、安装，最后到现场的施工。这个项目是比较典型的全小区全装配式技术的项目。

万科金域缇香项目鸟瞰图

万科金域缇香项目是装配式技术加隔震技术的实施项目。主要是把日本的隔震技术引进去了，整个住宅下边用了32个隔震垫，把地上装配式住宅设计抗震烈度从8度抗震变成7度抗震，现在项目已经竣工了。

Q　通过这些案例，你对装配式的感悟体会，比较深刻的有哪些？

A　我认为最重要的还是要以研发为抓手，因为装配式建筑最终打造的是一个产品，是住宅产品。比如同样的二居室90m^{2}的项目，打造的是适合刚需的民生工程还是高端商品房项目，产品需求是有所区别的。所以前提还是要做各类产品研发，这个研发一定涵盖了户型，涵盖了研发，涵盖了机电安装等。以这些所有专业的研发为抓手，最终落到的是设计标准化，只有设计标准化做好了，构件生产、施工安装这些标准化才能做好，才能符合装配式建造的技术逻辑性。

另外就是设计一体化。一体化是什么概念？是建筑做设计的时候一定要考虑其他相关专业，跟结构一体设计，跟内装一体设计，跟机电一体设计。而不是跟传统方式一样，建筑做完了以后给各专业提条件返条件的那种做法。

装配式建筑让我有所感悟的是两方面：一方面是标准化，标准化并不是简单复制的、千人一面的标准化，而是一个统一的技术理论，最终用的是小规格多组合技术理论的标准化，是一个理念；另一方面是一体化，是全过程的一体化。比如在设计规划总图的时候就要考虑后期构件运输的通道，在方案设计阶段就考虑构件安装技术要求，涵盖了各个方面的一体化。所以这个体会还是比较深的。

Q　通过北京院有大量的实践，北京住宅院形成了哪些成果？

A　我们院不是研究机构，而是个有大量生产任务的企业，我们背着生产值指标。我们更多的时候就是既做生产又做研发又做市场，包括集团管理。在完成大量工程实际项目的同时，在装配式建筑领域我们也总结了装配式剪力墙结构体系、钢结构体系、标准户型模块、内装工业化体系等技术体系。实际上院里干了很多技术研发工作，但是没有时间去总结，形成专门的课题成果。一些特别了解我们设计院的朋友包括很多领导都说，我们是一个五六百人规模的设计院，做的事情都是千人级别设计院一样的事情，我们要同时兼顾大型设计院的研发创新要求，又要做好生产经营的主业。我们会在装配式建筑领域不断探索实践，继续为装配式建筑技术的发展作出贡献。

图1　项目整体鸟瞰图

北京　万科金域华府

设计时间	2010年11月
竣工时间	2016年6月
建筑面积	74.3万m^2
地　　点	北京市昌平区回龙观

万科金域华府项目位于北京市昌平区与海淀区的交界地带，紧邻城铁13号线龙泽站，交通条件优越，属于回龙观地区的门户之地，是一个涵盖办公、商业、酒店等功能的大型现代化社区综合体，总用地面积约35万m^2，规划设计力求创造出一个环境优美、标准适当、生活舒适、配套齐全的居住社区。在注重提高土地利用率的同时，结合绿化设计，最大限度地提高室内外场地的日照率，提升该地区整体生活品质。

图2　实景效果

项目以绿色连接生活为规划设计的出发点，充分考虑人的生活需求与绿色的关系、社区的空间结构与景观的关系、路网的使用功能与环境的关系，将绿色引入整个社区。倡导社区与自然的融合渗透，营造充满阳光和绿色的现代社区，创造丰富动人的生活场景和个性化空间。

由于周边地块均为正在建设的保障性住房项目，且密度较大，如何解决在周边高密度住宅区中营造出良好居住环境成了规划设计中的难点。

基于用地特点，规划形成了社区独特的“双核”空间规划及景观设计。以南北两个组团绿地作为整个社区的绿色引擎，围绕“双核”错落有致地布置建筑，使建筑与景观有机地结合在一起。住宅楼南北最大间距130m左右，彰显出高档的居住品质，同时保证了本工程区内及周边地块住宅的日照条件均得到最大改善。

同时“双核”也作为社区的“绿肺”，为居住在此的人们提供清新的空气和优美的环境。此项目获得“二星级绿色建筑设计标识”。

本项目将六个地块作为整体进行规划，计划打造一个大型现代化多功能社区，可以满足社区及周边大部分居民的工作、生活、娱乐、休闲需求。

规划在007、009、019、021、022地块设置一组涵盖保障性住宅、商品房、办公、商业等的多功能综合体，使地块自身具有自我满足和可持续发展的特性，进而提高城市效率。从城市角度出发，采用点线组合、高低混合的规划布局，减少对城市的压迫，塑造富有动感的沿街形象，使项目成为13号线城铁和京藏高速上一道亮丽的风景线，同时可以有足够的辐射力带动周边发展，激发区

图3　双核景观空间

图4　立面实景

龙泽站
地铁13号线
地铁13号线
八达岭高速
009
007
016
019
021
022
本案用地

项目一期
项目二期
配套医院
养老院
配套中学
配套小学
项目三期
本案
用地

图5　用地分析图

域经济活力，实现城市发展的“触媒效应”，成为本区域中心。

项目由于轨道交通和城市交通削弱了用地与周边的联系，设计从满足城市需求出发，在区域开放性空间范围内以步行联系各地块，重构一个便利行人的邻里区。

在项目设计中更多关注建筑的社会性，将人的活动纳入设计的范畴，为各种行为模式提供更多支持。在商业建筑中部引入商业内街，通过地块南部的广场进行联系，广场呈放射状，从沿街商业到商业内街庭院形成“开敞—封闭”的空间感受，为使用者提供更多的交往和驻留空间。

项目采用装配式建筑技术。当时处于装配式技术起步发展的阶段，项目采用了预制叠合楼板、预制楼梯、预制内隔墙等新型建造方式；经测算预制楼梯成本与现浇基本持平，但成品效果要优于现浇楼梯；预制叠合楼板采用独立支撑体系，配置铝合金龙骨，改变了传统的顶板支撑体系，工人

图6　公共服务配套

操作时在地面即可完成高度的调节，既安全又便捷，节省作业空间，可与其他工序进行穿插作业，大大提高施工质量和改善工地环境，同时也减少了垃圾生产。

在装配式建筑技术的设计中，产品设计和全生命周期服务带来的附加值越来越高。因此需加强装配式建筑设计这个龙头，从源头提升产业化建筑品质和价值。其中，一体化设计是提高装配式建筑产品质量、优化成本的关键。装配式建筑是建筑、结构、设备、电气等各个专业的技术集成；是房地产开发、设计、构件加工、施工、维护维修各阶段技术的集成。当前产业化建筑行业发展中，可能单项技术并非最新，但通过各项技术的选择、集成和优化，能够形成革命性的创新。

在金域华府项目中，通过BIM可视化设计，优化设计单元平面组合关系和立面表达，科学拆分和可视化表达预制构件，并赋予信息属性；优化机电管线布置及点位精确预埋；优化预制构件间、

图7　装配式施工现场

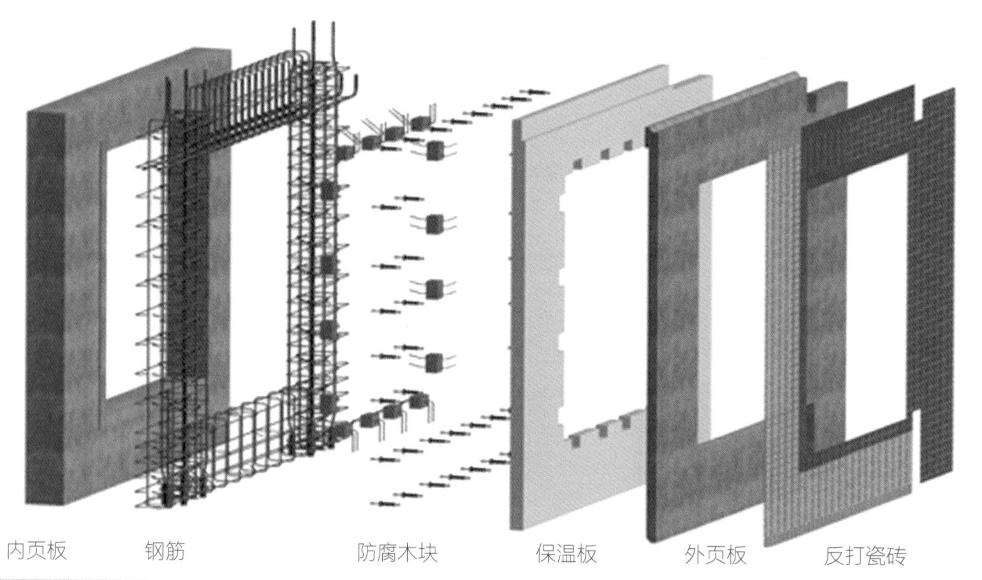

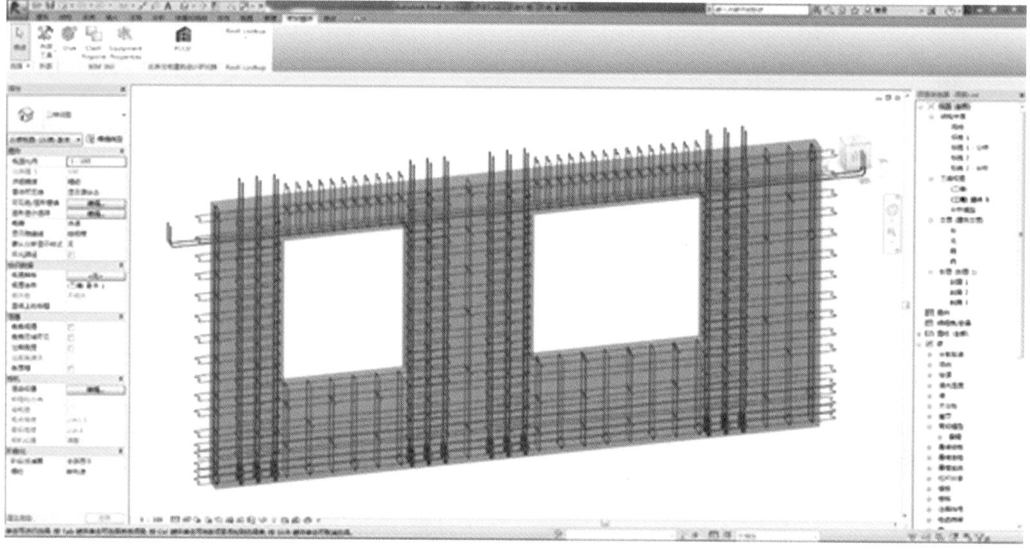

图8 构件示意图

预制构件与现浇节点间设置；进行整体化及结构装修一体化的精装修设计。

首先，建筑体型尽量简洁，外围护结构面积尽量小；其次，针对外围护结构的不同部分——外墙、屋面、外窗、外门及热工缺陷等方面进行考虑，选择合理经济的设计方案；另外，针对夏季太阳辐射选择合理的外遮阳形式，可以在夏季遮挡过多的太阳辐射，降低空调负荷，保证室内具有良好的热环境和光环境。

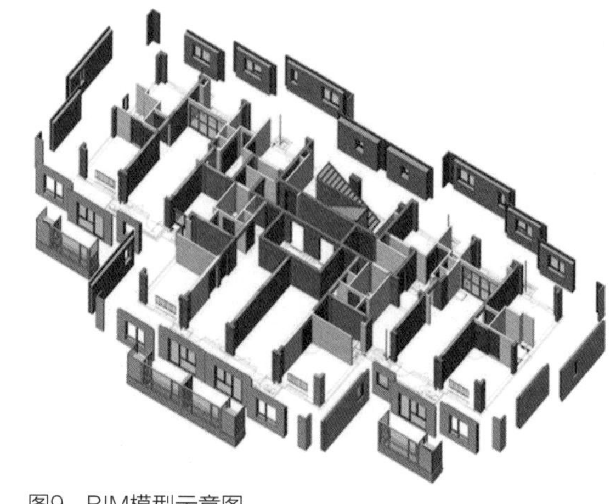

图9 BIM模型示意图

图10　景观实景

项目全部采用绿色照明，包括了天然采光与人工照明结合，减少小区内公共照明能耗及运行维护费用；利用市政中水系统提高非传统水源利用率，实现非传统水源利用率大于30%，可节约年生活用水量7.7万吨；结合景观设计，利用下凹式绿地、渗透铺装、雨水公园等分散生态措施增加雨水回收和利用；住宅设太阳能热水系统，统一设在屋顶；供暖、空调、水泵、风机等设备均采用节能型产品及采取节能措施。

项目小档案

项 目 名 称：万科金域华府
项 目 地 点：北京市昌平区回龙观
设 计 单 位：北京市住宅建筑设计研究院有限公司　第二工作室
设 计 内 容：方案及施工图设计（含装配式建筑）
设计总负责人：钱嘉宏
设计核心团队：徐连柱　徐天　杜庆　马哲良　刘敏敏
整　　　　理：李卓卿

李峰

中国建筑西南设计研究院有限公司副总建筑师，中国建筑学会建筑师分会理事。1974年出生于四川成都市，2001年毕业于东南大学建筑研究所，师从齐康院士，获建筑学硕士学位。现分管中建西南院建筑工业化中心暨院体育建筑设计中心，任总建筑师。主持郑州奥体中心、重庆电信大楼、中国苴却砚博物馆、天全体育馆、滁州市体育馆等多个公建项目，并获得中国建筑学会奖、行业级奖、省级奖多次。2013年，将建筑工业化纳为专业化研究方向之一。参与国家及省市相关科研课题，主持并完成成都建工工业化预制生产基地研发楼、中建科技成都公司办公楼、成都城投集团工业化基地研发楼等多个高装配率项目。

设计理念

设计者应当看到预制化、装配化的技术特点内隐藏的建筑学规律和刺激创作的条件。

技术与艺术之间：建筑，容纳着人类生产、生活。除此之外，建筑由于其巨大的实体存在，必然形成城市的、空间的、视觉的，乃至建筑自身的艺术。在建筑学的范畴内，技艺、材料、形态相互作用、互为因果，形成建构的逻辑线索，体现工具理性的价值观。所以，建筑既不是简单的技术累积，也不是纯粹的艺术呈现，而是在解决物理空间需求的前提下，介于建筑艺术与技术之间的一种结果。工业化建筑作为一种建造技术体系，其技术特征的外显是实现建筑艺术的方法之一。作为一个设计者，应当看到预制化、装配化的技术特点内隐藏的建筑学规律和刺激创作的条件。

访谈人物

访谈

Q　你是在什么背景下进入装配式建筑设计领域的？

A　2013年底，西南院将装配式建筑定为专业化发展方向之一，并选定我作为建筑专业的牵头人。最初我不了解装配式建筑，认为只是枯燥的建造技术问题，不太愿意投入这个领域。后来的研究及实践，让我认识到装配式建筑不仅有前景，而且很有乐趣。对于装配式建筑，大多数建筑师在缺乏了解的情况下，会对技术本身有一定的抗拒性。但真正去运用这个手段的时候，装配式建造技术丰富了建筑师创作的技术手段和建造思路，对建筑创作有很大的好处。

Q　西南院工业化建筑设计研究中心主要做了哪些实质性的装配建筑项目？

A　中心2016年正式挂牌成立，前身是2013年牵头组建的工业化研究小组，小组成立初期的主要工作是一方面开展装配式建筑研究，另一方面完成锦丰新城住宅项目设计。锦丰新城项目采用全装配剪力墙体系，当时我们还没有装配式建筑的设计经验，北京预制研究院作为技术支持，把我们带进装配式建筑设计领域。借助锦丰新城项目，我们开始进行各种课题及工程项目的研究。工程项目上，我们对住宅、公建都有涉猎，

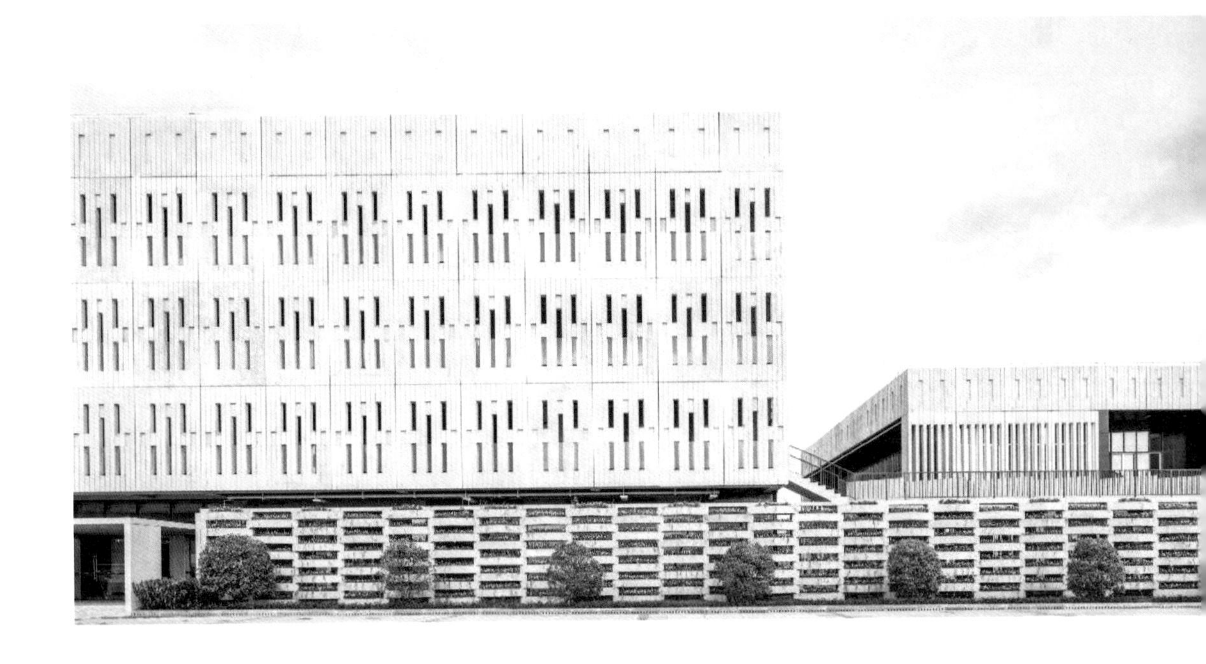

目标集中在高装配的项目。我们连续做了好几个预制构件生产基地的高装配办公楼，以及一个高层公共建筑天科广场。每一个项目对我们来说，都是一个研究和探索的机会，我们会有意识地尝试一些新的东西。比如作为我们第一个公建项目，成都建工建筑工业化生产基地办公楼探讨了装配式技术的可能性。第二个项目中建科技成都绿色建筑产业园研发中心，开始探讨装配式建造技术、绿建技术以及被动式技术结合的可能性。之后的天科广场项目，探索了高装配率高层公共建筑的结构体系。一直以来，我们在创作装配式建筑时，都在有意识地挖掘技术特征和材料性能的可能性。天科广场塔楼是高装配率预制混凝土框架核心筒体系，外立面上直接展现了清水混凝土的效果。紧挨着塔楼的钢结构配楼刻意发挥钢结构材料特性，做一些巨大的悬挑，凸显轻盈外部特征。我们在设计手法上尊重材料的特性，并将这些特性同建造手段、外在表现方式进行统一。这也是我个人比较提倡的装配式建筑美学价值观。

Q　请介绍一下研究中心结合实践所做的科研工作。

A　研究中心参与了一些课题。包括国家的“十三五”课题，主要是装配式公共建筑标准化设计方面的研究。我们也辅助四川省住房和城乡建设厅进行了装配式建筑行动方案研究，规划下一步四川省装配式建筑发展的目标及路径。另外我们还和厅里面联合做一些其他课题，制定地方的相关标准和标准图集。也结合地域实情，积极地参与成都市一些政策制定和课题研究。我们希望政策不要过于激进，脱离实际情况，否则整个产业链会跟不上，构件厂产能、设计单位的设计能力等都会有问题。

Q　你怎样理解建筑产业化、建筑工业化和装配式建筑三者不同含义？

A　装配式建筑是指建筑的建造方式，是一种技术手段，属于相对比较微观的层面。建筑工业化是说造房子像制造工业产品一样，它强调的是工业化的制造过程，概念比装配式要稍微宏观了一些。建筑产业化的概念是更为宏观的，它描述了整个社会与建筑相关的产业链，并通过建造工业化制造的方式得以实现和串接。个人而言，从描述准确性上，我觉得装配式建筑从技术角度而言是比较准确的。这几个概念也不能完全相互替代。因为装配式是一种建造的方式；工业化是指制造的方式；而产业化更为宏观，是对整个社会相关产业的一个描述。

Q　请谈一下您对装配式建筑标准化设计的认识。

A　提到装配式建筑总会提到标准化设计。装配式建筑的标准化可以分为两个层面，一个是广义的标准化，一个是狭义的标准化。广义标准化是指让部品部件能够服从社会化大生产目的。也就是说，部品部件是通用的、跨项目的，不是针对某一个项目去生产。这就可以不必根据具体的工程进行定制化的生产，就像工业生产中的标准化产品一样。一些通用度高的构件，比如说楼梯、楼板，还有内隔墙以及大多数部品，是完全有可能实现这种标准化的。这些构件无需定制，可以大大降低成本。另一个就是狭义的标准化。一般来说，在同一个项目内，大量重复运用同一规格的构件，也可以被理解为某种程度上的标准化。这种项目内的标准化构件，可以依据独特的设计去定制。从模具的成本摊销来看，只要能够确保模具有足够的循环使用次数，就不会因定制模具而明显增加成本。因此，我们可以适当放弃一些极致的、生产效率至上的原则，根据设计需求，定制项目内通用构件，无论是构件层面或建筑整体层面，满足大众审美、城市品质更高要求。换句话说，某些装配式建筑构件可以跳出社会化大生产需求的范畴，通过对这些构件的再设计，使其不但具有普通建筑构件的功能性，同时也能够表达出适当的个性化。

Q　标准化设计如何兼顾建筑师的个性化表达？

A　在标准化的建构中进行一些个性化的表达，这其实是拓展了建筑师的创作手段，也是我最感兴趣的地方。装配式建筑可以向一些工业产品学习。现代主义大师柯布西耶在《走向新建筑》里面就提到建筑要向飞机轮船学习。他所说的学习，我理解有两个含义：一方面是建筑像飞机轮船那样，要以实用性与功能性来决定它的形式；另一方面，建筑也应该像工业化产品那样去制造，而不是像传统手工业，比如说现浇体系——更像是一种手工体系。我们不一定向飞机轮船学习，更多的可以从日常的工业化产品中得到启示和借鉴。举个例子，乐高玩具。两者之间有很多可以类比的地方。首先是模具思维，乐高采用非常精细的模具，可以把每一个零件生产得非常精准，控制在零点零几毫米的误差，预制构件也是如此。模具具有稳定性，构件的精度控制要好很多；其次是可复制性，省去了现场成百上千次的手工重复劳作；最后就是模具的可塑性，也是我特别看重的，可以作为建筑师提升作品表现力的手段。

Q　你是怎样通过定制模具提升建筑表现力的？

A　标准化更多的是体现在建筑结构性内核，比如梁、板、柱、楼梯等。特殊设计的部位，比如外立面，就可以采用定制模具。模具的可塑性丰富了建筑创作手段。利用模具对精细化尺度的控制，做一些精巧的造型，模具一次性做好之后，浇筑出来的混凝土构件都具备同样精细尺度的特性。其次，模具也可以生成图案，比如利用硅胶模，精细的图像化信息就可以得到展示。另外，利用模具产生的可塑性，一些曲面的、具有雕塑感、立体感的造型也都容易实现。在好几个项目中，我们都会有意识地在外立面构件上做一些艺术化的设计，这就是模具带来的建筑师创造表现力的提升。国内很多人在说标准化和个性化之间的矛盾，标准化的方盒子建筑和大众

多样化的审美需求之间的平衡。善用模具就可以解决这个问题。我们研究了国外的很多案例，我们自己也有意识地通过模具思维来提升建筑的表现力。从第一个项目成都建工，我们开始这样做，后面的中建科技、城投、天科广场这些项目，我们都一定不会让它是一个简单甚至简陋的方盒子建筑。装配式建筑应该体现出装配式特有的技术美学。

Q　你相对比较满意的作品是哪个项目？

A　建筑师永远不会满意自己的作品。成都建工办公楼是我们设计的第一个全装配的公共建筑，做的探索比较多。当时成都市政府确定50多万平米的锦丰新城住宅以装配式方式修建。由于当时成都还没有装配式生产基地，必须新建一个。生产基地中有一幢几千平方米的办公楼，作为厂区里的小建筑，开始并没有引起我们关注。直至一个方盒子的、内走道式的，无论技术运用还是空间形态都很平庸的设计通过了业主的认可，并准备实施时，我们才猛然意识到这个建筑可以有更好的可能性，装配式建筑的技术手段还没受到关注，我们可以利用这个项目去探索、挖掘。于是整个设计推翻重来，重新确定了以体现企业的技术特征——装配式建造技术作为整个设计的起点，策略得到业主的高度认同。目标明确，路径明晰，接下来团队的设计工作也就流畅了。在创作过程中，设计团队不断探索装配式技术特征所能带来的新的可能性。我们做了很多的尝试，为后面项目做了一些技术和设计策略上的储备。

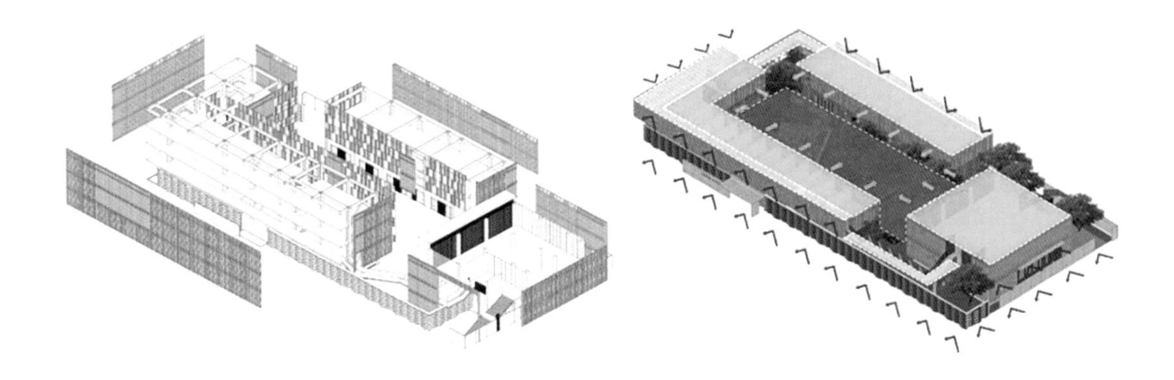

Q 请总结一下成都建工办公楼的主要特点。

A 首先，我们思考的是应该构建一个能够隔离周边工厂的噪声、灰尘，提供一个相对良好的办公环境。我们采取分散式的策略，根据功能拆解成三栋建筑，并利用这三栋建筑结合了连廊和围墙，围合成了内向的一个庭院。沿外侧布置的是走廊空间来屏蔽周围的噪音灰尘，所有办公、住宿、餐厅的主要房间，全部朝向这个安静的内部庭院，改善了办公、居住的条件。

其次，应充分体现出装配式混凝土建筑的特色。清水混凝土这种材料自身就具有极强的表现力。几年前去日本的时候，参观了前川国男1961年设计的东京文化会馆，建筑是早期现代主义风格，明显受了柯布西耶的影响，整个建筑无论内部结构还是外在表现，都直接外露混凝土，部分采用了预制构件。混凝土表面涂刷了透明的保护剂，历经半个世纪的洗礼，温润而有力量，越发具有表现力。当时真的被感动了。所以，我一直有种想在项目中尝试表现清水混凝土材料的情节。成都建工项目除内部结构外，建筑外墙板、实体围墙、混凝土雨棚等诸多部位均采用预制混凝土构件的方式设计，以“拼装”方式完成，并摒弃多余的装饰，直接涂刷保护剂展示清水效果。

建筑底层的植物墙也是设计呈现的一个亮点。我们希望混凝土不仅有厚重感，同时富有表情及活力。通过多种尝试，我们最终确定一种砌筑式预制混凝土结构体系。该体系以标准模块的预制混凝土花槽为基本单元，在相互交接部位设计镂空孔洞，通过浇注混凝土使其串接成一个连续的结构体。由于构件横向上不断地交错连接，从而在纵横方向上形成稳定的“墙”。相互串

接的花槽间预埋了水平向的滴水管道，实现了整“墙”的滴水浇灌，底部开设排水孔，浇灌后多余的水可以层层滴落，最终汇聚至地面的排水沟。静谧的办公内院，绿植在独特的装配式混凝土透空花墙中生长，枯燥的厂区有了人性的关怀与生命的活力。

Q 装配式建筑的艺术表现魅力，主要有几方面体现?

A 现代建筑美学的创始人罗杰·斯克鲁顿提出，建筑应当具有实用性、地区性、技术性、总效性、公共性等基本特征。其中明确指出了技术性也是建筑美学的特征之一。所以装配式建筑美学，应该符合建筑美学的特征，设计手法和建造手段统一。材料、技艺、建造工艺一定和形象、空间密不可分，这是最基本也是最重要的一点。建筑如采用装配式的建造手段，那么在美学特征上，就应该把这种手段进行外显、表达。装配式建筑美学的另一个方面体现为标准化和多样化之间的平衡。装配式虽然要以标准化的方式实现高效率，但和个性化之间一定有个平衡。这种平衡可能会在内部体系上，更多采取高标准化高效率策略，外部展现上做更多个性化的表达。我们可以从乐高玩具得到一些启示。乐高新出的一种系列玩具，它以一个标准化小白人作为基础。在此之上，确保统一的接口，添加各种配件，形成丰富、不同职业个性化的玩偶。装配式建筑内部体系就可以看作是小白人一样的基础模板，小白人身上附加的各种个性化的配件，就是建筑根据设计创意需求而定制的预制构件。通过这种方式装配式建筑就容易兼顾标准化与多样化的平衡。

Q 你关于装配式建筑的文章、报告的主题是什么?

A 写文章、做报告可以让我从连续不断的实践中停一停，思考总结一下，为下一步的创作提供理论的指引。同时，通过项目案例的分享，说明装配式建筑这种手段，对建筑师不是一种限制，而是可以加以利用的。从某些角度来看，装配式建筑对标准化的要求确实会影响我们一些设计。但就像上帝给你关了一扇门，但同时打开了一扇窗一样，装配式建筑也提供了新的创作可能。模具思维、装配式的建构逻辑，都是丰富创作的手段。所以，报告更多是通过自己的案例和国外相关案例，唤醒建筑师作为设计者的角色。建筑师作为一个项目的总控，而装配式是技术应用的一个手段，如果建筑师不主动去运用，那么这个技术是很难得以适当展现的。建筑始终是介于技术和艺术之间的，通过理性的、艺术的手段去整合技术，而不应是简单的技术积累。如果只是结构工程师去关注的话，很难展现其艺术的一面。

Q　你有没有主动地去说服业主，尽量采用装配式建筑？

A　我们说服了第一个项目业主成都建工。之后的项目，特别是装配式生产基地的项目，业主期望要做一个像成都建工这样的高装配率、能体现企业特色的示范项目，就不需要我们去说服了。但除此之外，一些开发项目，包括一些政府项目，往往会由于工期和成本的原因需要我们做一些工作。

Q　未来十年中国装配式建筑会以什么趋势发展？

A　放在十年时间尺度上，装配式建筑应该还是会呈现发展上升的态势。因为整个社会的关注、政策的引导、产业升级的需要、从业者思维的转变，都会持续稳定地推进装配式建筑的发展。但在更长远的一个时间段，它会趋向于平衡的状态。现浇体系不可能完全被替代。这就有点像现代的工业化产品一样。将来社会可能大量出现的是装配式建筑，就像我们日常用的大部分产品是由工业化方式生产的。但是现浇体系也有它的优点。在更远的将来，现浇体系可能会作为一种小众的存在，可以更多地保留一些手工的痕迹，传承人的一些情感的因素。有些个性化的、情感的东西，可以通过一些手工建造的方式留存。所以将来应该会是以装配式建筑为主导，装配与现浇体系并存。

Q　建筑师负责制背景下，装配式建筑对建筑师职业技能有何影响？

A　应该说建筑师负责制对建筑师的职业技能提出了新的要求。这种要求和装配式建筑对建筑师的要求，在一定程度上是相契合的，都会要求建筑师主动参与并掌握整个建造的过程，而不仅仅停留于设计阶段。国外也有类似情况。建筑师应该对产业链、建造过程进行全面把控。我们做锦丰新城时，开始关注构件如何生产，怎么上车，用什么车辆来运输，是否会超道路限高等。原来现场吊装、塔吊布点是我们不太关注的问题，现在需要建筑师和结构工程师、构件厂、施工单位一起，把所有问题在设计前期考虑好，并全程参与建造。

图1　主入口外立面实景

成都建筑工程集团总公司建筑工业化项目办公楼

设计时间	2015年
竣工时间	2017年
建筑面积	5000m^2
地　　点	成都

项目位于成都青白江，为成都建筑工程集团总公司装配化生产基地办公综合楼，建筑面积约5000m^2。

项目装配率为92.5%，达到装配式建筑AAA级标准，同时达到设计及运营三星级绿色建筑标准。该项目现已被评为四川省建筑产业现代化示范基地。

项目借助高度标准化的装配式建筑技术手段，实现人性化设计。设计利用建筑及预制混凝土花槽绿墙围合形成内向庭院，在嘈杂的工业生产区内，打造园林化的办公空间。

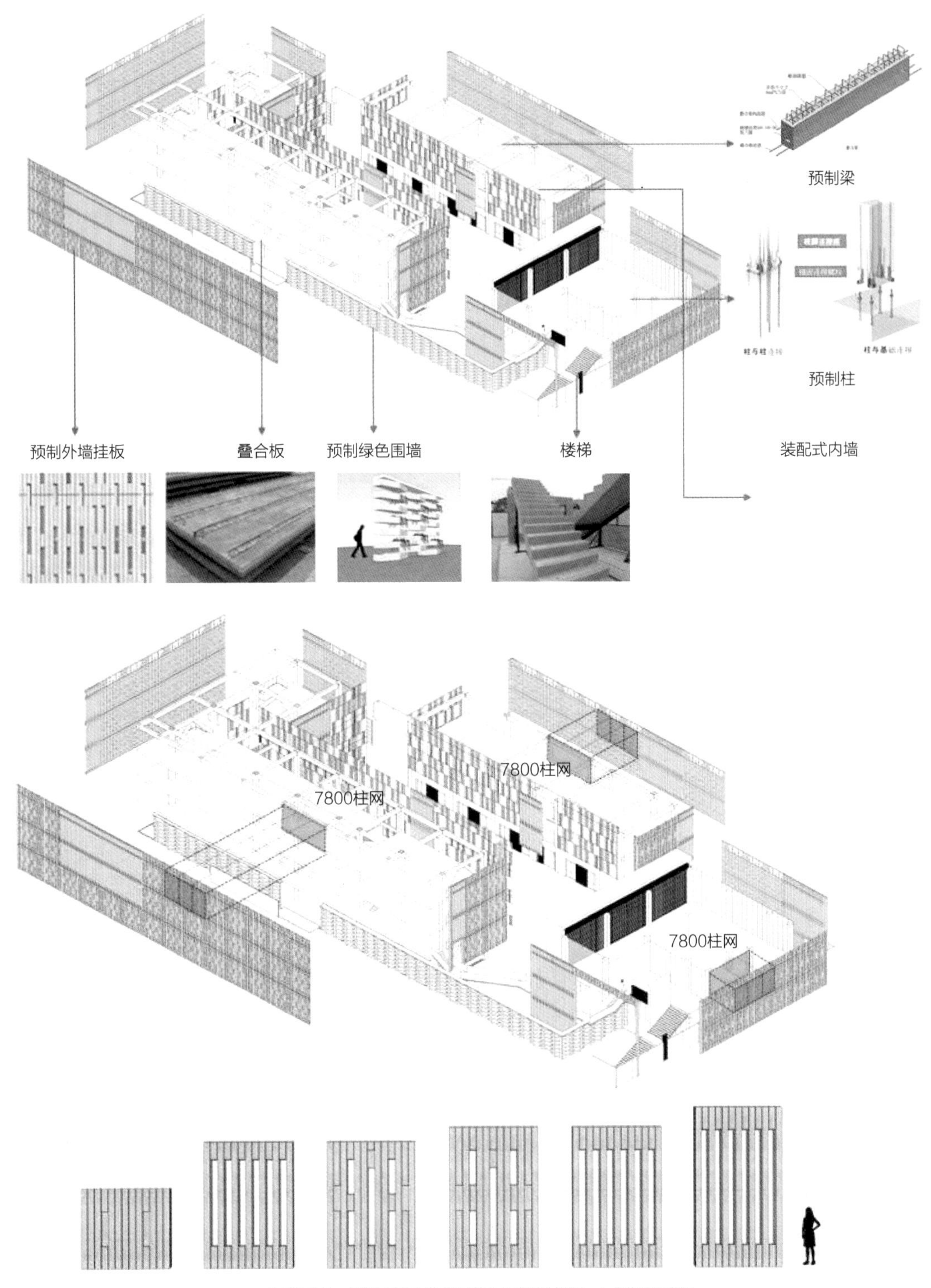

1 单元标准化，工厂化
2 解决通风、采光，噪音屏蔽
3 混凝土材质的呈现与再设计

图2　设计采用装配式钢筋混凝土框架装配体系
全部构件工厂化，目标实现90%以上的装配率。

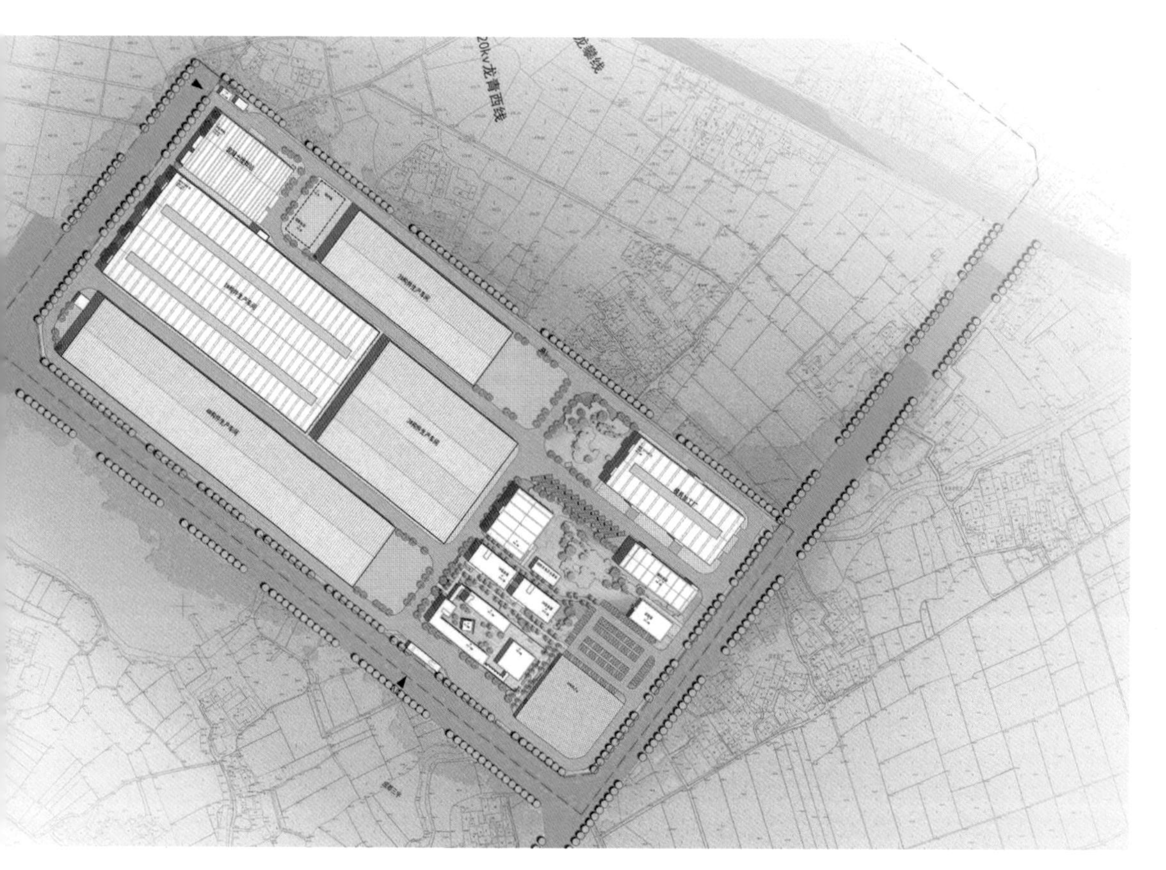

图3　总平面图

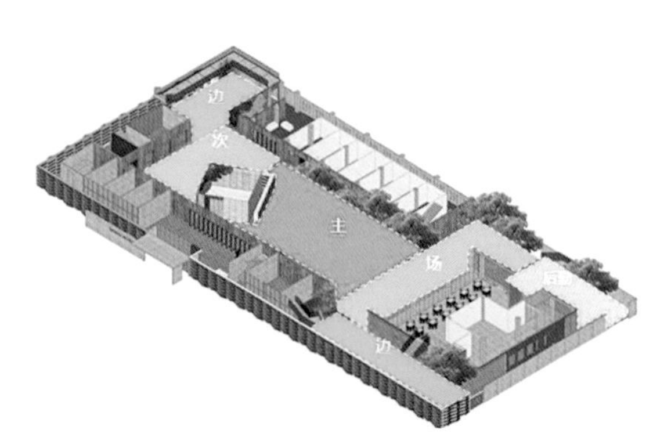

图4　分散式建筑体量形成多层次的园林院落

景观以绿化为主，整体统一且有较丰富的变化。不同院落的组织也可以满足不同功能单体的入口需要。

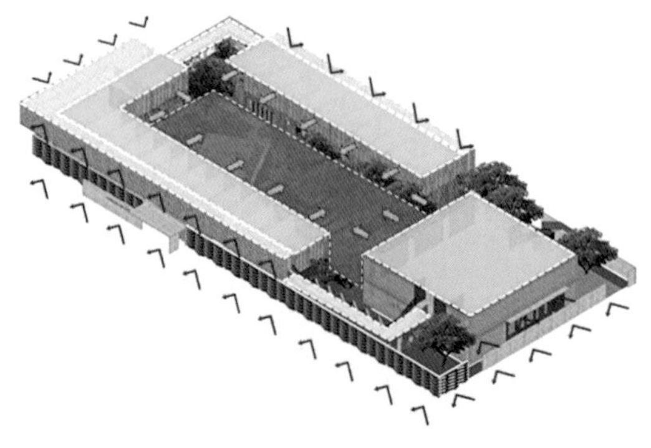

图5　建筑采用外廊式平面布局

将办公面向内部庭院，廊道面向外部道路和厂区，使办公、住宿单元及用餐部分拥有良好的内部景观视野；而外置的廊道成为整个庭园与外部环境之间的天然屏蔽层。

图6 鸟瞰图

图7 外观

图8　主入口

图9　庭院及侧立面

图10　主入口立面实景

图11　庭院与细部

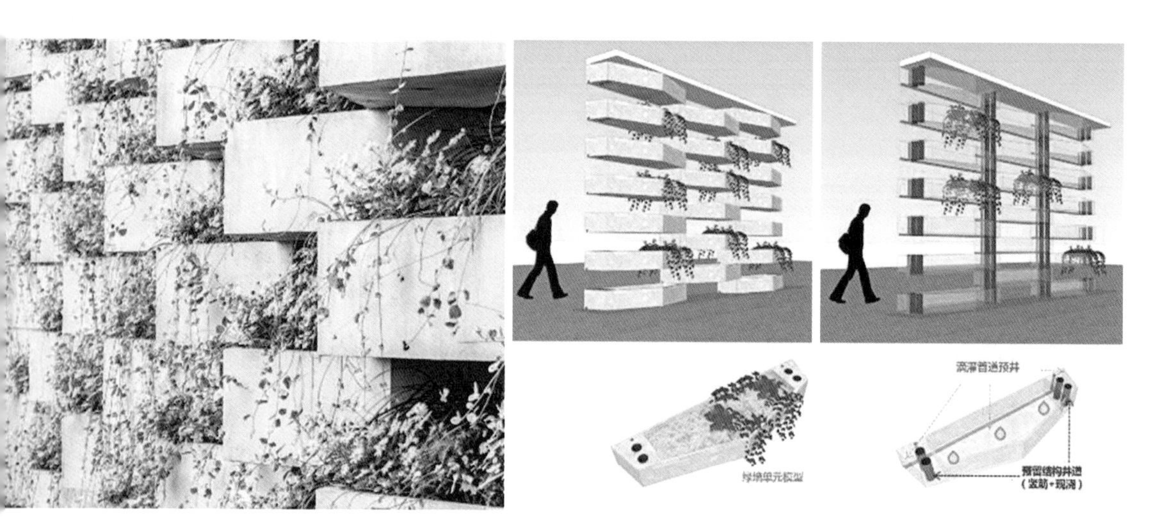

图12　花槽

图13　庭院环境设计

图14　门厅

图15　连廊的形式与细部

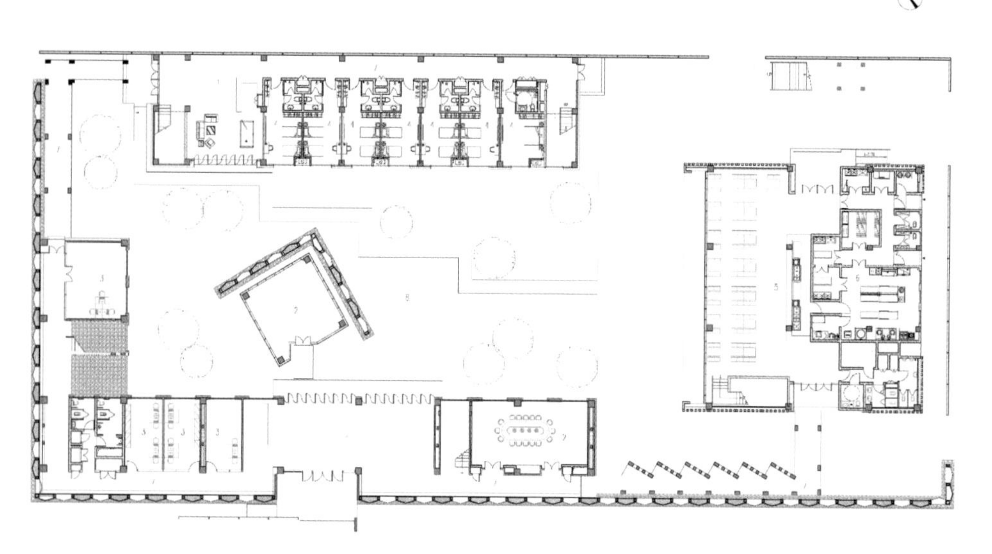

图16　一层平面图

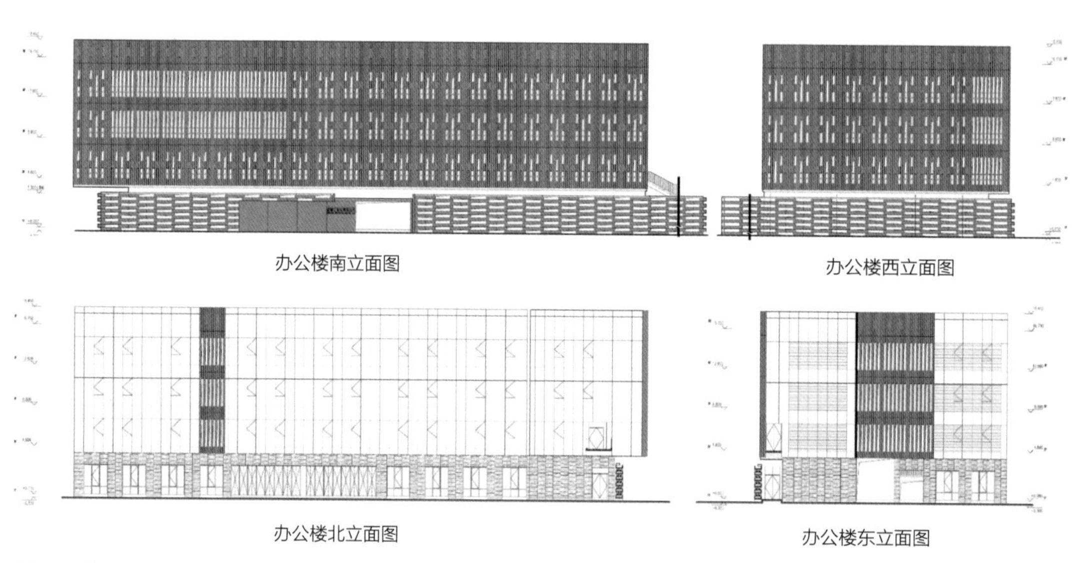

图17　立面图

成都建筑工程集团总公司建筑工业化项目办公楼以装配式的设计思维为核心，并与绿色设计理念相结合，回应特定的场地条件，提供人性化的办公空间。

在装配式建筑项目的实施过程中，建筑师的引领和全过程参与是项目顺利实施的核心和基础。与传统施工不同，装配式建筑需要大量前期规划及策划工作。所以工业化道路实质是建筑业流程的再造，意味着对传统建筑行业的转型，其中首要的是建筑师设计思维的转变。装配式这一新技术手段的加入，可能成为建筑师创作活动的激发点。建筑师的理性化思考和全程参与式的设计，将会为装配式建筑的发展提供思路，做出不一样的推动。

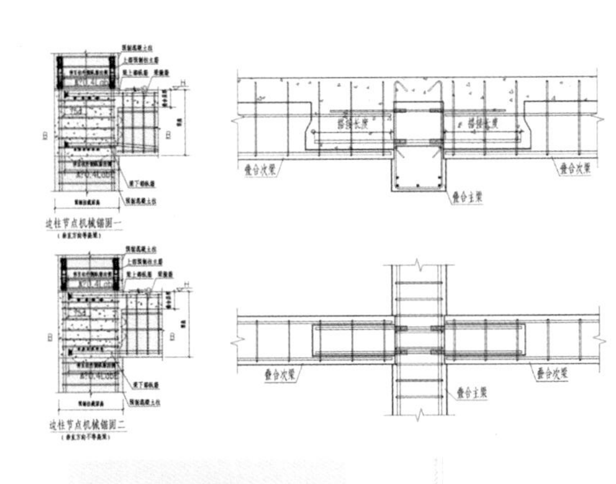

——主次梁节点优化设计

主次梁节点能解决传统连接方式梁柱截面过大、现场钢筋过密以及施工浇捣困难等问题。

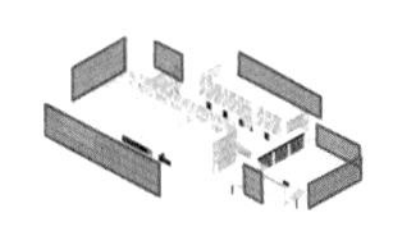

——外挂板节点设计

外挂板后挂于主体框架结构，通过预埋钢构件传递自重及水平向荷载，不参与主体结构抗震，形成独立而清晰的受力体系。

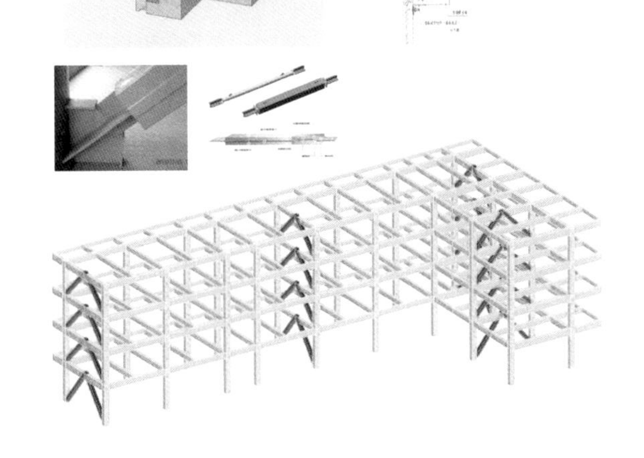

——屈曲约束支撑

1　所有结构构件均预制

2　单榀框架+大悬挑

3　屈曲约束支撑增加单榀框架的抗震能力和中震、大震的耗能能力

图18　节点与支撑体系

项目小档案

项 目 名 称：成都建筑工程集团总公司建筑工业化项目办公楼

地　　　点：成都市青白江区

建 设 单 位：成都建筑工程集团总公司

主创建筑师：李峰

设 计 团 队：

建　　　筑：佘龙　杨扬　王周　钟琳　刘小东等

结　　　构：毕琼　邓世斌　雷雨等

机　　　电：石永涛　刘敏　辜兴军　陈建隆　张伟　刘玉东等

摄　　　影：存在建筑-建筑摄影

统　　　稿：李浩

郭文波

香港华艺设计顾问（深圳）有限公司董事、副总经理、设计总监，华壹装饰科技公司总经理，高级建筑师、国家一级注册建筑师，同时任中国建筑学会BIM分会、计算性设计学术委员会理事、广东省BIM技术联盟专家、香港国际BIM研究院（COE）荣誉院士、深圳市土木建筑学会BIM委员会主任、深圳市建科委建筑智能与信息化专委会副组长，深圳市建筑设计评审、BIM、装配式建筑专家。

毕业于厦门大学建筑系建筑学专业。在各类复杂公共建筑、大型综合群体建筑和住宅等建筑上具有丰富的设计与实践经验，致力于引领与推动BIM和数字化设计建造、装配式建筑设计等创新技术的研究发展。获得众多国家、省市级、行业级奖项和专利。参编广东省《装配式钢结构设计规程》、《深圳市工程设计行业BIM应用调研及发展指引》等技术标准，完成了多个专项科研课题。

设计理念

以“结构推进建筑迭代创新”，创造符合自身实际又有独特优势的装配式建筑。

装配式建筑应该走自己的独立发展道路。工业化、精细化、单元灵活性是装配式建筑一系列特点中的最亮点，我们应该扬长避短，不应生搬硬套旧体系。

应跳出原有的“结构适应建筑”的框框，大胆采用颠覆性创新思维，以建筑适应结构，“结构推进建筑迭代创新”，先构造一个安全成熟、具有最大空间灵活性的装配式结构体系，这个过程中建筑与结构不断密切配合调整，在体系内发展一个创新的建筑设计。建筑设计要打破原有桎梏，充分利用装配式建筑自身特点进行创新和探索，创造符合自身实际又有独特优势的装配式建筑。

访谈现场

访谈

Q　请简单介绍下你对装配式建筑设计的理解，以及对推进这一技术发展的看法。

A　装配式建筑近几年是个热点，人们更多的是谈论它的绿色建造、减少空气污染、加快施工进度和提升项目质量等，我由2012年从设计中建总公司的南京总部大厦项目开始，就通过BIM与装配式钢结构结合进行设计探索，而后到PC，从低预制率到高预制率、一般保障房到高端商品房住宅，通过项目实践取得了较好成绩。然而，这只是比较基础的技术层面的实践，今天我想从自己思考的另一个层面来谈这个问题。

首先，我认为发展装配式建筑是国家层面的重大发展战略，也是一个极具远瞻性的行业发展战略，是非常符合中国自身特色的技术与产能输出战略。聚焦当前国际大背景，中国复兴使中国影响力的全球扩张，这种扩张伴随的是文化、技术、产能相应的全球扩张。恰恰这一时期我们又面临两个特点：一是从产能不足到现在的产能过剩，二是低端劳动力减少的大趋势，这两个特点必然出现由以前的劳动密集型输出开始向技术密集型输出转换。从近年来我国对外建设的发展可以看出来，装配式建筑正是适合上述特点，是未来国家力推的一个战略方向。那么，我们做装配式建筑设计就要紧贴国家战略、牢牢抓住上述特点，一定要站在相应的高度来看问题，站在高层次、高标准、高水平的要求上来推进，不能局限于吃饱饭，而是尽快吃好饭，吃特色饭，就是要尽快推动研究和解决高预制率、高装配率技术难点，在战略层面上宜早不宜迟。

再者，国家的政策和体制是我们最大的优势，这是大部分国家力所不及的，构建一个完整的产业化体系单凭市场竞争是无法实现的。最好的例证便是高铁，我们起步晚，但通过国家层面推动，发展非常迅速，技术快速提升，在运营速度、轨道铺设长度、体系构建上，可以说是国家力量集中带动、快速崛起的典型示范。同样，装配式建筑设计的产业化发展能有这样的国家层面的政策力量来推动，有一系列实力强劲的企业跟随国家大战略，预期很乐观，也很美好，我相信中国的装配式建筑一定能够比西方做得更好、普及得更广。

Q　装配式建筑设计在时代进程中是怎么发展起来的？

A　说到装配式建筑设计，近年来有一些声音说装配式是五十年代大板建筑的回潮，这是发展中的常见现象。技术发展从来都是螺旋式上升，一种返璞归真，有延续、有反思、有颠覆，但更应关注不要被旧思维阻挡发展道路。当前我们的装配式建筑设计以“新技术硬套旧体系”，走入了一个误区。一是“等同现浇”，削足适履，把自己装配式建筑的优势扔掉，生搬硬套已经成熟的现浇结构体系作为自己的标准；二是“先普及，再提升”，希望用一个很低的预制率大量建造住宅建筑，在很长一段时期内先上量，美其名曰以上量减少成本，钱花了、构件厂建了，但成果呢？造出来一堆“伪装配式建筑”，典型的为装配式而装配式，国家的战略目的达到了吗？完全没有。还是以高铁做类比就比较好理解了，目前这种先上量不提升技术的方式就如同高铁先上一大批时速150的“伪高铁”，美其名曰“安全运行”，实际上消耗掉了大量未来资源，挤占了未来发展空间，反而把自己的技术提升和应用空间挤压掉了。

Q　从你个人体会上来说，装配式建筑本身的规则是什么？

A　从装配式建筑本身来说，它的规则我觉得可以概况为“简单而秩序化”。简单大家都能理解，但秩序很多人会误解为单调，我觉得这正是建筑设计美妙之处，通过巧妙的设计，把简单的构件通过秩序化使其具有更多变化和发展。说到这个，不得不提到装配式建筑和BIM这两者之间的关系，前者是追求设计、建造、安装一系列过程的简化、标准化和通用化以及模块化、组合化，不仅在建筑的户型上，还有立面及功能上都可以排列组合出不同的变化形式，而后者则是擅长处理极为复杂或者极为简单标准的建筑，这样两端极致的矛盾对立关系却又相互成就，变化极具美感和创造力，也让我对未来数字化的设计体系充满期待。

Q　请简要谈谈对装配式建筑设计的实践体验。

A　我们通过多年的装配式建筑设计项目实践有一些感悟。首先是它的发展过程，最初我们是先拆分再构建再进行组合，这个顺序其实是反的，是个误区，但这也是在探索初级阶段所要走的路。希望能够探索出一条以结构为先导的体系，把组合放在首位，从结构创新的基础上来反推建筑，让项目真正落地依靠的是结构实现，就像那句话说的"结构成就建筑之美"。另外是它的项目应用，以往装配式建筑给大家的印象就是那一片长得一样的房子，深圳已经应用到了大量保障房项目上，而我们已经应用到高端高层、超高层商品房住宅，开始往公共建筑上推广，在这一点上算是国内装配式建筑设计推广和应用方面走在比较前面的公司。

例如南京中建大厦项目的地上部分为纯钢结构，框架梁柱为H型钢，楼板为压型钢板组合楼板。为提高结构抗侧及抗扭刚度，在东南及西北角布置了一对人字形中心支撑。结构平面为一回字形，在上部楼层有局部断开，为保证结构整体性，在9,10及屋顶层设置了水平支撑连接。通过这些措施加强了结构抗震性能，保证了结构合理性。

Q　你觉得主要制约装配式建筑设计发展的因素是什么？

A　最大制约因素是人的思维。从实际经验来说，最大制约因素是造价。国内的淘宝之所以能够铺设到现在这么稳定的平台、繁多的商品、广泛的应用人群，最重要切入点之一就是因为便宜，它让商品成本有了很大的下降，让购买更便捷。以深圳常见的高层装配式住宅为例，大概一平方米的造价会贵约300元左右，我们探索过不同的方式来降低这个造价差价，例如EPC，从源头开始，这样可以压到100元以内，但对地产商而言一分钱也是利润，它不会愿意为了推进装配式建筑的发展而多花这些钱的，毕竟利润点是地产商业绩最关键的考核点。所以，在市场化推动还没呈现正向推动力的时候，国家产业政策就是最有力的推手，政策上补贴扶持的引导，对于发展装配式建筑设计是非常强劲的推动力。

另外还有一个制约因素是安全问题。因为现在的装配式建筑体系现在来说在国内是个新的模式，还没有形成完整健全的适合国内的体系和标准，人们对于新技术的安全成熟度上存有疑虑。如20世纪90年代建筑设计兴起做凸窗，是从香港传到深圳的，给原本的住宅空间增添了一个空间，这么好的事情，开始时很多开发商、业主没有接受，当时这个在香港很成熟的东西，却因内地施工、材料等方面还不足以支撑，导致下雨时很多凸窗就发生渗水，当时出现投诉量很大的情况。一些对施工把控能力不足的开发商就疑虑重重，甚至不愿做凸窗。此后业内不断探讨和技术改进，逐渐才成熟起来形成了标配。所以，新技术的发展落地需要一个过程，在疑虑问题得到很好的解决之前，安全技术问题是我们首要考虑的要素；不过从技术角度来看，技术问题或早或晚都是可以解决的，只是目前用“等同现浇”来证明装配式建筑的安全性，是不自信的表现，或者说是还没有真正形成自身结构体系的表现。大家可以想想，钢结构建筑什么时候需要对大家解释“等同现浇”？目前桥梁基本都是装配式的，大家对桥梁有没有去比较现浇的是否更安全？我认为，结构体系的安全性只是属于技术范畴，市政等行业已经有很多同类成熟技术，随着我们的不断研究探索，装配式房屋建筑存在的技术问题一定是可以很快得到解决的。

Q　你觉得装配式建筑的魅力是什么？

A　我觉得它的真正魅力在于可以做到数字化，简单又多变。设计真正达到一定高度，可以从另一个角度来完美地诠释“少即是多”。

Q　你对推动装配式建筑有怎样的建议？

A　从设计层面，我是建筑师，一直从事建筑设计工作。其实随着住宅设计的发展，大家可以感受到一个有趣的现象，现在高层剪力墙住宅弊端已经比较明显了，户型平面灵活性非常差。我们知道，人在不同时期的生活对于房子功能的需求是不一样的，例如同样是70平米的房子，两个人的时候或许只要一间大卧室、一个大客厅甚至一个大开敞流动空间就够了；而当有了下一代之后，就会希望从大空间里能隔出一个房间来给孩子；如果父母再来帮忙，又希望能够临时多隔出一间房来；到孩子长大自立了，反而又回归少房间、大空间模式。这样一个动态的住宅功能需求是现代生活普遍存在的，我们致力于设计全生命周期的住宅，而其灵活性需求与现浇剪力墙结构住宅的固化性是对立的，在装配式建筑中，也许可以得到有效解决，这是对现浇结构体系的一种颠覆，“无即是有”，以装配式自身特点建造的建筑，其空间变化可能性是无限的。我们有强大的国家产业规划，可以站在国家层面高度去推动装配式建筑产业化进程，这一点已经在高铁发展中得到充分的实践证明。中国的国家力量是其他国家无可比拟的重要推动力，高铁发展是一个享誉国内外的成功案例，为装配式建筑未来的发展提供了极佳的参考，也是推动模式的一个示范。因此，在国家战略层面，希望像推动高铁发展一样推动装配式建筑的快速发展提升。

图1　项目实景图

厦门　龙湖马銮湾项目

设计时间	2016年
竣工时间	2019年
建筑面积	25万m^2
项目地点	厦门

龙湖马銮湾项目是厦门市乃至福建省首个采用装配式剪力墙结构体系并成功实施的商品住宅项目，也是华艺将高预制率装配式建筑成功应用于高端住宅的典型案例；是目前福建省住宅商品房中预制率最高的建筑，也是华南地区装配整体式剪力墙结构中最高的几个建筑。

图2　项目实景图

图3　项目实景图

图4　项目实景图

图5　项目实景图

项目位于厦门市海沧区马銮湾片区，以1#楼为例，本楼采用装配整体式混凝土剪力墙结构，华艺设计完成了该项目从工业化方案到构件深化和全套施工图的全过程设计。

设计深化过程中对原设计方案的结构形式、预制构件等进行标准化调整，贯彻“功能模块化、构件标准化”的主导思想。由标准化构件组合为各功能模块，由功能模块拼装成为完整的楼栋单元。

住宅塔楼地上共30层，其中1～3层（底部加强区）及屋面层为整体现浇，4～29层采用预制混凝土结构，预制构件包含预制剪力墙、预制内墙、预制填充墙（外墙）、叠合梁、叠合楼板、预制阳台板、预制空调板、预制楼梯等，同时内隔墙采用轻质条板。

· 塔楼的预制率47%

· 标准层预制率约53%

· 装配率约78.5%

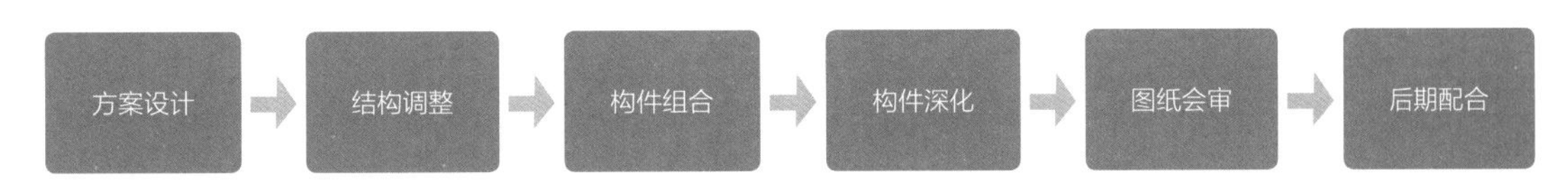

图6　项目设计流程

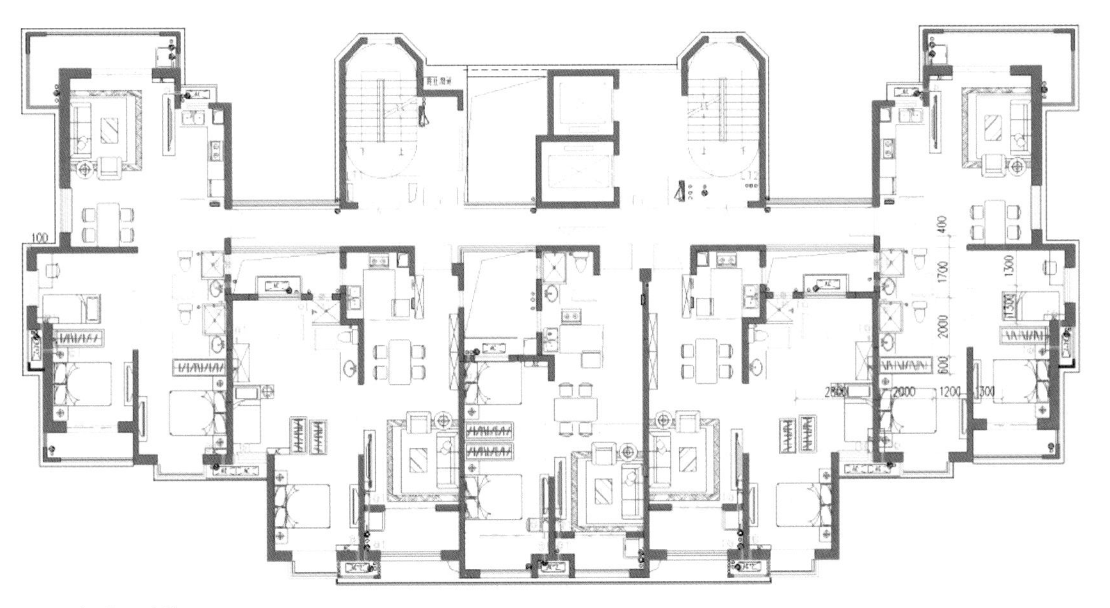

图7　标准层建筑平面

结构布置

第一版按现浇结构设计完成的结构平面布置（图8）主要存在两大问题：一是剪力墙布置细碎，存在大量较短墙肢；二是次梁较多，不利于楼板预制。

由此，我们按预制外墙+大板的思路进行了一定调整（图9）：1. 尽量取消户内的剪力墙，保留分户位置剪力墙（红色云线为删除的墙肢）；2. 将较短的墙肢加长，以方便预制（蓝色云线为加长的墙肢）；3. 删除多余次梁，采用大板布置。

最终，通过以下三点调整完善了方案（图10）：1. 由于初设已完成，剪力墙未做大调整；2. 删除多余次梁，采用大板；3. 外凸的预制阳台改为挑板，确定了结构布置方案。

经过BIM模型同步对结构布置形式进行计算，并通过预制构件选配，确定最优化预制构件选配表。

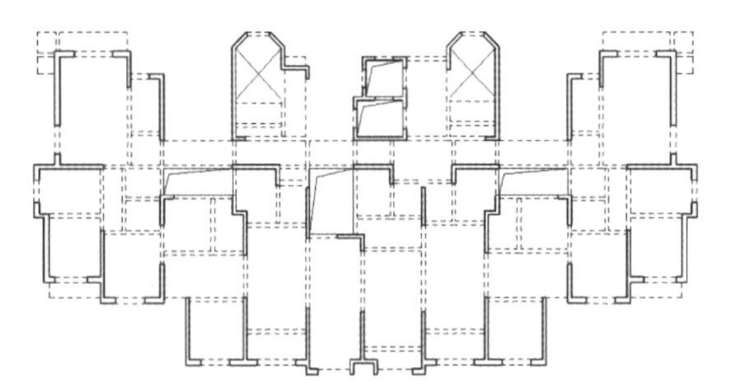

图8　第一版平面布置按现浇结构设计

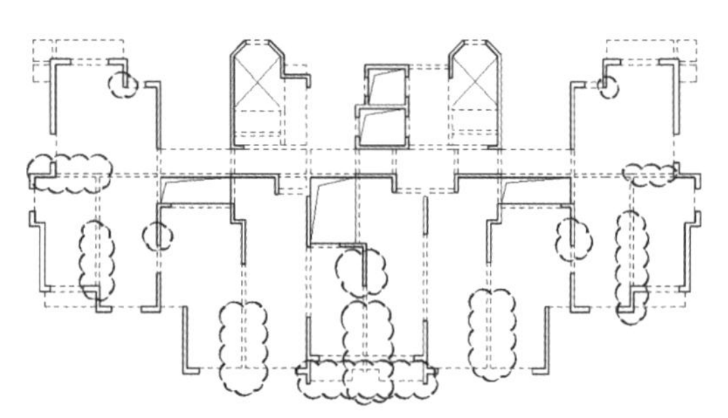

图9　第一版结构优化方案

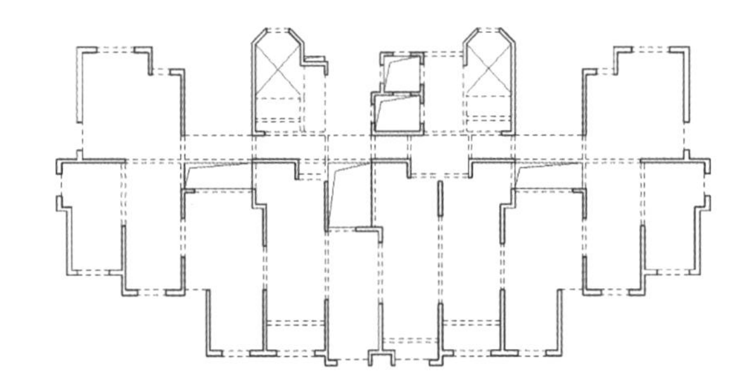

图10　最终结构布置

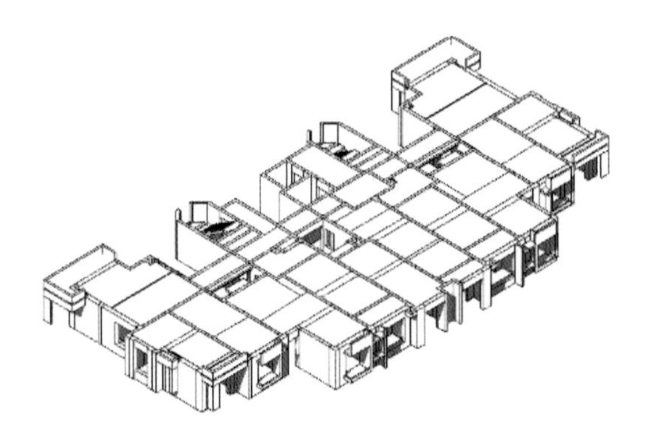

<各类构件占总体积百分比表>

A	B	C	D
构件名称	构件工法	体积	各构件体积百分
现浇墙	现浇构件	61.81	30.06%
现浇板	现浇构件	37.71	18.35%
现浇梁	现浇构件	10.07	4.90%
预制内墙	预制构件	12.30	5.98%
预制外墙	预制构件	54.84	26.73%
预制板	预制构件	14.14	6.88%
预制构造柱	预制构件	1.85	0.90%
预制梁	预制构件	2.42	1.18%
预制楼梯	预制构件	3.23	1.57%
预制空调板	预制构件	0.39	0.19%
预制阳台	预制构件	6.65	3.24%

图11　构件拆分模型及计算表

构件拆分

项目结构类型为装配式剪力墙，在作构件拆分时，底部加强区和顶层区采用全现浇混凝土，保证结构的稳定性。在平面构件选择中，构造边缘构件采用现浇，非边缘构件采用预制。

预制构件由建筑专业提供定位尺寸，在深化设计时同步考虑钢筋布置、精装修机电点位，结构布筋骨以及预制构件用于吊装时的埋件、吊点等数据。

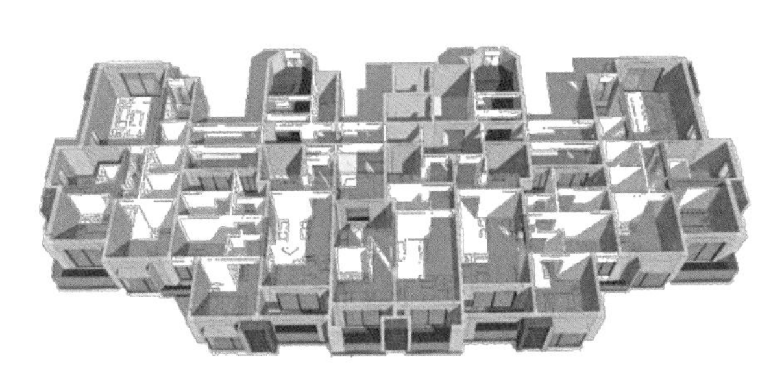

图12　项目构件拆分概况

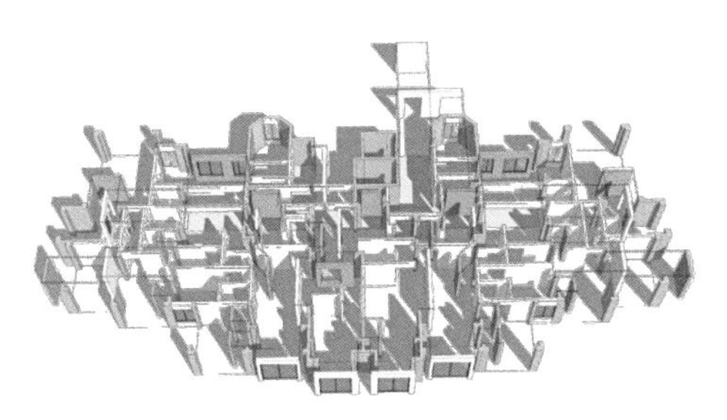

图13　内墙板拆分图

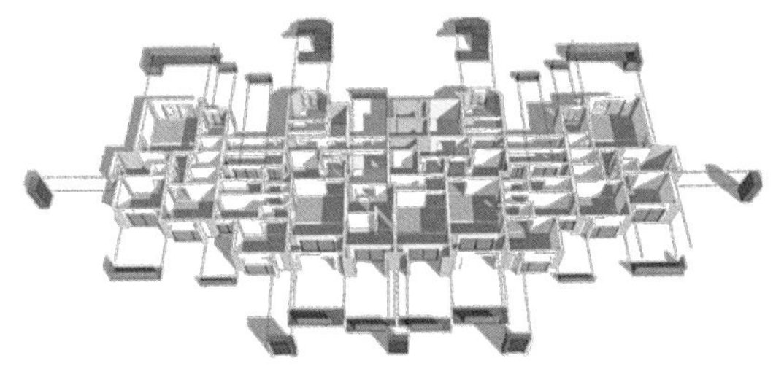

图14　水平构件拆分图

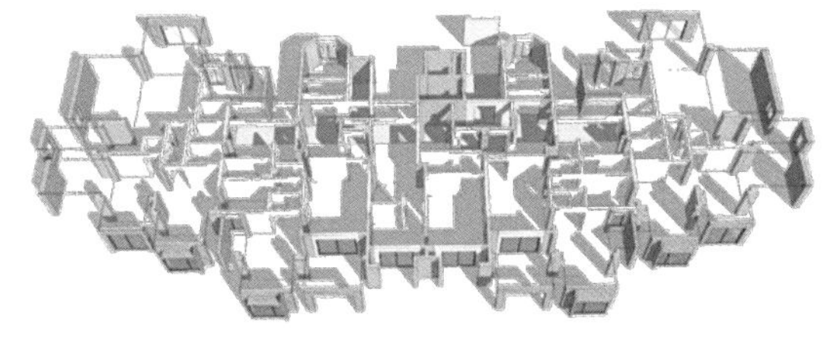

图15　外墙拆分图

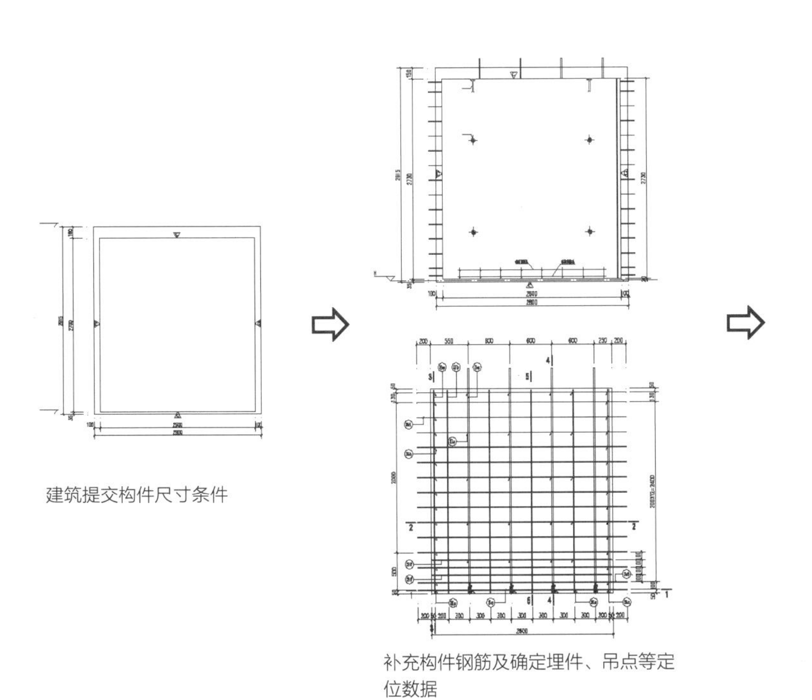

建筑提交构件尺寸条件

补充构件钢筋及确定埋件、吊点等定位数据

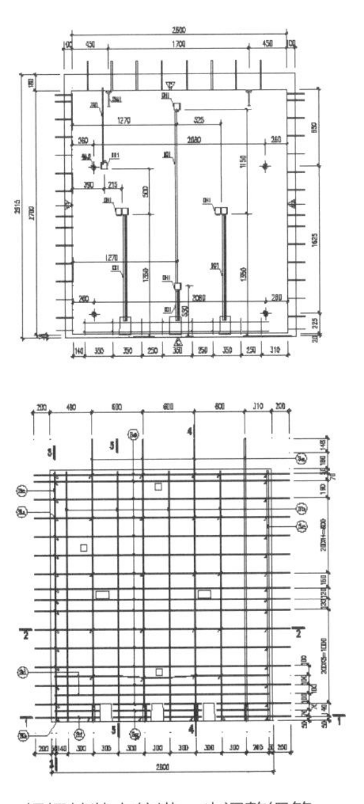

根据精装点位进一步调整钢筋布置

图16　项目构件深化

设计优化

标准化设计：规划设计阶段对楼栋造型进行多方案对比，选取标准化程度高、结构形式有利的体型进行深化。装配式专项设计过程中通过合并同类的方式，形成标准化的建筑功能模块，从而减少构件类型。

装饰构件优化：标准层线脚处构件预埋GRC线脚预埋件，减少构件模板种类，同时保证立面效果及经济效益。

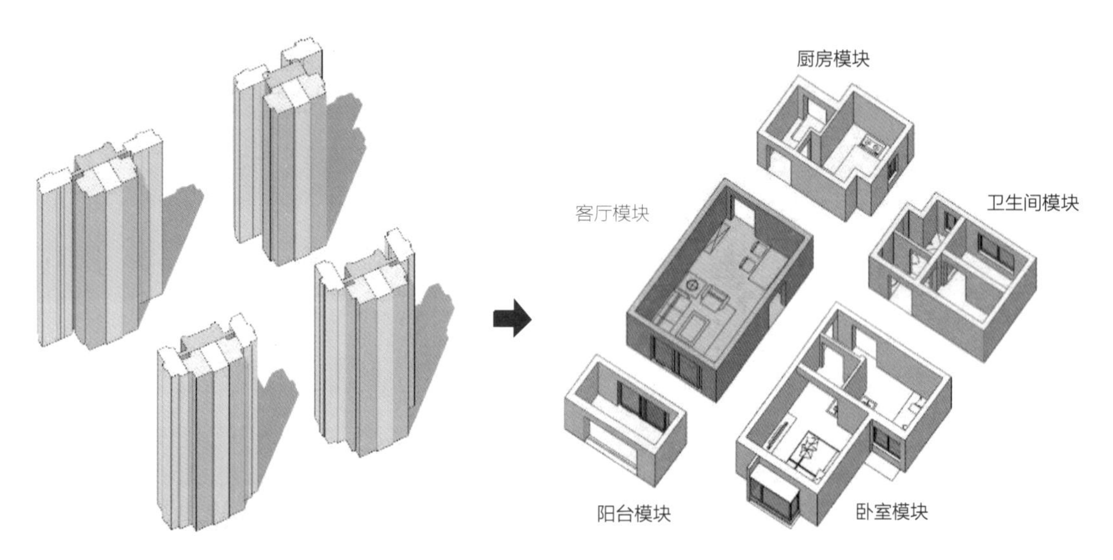

图17　由楼栋标准化到模块标准化

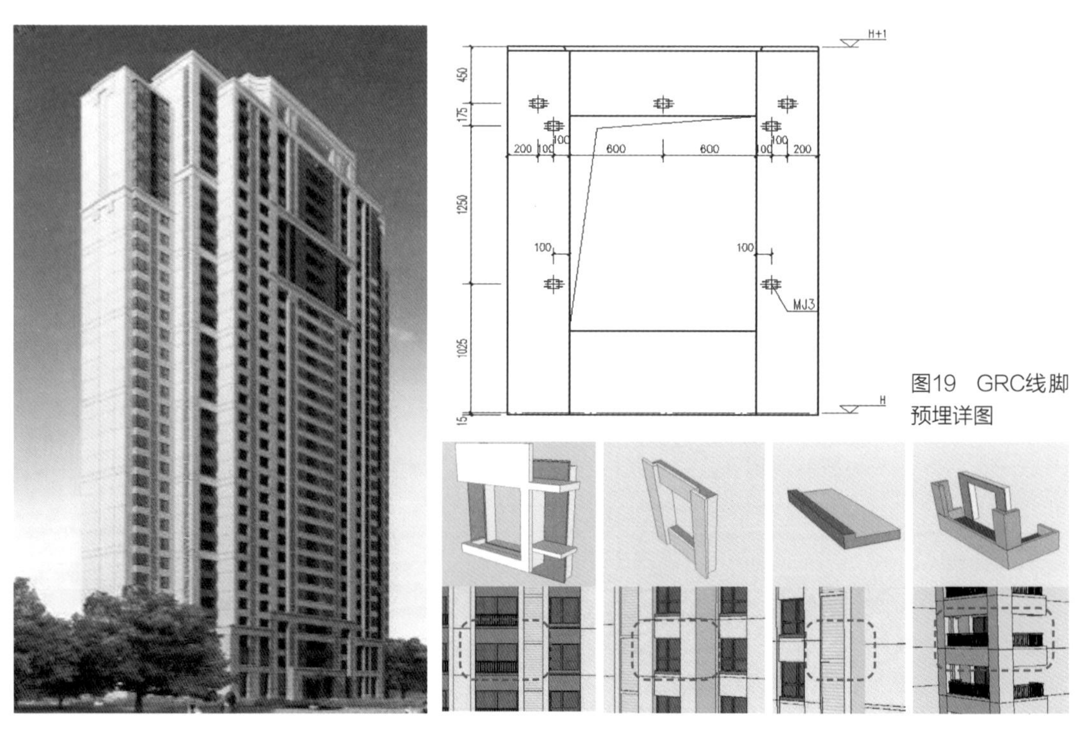

图19　GRC线脚预埋详图

图18　GRC线脚位置

图20　GRC线脚与预制构件的配合

构件重量控制：住宅端、角部采光良好视线开阔，多作为主卧等大开间房间，其相应的预制凸窗尺寸大、重量大。在装配式施工阶段，此位置位于塔吊最远端，为吊装最不利点。原始设计预制构件尺寸大，重量高达6.77t，超出塔吊的最大吊重。通过调整构造柱和反坎的方法，使得构件重量下降到5.97t，满足起吊要求。

构件质心平衡：由于外墙凸窗一体化预制，出挑600mm的凸窗导致构件重心外移。起吊的时候墙身倾斜导致钢筋无法插入套筒中。在构件优化设计中，将吊点的位置进行重新布局，变两点起吊形式为三点起吊形式，并增加纠偏用的吊环，便于在空中进行调整，使构件能够垂直下落，精确与预留钢筋对位。

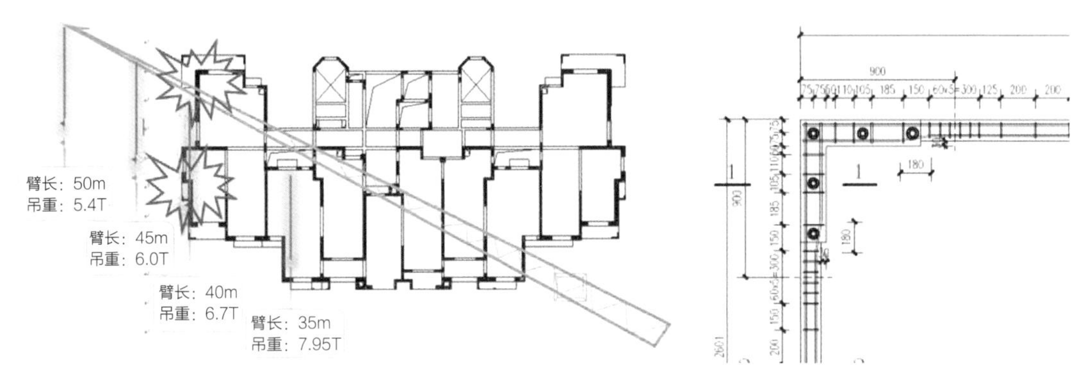

图21　端部预制构件控制

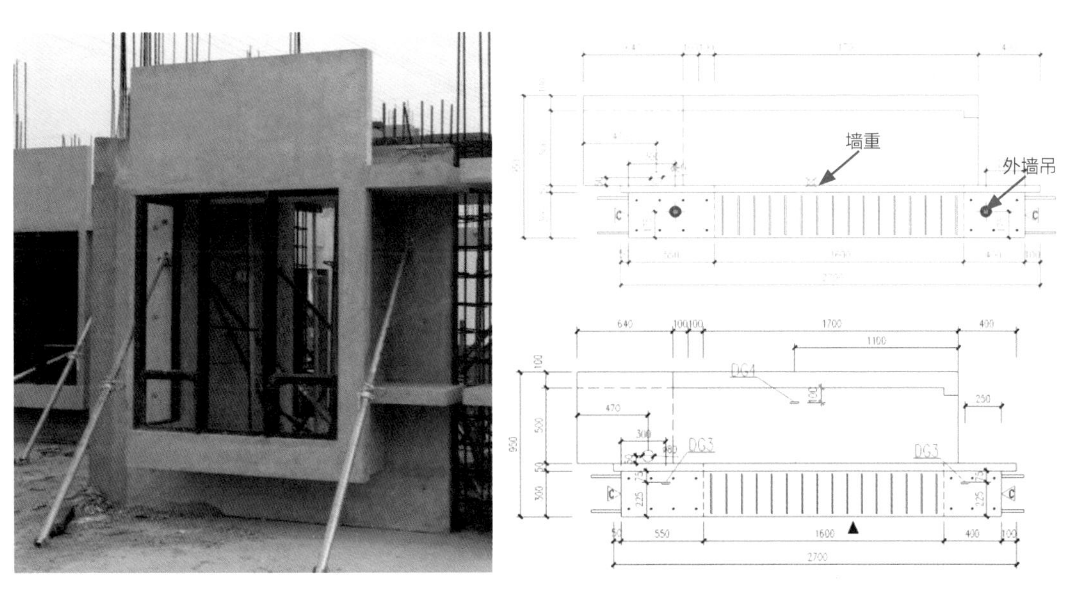

图22　起吊点平衡处理

节点构造深化

临海城市雨量丰沛，外墙防水是装配式节点的一大难题。项目节点设计突破了南方地区无保温外墙板防水技术难点，提出“防水外页墙”的概念，在剪力墙上增加50mm厚外叶墙作为构造防水。以三道防水构造工艺组合的形式，杜绝雨水渗漏问题。

项目立面设计为古典风格，立面存在较多装饰构件。凸窗、空调板、阳台等外部预制构件设计时，将外立面装饰线脚一体化处理，为装配式建筑的多样化发展开拓了崭新的阵营。

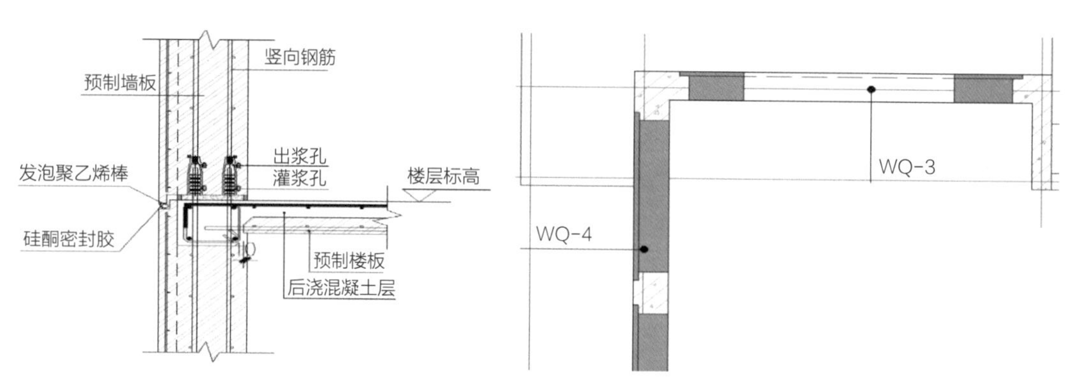

图23　水平缝防水节点设计

图24　竖向缝防水节点设计

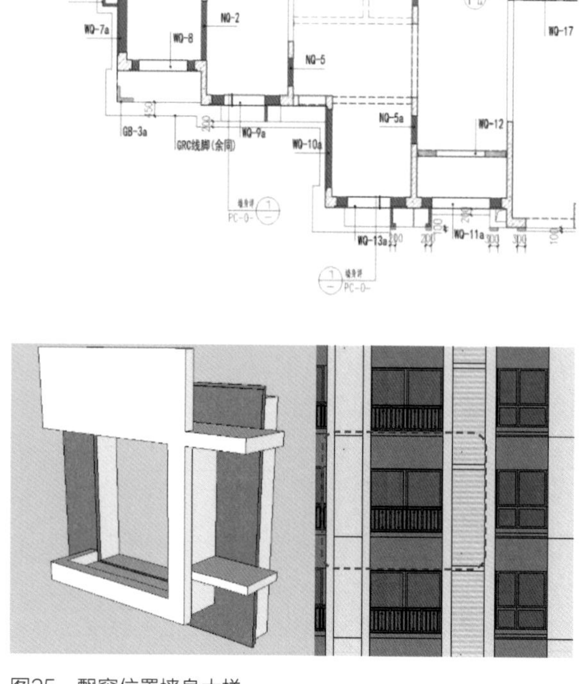

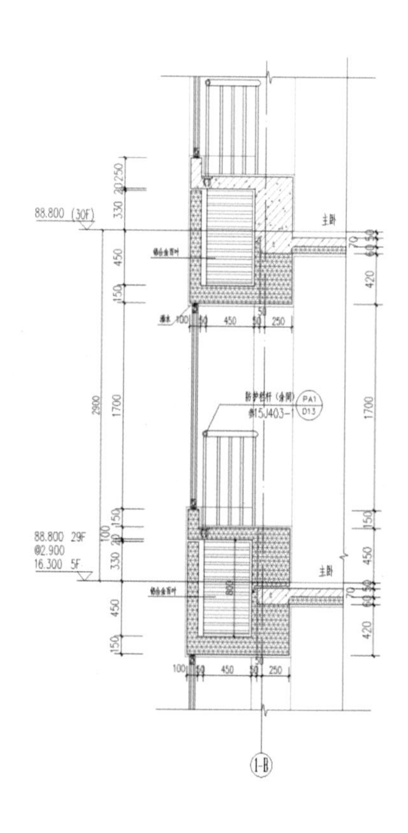

图25　飘窗位置墙身大样

BIM技术应用

本项目实践了装配式建筑BIM全过程设计，BIM技术贯穿整个项目的设计、施工、生产、安装。围绕华艺基于BIM的装配式全流程体系，做到设计一体化、生产安装一体化，项目各个环节闭环，提升了项目品质。

华艺装配式全流程体系，简称HYPC一体化，在设计阶段，通过进行BIM结构设计，结合华艺装配式标准库，进行构件拆分和深化，并用于设计图纸深化，指导加工厂商进行构件加工生产，形成具有华艺特色的装配式BIM设计。华艺经过多年的积累及研发，建立自己的企业级预制构件库，并与企业整个标准化体系相一致，连接商业、住宅等公司其他标准设计链条。

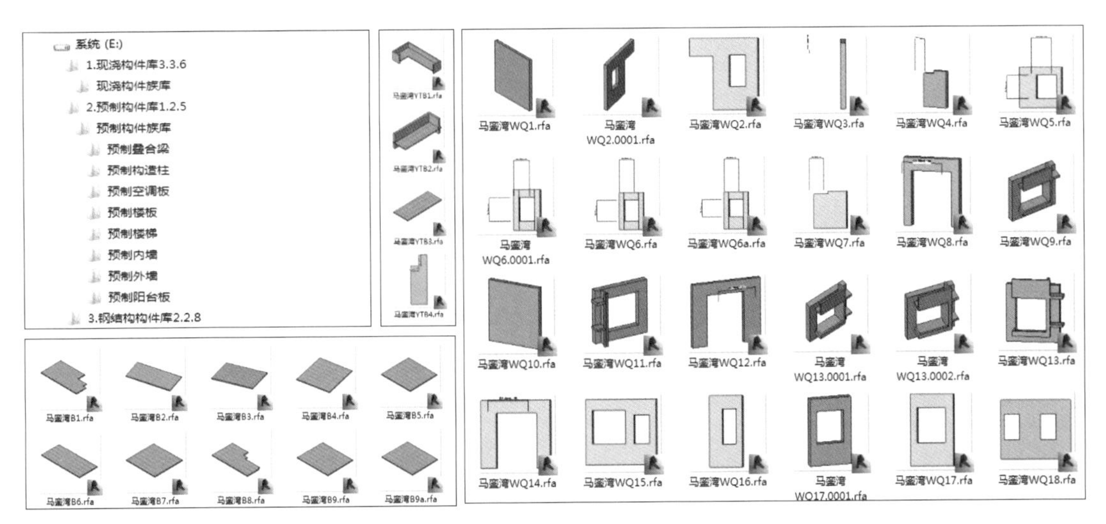

图26　装配式构件族库

<预制外墙明细表>

A	B	C	D	E
族	构件名称	体积	合计	预算（元）
马銮湾WQ1	预制外墙	2.03	1	1116.50
马銮湾WQ1（	预制外墙	1.83	1	1005.27
马銮湾WQ2	预制外墙	1.08	2	1184.70
马銮湾WQ3	预制外墙	1.77	2	1951.95
马銮湾WQ4	预制外墙	2.00	2	2203.82
马銮湾WQ5	预制外墙	2.25	2	2479.40
马銮湾WQ6	预制外墙	1.17	2	1289.20
马銮湾WQ7	预制外墙	2.77	2	3041.65
马銮湾WQ8	预制外墙	1.06	2	1162.70
马銮湾WQ9	预制外墙	2.39	2	2628.83
马銮湾WQ10	预制外墙	1.99	2	2193.12
马銮湾WQ11	预制外墙	1.99	2	2186.39
马銮湾WQ12	预制外墙	1.07	2	1174.80
马銮湾WQ13	预制外墙	2.44	2	2678.72
马銮湾WQ14	预制外墙	0.95	1	523.60
马銮湾WQ15	预制外墙	1.25	2	1370.60
马銮湾WQ16	预制外墙	0.64	2	708.40
马銮湾WQ17	预制外墙	0.74	1	405.35
马銮湾WQ18	预制外墙	1.66	1	910.25
总计: 33			33	30215.25

<预制阳台明细表>

A	B	C	D	E
族	构件名称	体积	合计	预算（元）
马銮湾YTB1	预制阳台	2.18	2	2401.39
马銮湾YTB2	预制阳台	0.78	2	856.27
马銮湾YTB3	预制阳台	0.27	2	300.19
马銮湾YTB4	预制阳台	0.18	1	98.62
总计: 7			7	3656.47

<预制梁明细表>

A	B	C	D	E
族	构件名称	体积	合计	预算（元）
马銮湾DKL1	预制梁	0.15	2	159.72
马銮湾DKL2	预制梁	0.15	2	168.96
马銮湾DKL3	预制梁	0.21	1	114.40
马銮湾DKL4	预制梁	0.26	2	285.12
马銮湾DKL5	预制梁	0.33	1	182.49
马銮湾DKL6	预制梁	0.76	1	419.43
总计: 9			9	1330.12

<预制板明细表>

A	B	C	D	E
族	构件名称	体积	合计	预算（元）
马銮湾B1	预制板	0.87	2	954.09
马銮湾B2	预制板	0.87	2	951.54
马銮湾B3	预制板	0.48	2	530.27
马銮湾B4	预制板	0.49	2	541.15
马銮湾B5	预制板	0.55	2	609.52
马銮湾B6	预制板	0.55	2	600.94
马銮湾B7	预制板	0.51	2	560.62
马銮湾B8	预制板	0.44	2	480.53
马銮湾B9	预制板	0.55	2	608.06
马銮湾B9a	预制板	0.55	2	610.25
马銮湾B10	预制板	0.48	1	263.54
马銮湾B10a	预制板	0.68	1	374.09
马銮湾B11	预制板	0.49	1	270.27
马銮湾B11a	预制板	0.49	1	271.30
马銮湾B12	预制板	0.28	1	152.17
总计: 25			25	7778.34

图27　装配式构件明细表

在构件信息方面，相较于装配式建筑，BIM装配式的建设构成逻辑更吻合BIM建设周期的信息化、数据化思路，华艺设计在进行了多年的资源整合后，可将设计信息、加工信息、生产信息等都集成在构件当中，将本项目预制构件信息数据化，建立装配式构件全生命周期的信息体系，有效提升了工程建设效率。

围绕华艺设计的装配式构件体系及构件信息体系，可结合成本合约进行工程量计量统计，并且嵌入构件阶段信息，使项目在各个阶段的工程量信息清晰透明，使得工程量概算工作前置，可更好地对项目投资成本进行有效把控，提升工程建设的管理水平。

信息管理平台的搭建标志着项目管理进入信息化管理时代，将BIM的项目信息整合至综合管理平台，使得设计、施工、成本等环节都基于真实BIM模型中的数据而展开，本项目将装配式构件进行了管理平台的录入，对项目的设计、施工提供良好的信息支撑，更进一步将建设周期的建筑资源

图28　华艺自主研发中的基于BIM的EPC、PC全阶段管理平台

图29　基于MR技术的多方云端会议协同

图30　基于MR技术的装配式剪力墙装配模拟

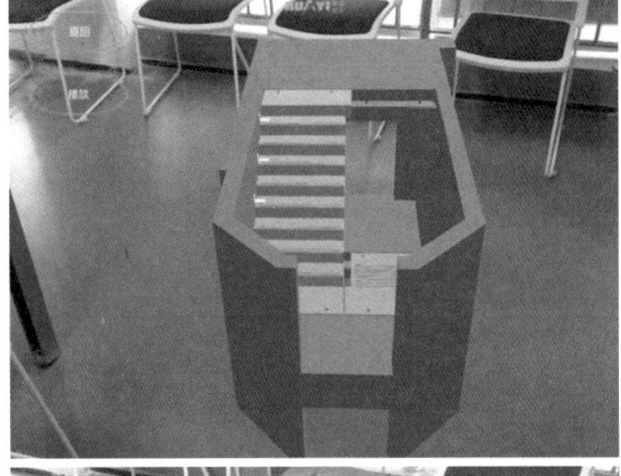

图31　基于MR技术的装配式楼梯装配模拟

进行整合，将项目的各参与方集成到统一的维度空间，更进一步加强项目管理的便利性，将项目设计、施工阶段的成果和文件进行统筹，实现线性与几何信息的集成，做到项目的全过程管理及信息的传递。

本项目在后期进行了基于本项目的AR研发应用，MR技术是虚拟现实技术的进一步发展，该技术通过在现实场景呈现虚拟场景信息，在现实世界、虚拟世界和用户之间搭起一个交互反馈的信息回路，以增强用户体验的真实感。通过进行技术转换，将项目和显示场景相结合，达到更好的仿真体验，对项目的技术把控做到更优。

运用MR技术，对于施工中重点、难点的施工工艺进行把控和展示，华艺自主研发的基于BIM的MR（混合现实）技术，可在任何时间、任何地点调出重要节点的四维模型进行动态装配演示，通过MR技术，可进一步指导装配式建筑的生产安装，优化施工安装过程，减少安装错误，并对现场的安全生产起到指导意义。

构件生产

构件深化设计完成后，在构件厂进行数控模板设计。预制构件在厂家进行预拼装实验。在确认拼装程序无误后，运送至施工现场制作装配式施工样板区，为项目作施工样板引路示范，保证安装质量。

图32 综合生产流水线

图33 预拼装实验

施工安装

装配式剪力墙体系的施工难点在于预制装配式剪力墙的节点安装。设计阶段BIM信息的高效延续是指导施工安装的重要保障。灌浆作业采用压浆法从下口灌注，当浆料从上口流出后及时封堵。

项目特点

1. 预制率高，预制构件类型多，设计、施工难度大。
2. 华南地区采用装配整体式剪力墙结构体系最高的建筑之一（高度：91.7m）。
3. 建筑采用Art Deco风格，线脚较多，通过合理的结构布置，方案完成度较高。
4. 提出适用于南方地区的无外保温层外墙防水节点做法：结构自防水+构造防水+材料防水相结合，解决了多雨台风天气下外墙雨水渗漏问题。

该项目结构布置及拆分方案已获得福建省专家认可，已通过厦门市工业化建筑（装配式建筑）设计阶段认定。本项目结构体系采用装配整体式剪力墙，是目前福建省住宅商品房中预制率最高的建筑，也是华南地区装配整体式剪力墙结构中高度最高的建筑之一。该项目包含所有国家标准图集上预制构件类别，同时创新提出了适用于南方地区的无保温外墙板做法。建筑外观打破传统工业化住宅立面的呆板形象，在保证标准化生产的前提下探索自由立面的多种可能性，达到了技术与艺术的高度融合，在工业化住宅通往高预制率、高品质的道路上树立了一座标杆。

图34　现场节点安装检测

图35　铝模样板及支撑体系展示区

图36　楼层观摩分区图

图37　项目北立面

图38　项目南立面

项目小档案

项　目　名　称：厦门　龙湖马銮湾项目
项　目　地　点：厦门市海沧区
设　计　单　位：香港华艺设计顾问（深圳）有限公司
设　计　内　容：建筑设计、装配式专项设计
设　计　团　队
设计总负责人：郭文波
设计核心团队：
建　筑　专　业：钱宏周　夏熙　刘宏科　汤衡　陈晖　张胜涛
结　构　专　业：胡涛　周晓光　李佳睿
机　电　专　业：文雪新　王腾
BIM　专　业：颜里　闵凯　杨晓烨　肖瀚
华艺厦门分公司团队：王玮　叶联合　苏海明　姜祥元　李贞航
整　　　　理：聂倩雯　刘宏科

姜延达

日本株式会社 RIA（立亚设计）总公司中国事业开发部主任，中国区总部副总经理。2007年毕业于名古屋工业大学社会开发工学科（本科），2009年毕业于同一所大学社会工学专攻（硕士）。2009 年进入株式会社 RIA 至今。

完成项目：日本相模大野大型铁路商业综合体设施建筑设计、日本武藏小杉商业综合体设施建筑设计、日本浜松町商业综合体设施建筑设计。2011年开始参与中国青岛市李沧区板桥新城城市规划、中国青岛市市民公共服务中心建筑设计、中国西安昆明池地区规划设计、中国住宅产业化常州新城公馆百年住宅项目设计（百年住宅认定）、中国海南省博鳌抗癌城规划设计、中国住宅产业化大连亿达百年住宅项目设计、北京首开寸草亚运村养老项目设计（中国建筑学会奖，WA中国建筑奖）、北京首开寸草恩济花园养老项目设计、北京太和广源医养结合养老项目设计等建筑作品。

设计理念

为建筑的使用者提供更加充满“活力与朝气”的生活空间。

“坚持，持续，连续”。

无论空间还是时间，无论单体建筑还是城市开发，无论衍生出再多的需求与变数，人的生活都需要“连续的空间”以及“持续的发展”，这需要一份“坚持不懈”。用长远的眼光看待“人与建筑与城市”的关系，为建筑的使用者提供更加充满“活力与朝气”的生活空间，同样需要一份“努力与坚持”。

访谈现场

访谈

Q 请你简单谈一下教育背景及工作经历。

A 我从沈阳的东北育才外国语高中毕业后，17岁来到日本，进入名古屋工业大学的建筑学科学习建筑，经历了本科四年、硕士两年的学习，毕业后进入现就职的设计事务所，日文名叫株式会社RIA（株式会社アール·アイ·エー），中文叫立亚设计。

Q 装配式以前叫工业化，也叫产业化，名词叫法很多，这两年定义为装配式。你对装配式建筑的定义是怎么理解的？

A 作为一个在日本工作的设计师，国内装配式的定义对我来说，是日本现有的普遍做法。因为日本在30几年前就开始用装配式的工法来建造房子。

这种工法主要分为两大体系：S体系和I体系。S体系是主体，建筑的结构体系和部分外表面装饰体系可以用这种装配式工法来进行安装建造。在日本并非所有的RC（混凝土）建筑全是由PCa（Precast Concrete）拼装而成。是否采用PCa工法其实是由一种经济策略来衡量的标准。第一种，当地块非常狭小，无法在现场附近做临时PC工厂的情况下，会采用现浇或者从其他地点运输PC梁柱来进行拼装；如果现场面积足够大，会在现场周边做一个临时的PC场来进行制作；当这两种都不满足又不能在经济利益上达到平衡的时候，会采用现浇。就我本人负责过的项目来说，真正进行主体装配式工法的项目占不到三成。

I体系是内装体系，我个人认为内装装配式一定会成为未来的主流。因为这种工法具有环保、施工安全便捷、节省人工等诸多的优点。日本的少子高龄化全世界闻名，现场的诸多匠人到退休的年龄后，熟练工的数量逐步减少。在这种情况下，日本被倒逼得只能使“干式施工法”。与国内目前的施工方式相比，现在日本的新建住宅内装施工几乎都可以称得上“装配式的干式工法施工”。

Q　日本很强调工匠精神，中国现在也讲工匠精神。你觉得日本的工业化道路和工匠精神对中国有什么启示？

A　我觉得所谓的日本工匠精神不止是在建筑施工现场体现出来的，而是对每一个产品、部品都贯彻了工匠精神。比如说一扇门，本身就不是好产品的情况下，即使现场的工人再有工匠精神，也无法达到理想的品质。整个建设业的产业链从最开始设计，到生产、运送、施工，到最后的维护，都充满了一种工匠精神。当然，整个产业需要统合化，我们国内现在有些各自为战的现象，导致很多产品的精度不高。如果在每个环节上出一个问题，这些问题再叠加起来，都会导致现场的进度缓慢、品质降低等结果。我国未来整合产业链，优化产业生态环境的工作还需要做好长时间。日本用了30年，我相信我们会快一些，大概十几年吧。

Q　请简单介绍一下你经历过的装配式设计，包括施工一些典型的案例。

A　先介绍一下在日本的住宅项目业绩。我一共负责过三个大型集合住宅的设计工作，深度分别从“基本构想”到“实施设计”，都是商住的综合体项目。第一个在东京附近的相模大野车站，是轨道交通综合体项目。住宅在发售当天全部售罄，这在日本也是很少见，可见品质之高。这个项目的建筑主体现浇，不是PC的梁柱吊装。第二个项目在东京的武藏小杉，那里是最新的高端住宅区。因为地块周边情况较为复杂，所以这项目的两个塔楼主题也完全用现浇完成。第三个项目在东京的浜松町，是写字楼和住宅的综合体。邻近铁路，又在城市的正中心，对施工操作面积、环境保护和防止噪音的要求都很高，所以选择了用框架结构的PC梁柱来装配它的结构主体。这跟国内的剪力墙结构PC的施工方式有很大差别，无论是从结构体系的拆分、生产和未来改造上，都远远要比中国这种剪力墙结构要更加实用。这三个住宅项目都是开发商产品系列中最高级的等级，完全是精装修交付。内装的施工全部是干法施工的装配式装修，所有

日本相模大野大型铁路商业综合体

内装全部采用整体卫浴、架空地板、干式工法贴壁纸。这种施工体系已经是日本的一个普遍内装施工体系，在日本不会因为这些内容进行过多讨论。

Q　根据介绍，可以认为日本已经完全形成了一种标准化的技术体系？

A　对，因为日本虽然是一个经济大国，但面积比我国东三省还小，人口有1亿多，而且很多山脉，可供大规模建设的城市区域很少。在这种情况下，它的主要城市区域的人口分布与我国目前的情况也比较相似。在人口密集的地方，必然会存在高度集约的建筑以及建设体系。日本的老龄化，致使现场的技术工人数量，特别是瓦工骤然从十几万一直减到几万人。在这种情况下，现场根本没有办法实施抹灰等对个人技术要求比较严苛的工作。所以现在日本工地上普遍采用干式工法，与我国的先进行砂浆、腻子、大白这些基本基层、然后贴壁纸不同。日本新建现场，都是轻钢龙骨中填充隔音棉，后在双层石膏板上贴壁纸的做法。因为不用等大白腻子砂浆风干这个过程，耗时远比我国少好多。还有在工期紧的情况下，大白不干就硬贴壁纸，最后会出现一些反潮、鼓包的问题，品质无法得到保证。所以日本的这种工法，对整个工程施工的安排、整个工地的时间进度的管控，比我国现在传统工序要更加可控，品质更高。

Q 作为一个建筑师，你的装配式设计的理念是什么？

A 作为设计师，在设计住宅时，我们应该变得更加谦虚一些，不要过于强调个性。比如我，今年才36岁，从业经验才仅仅10年。如果由我来设计一款浴室时，即使在视觉感官上会有一些亮点，但是在人体工学的合理性上，不可能比日本这些经历了四五十年打磨的整体浴室更加优秀。我自己做过一些小卫生间和浴室的设计，多少都会有一些小缺陷，比如厕纸盒稍微低了一点，比如说扶手稍微向前了一点，握起来不舒服。我推荐大家可以经常来日本，去 LIXIL、TOTO、PANASONIC等的展厅和实验室去参观一下。他们把空间分割成厘米单位的网格，通过数十年的试验，得出人体工学上合理的尺寸，再应用到他们的整体卫浴、卫生间等的设计中。这种通过常年积累与实践打造的产品，在合理性上一定优于个人一己之力的设计。而在住宅设计上，“使用的合理性”一定要优先于“个性的强调”，这也是我本人在做集合住宅设计理念上的一点体会。在强调批量生产、装配的集合住宅设计上，设计师应该更加尊重厂家的“积累”。不在一个项目上纠结产品的研发，而是长期地配合厂商进行产品的设计，在理念上寻找与产品优点的契合点。在众多的既有产品中，选取最优和最能体现住宅附加价值的组合，为客户（包含开发商和终端用户）创造最优选择。 这是在做集合住宅时，对客户、对产品，也是对自己作品的负责的做法。

Q 你觉得中国走装配式道路，日本有哪些成功的经验可以学习？

A 我学生时期，在建筑史课上学到过，在日本高度经济发展的时期，开始投入使用的プレハブ住宅，类似我们目前的装配式拼装的概念。个人认为当年他们做出来的产品，还不如中国现阶段的装配式产品。我经历过很长一段穷学生时期，住过类似的旧房子，居住体验并不是特别好。但日本能发展到现在，是因为对每一款产品，都进行多年近似于变态式的研究。我国的厂家非常适合去日本取经，因为中国人和日本人同属东方人体型。日本研究出的人体工学结果、原理，做细微的调整后，就可以应用在我们自己的整体卫浴或者是整体厨房上。比如说日本人习惯泡澡，中国很多人只用淋浴，我们就可以把浴缸换成淋浴；我们中国人煎炒烹炸多一些，需要更强力的油烟机和炉灶，我们只需在日系产品合理的尺寸上，更加深化我们的功能模块。这样在未来的十年，中国厂商会做出更适合国情、更优质的产品。我更加希望未来我们的建材、部品也可以销往日本以及其他海外国家。

Q 中国走工业化的这条道路，哪些地方可以避免少走弯路，有什么好的建议？

A 我个人负责过中国和日本装配式建筑项目的设计，对双方都有一些了解。首先，我们的大陆文化跟日本的岛国文化有些不同，所以在商业规则上不尽相同，我们应该更加规范我们的商业行为规则。让真正在做产品研究的企业可以存活，逐渐规范知识产权体系，保护民族产业。其次，我们的房产企业需要积累，并打造自己的技术体系。我服务过日本的三井和野村不动产，他们的技术集成让人惊讶。作为专业院校毕业并且从业数年的设计师，拿到他们的技术集成资料之后，同样可以从里面学到很多东西。但当我负责国内的项目时，几乎每一个项目都是从零开始，甚至还在讨论厨房的洗手盆和炉灶的关系，这是一种时间与资源的浪费。第三，人员的不稳定性也会导致技术无法积累，同一个项目可能数次换负责人，推翻之前的设计、采购体系重新来过的情况屡见不鲜。一个技术人员在一家公司从业十年以上的情况却凤毛麟角。还有在施工管理方面，日本的施工管理绝对是世界领先水平，现场进程有条不紊，不会有过大的工期推迟，对时间、建材、人员、安全管理都非常彻底，我觉得我国的施工企业非常适合跟日本学习。最后，我们的设计人员应该更加深入地理解部品与建材，设计师如果只面对AutoCAD去绘图，不考虑实际便利性、安装的可操作性，把问题移交给现场，这种心态下也谈不上匠人精神。

Q 请谈谈对日本大学教育体系的体会。

A 中日的建筑学科教育有一定区别。中国建筑教育中会把专业细分，例如暖通、结构、建筑等，入学后直接进入不同学科。日本建筑学科入学后，不急于分专业，所有学生课程相同，大三下学期开始分研究室，进一步选择自己的专攻。分为结构、计画、设计、设备、材料等专攻。这样的优点是，前三年接受统一体系的教育，开始工作后，因为了解结构、设备、材料的基础知识，建筑、结构、水、电、暖各专业间的对接不会有太大的障碍，彼此减少责任推卸的可能性，也同样减少了沟通成本。我在负责中国业务这六七年时有一种体会：设计院内部的沟通也存在一道无形的墙，并非为了把作品完成，而推诿责任的情况屡见不鲜。"这跟我没有关系，是建筑这么定的"，"这跟我没关系，结构这么说的"，这样的责任推诿和彼此不理解会增大实施时的风险，同时也会降低工作的效率。

Q 中日两国设计公司你接触比较多，有什么感想?

A 中日的设计团队分类也有所不同。这些主要取决于两国的工作方式和设计师的工作流程。日本事务所的最终报审叫"确认申请"，这项工作几乎所有的一级建筑师事务所都可以做，但中国对设计单位有各种资质的要求，就促使一些大型设计院的产生，缺点是一些优秀设计师无法全力发挥自己的才华。日本的设计事务所，的确有一种固执的"匠人精神"，每一次的会议纪要、每页图纸都尽量做详尽。作为个人经历，当我进入相模大野项目团队的时候，还是一个应届毕业生。一开始就做实施设计，完全不知道之前的内容。团队的前辈把公司服务器的权限打开，我便可以阅读之前从规划开始的所有会议纪要。规划道路问题、报审问题、业主要求、面积计算形式、容积率消化方法、与轨道交通的衔接问题，一系列的过往内容，全部都在我阅读了一个月之后，了然于胸。从那以后我对项目了解非常深入，绘图时也可以有的放矢，没有任何疑虑，大大加快了工作的效率。另外，日本设计公司的人员流动不大，作为正社员，公司也会不遗余力地培养。培训体系还有些"师父带徒弟"的感觉，我最近一任师父是现在的上司，中国事业开发部的部长。从他身上学到了很多东西，哪怕一根线如何画，他都会非常细心地教。中国的设计院的培训体系与日本这种"以公司为家"的思路不太相同，更多的类似工厂流水线工人的培训方式。这样会导致本来很有才能的设计师，进入公司后反而随波逐流。

Q　中国的PC厂跟日本的PC厂有什么差别？

A　关于PC，其实我的话语权不是很大，因为我本身不是做结构出身的。但中日的PC工厂的确看了很多，给我的感觉是精细化生产，以及在整个产业链上的协同工作上我国还是稍有欠缺。我所看到的某些PC厂，生产工艺流程比较混乱、繁杂，精度、品质的可信赖程度还不如现浇。如果他们能够忠实地引进日本的生产技术，并且潜心研发，精细化管理，进步会更大一些。

日本影响施工现场进度最大的因素是吊装，吊装的速度直接影响下一步进程。日本现场吊装的时间管理做得非常缜密，效率极高。还有安全方面，我国的一些吊装，莫说吊装梁柱这种大的构件，就连脚手架吊装工作的安全系数都不高。日本的吊装会再三确认，安全第一，出事故的机率非常小。我国这方面在认知和思维上还稍有落后，“无所谓”的思维在日本的现场是半点也不被允许的。

Q　对于中国的装配建筑未来的前景，你有什么预判展望？

A　我对主体装配式的施工方式持保留意见。因为中国这十年建设了非常多的现浇建筑，技术已经得到了打磨。我带日本技术人员看现场时，他对现浇的品质评价还不错。当然，在必要的时候还会需要采用主体装配式的施工方法。对于“装配式内装”，我觉得一定是一个趋势，我在中国负责过的现场里，最年轻的瓦工也45岁了，再过十年，这批技术人员应该会退隐，现在的年轻人又不愿意从事身体负担比较大的职业。人员减少会导致成本增高，现场有可能就没法承受过多的湿式工法施工。现在经济发展快，人们对时间成本要求变高，买房后需要尽快入住。湿式工法，施工精度没法保证，不环保，速度也有待提高。质量好、又环保、又能快速入住，这是装配式内装的最重要的核心优势。无论B2B还是B2C，都是一个道理。

Q　关于国内现在比较提倡的四大系统，一个结构体系、一个机电体系、一个内装体系，还有一个就是幕墙体系，在日本讲不讲这四大体系？

A　关于集合住宅的设计与施工，日本的分类比较笼统，只是分成S和I。幕墙以及机电等内容，只要能保证衔接上不出问题，如何分类倒是没有什么原则上的区别。日语本身并没有“装配式”这个词，只是叫“干式工法”。SI体系中的S（skeleton）和I（infill），其实已经比较清晰的在设计与施工方面进行了责任分类。再细化分类的话，可能会更接近学术讨论的内容了，就实操层面的意义不大。

全部干式工法安装的整体厨房现场
a 轻钢龙骨　b 确立插座、开关位置　c 炉灶、水池入场　d 装配完成

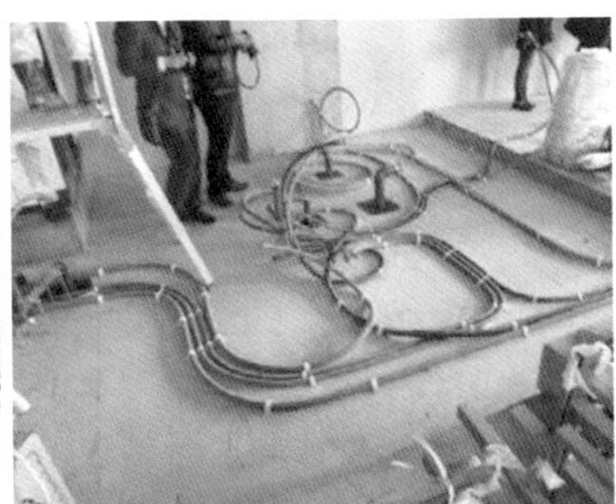

管线

Q　装配式设计跟传统设计最大的不同点，建筑师是把所有的设计工作前置过来，日本前置工作是怎么做的？

A　我自己本身经历的是日本教育与工作体系，而且只在一家设计公司工作过，可能我的经验可以代表一部分现状。我进入公司的第一个工作，就是从前辈手里接过一张大列表，密密麻麻地写满了建材厂商以及他们的联系方式。前辈让我逐个的打电话沟通，每种建材、部品分别联系四到五个厂家，再把初期的图纸用PDF形式发出，让厂家针对我们的设计提供厂家图及概算报价。从这个节点开始，我们的工作分成了两条线，一条是建造概算的制定，另一条是精细化设计。融合了厂家图的实施设计图纸，极大程度上防止了二次设计。即使现场遇到问题，依旧有迹可循，加强了现场的可控性。

Q　建筑作为一个系统工程或产业链，你在这方面有何体会？

A　关于整个产业链，我涉及的主要在设计方面。不过日本就像一个宝库，有太多值得我们学习的东西。每年我们都会去参观部品厂家的工厂，整体卫浴、厨房的工厂。我们并非在研究整体卫浴的生产流程，而是把这些知识灌输到年轻设计师头脑中。作为一个设计师，可以在了解部品中得到设计的“灵感”；同时，厂家也在与设计师的沟通中得到“反馈”，这样才能在长期的配合中使整个产业链更加顺畅。日本的整个产业链中，品质、口碑、安装方式和后期维护，都经过常年的磨练而成。日本市场本身有限，犯错和取巧都会让厂家丧失整个日本市场，所以厂家都努力把产品做得更精良。这些精良的产品反应到设计作品中后，客户会更满意我们的设计，所以设计与部品生产是一个长期相互作用的产业闭环。

Q　你有哪些成功的体会或经验可以和大家分享？

A　成功还真不敢讲，很难说我自己是一个成功的设计师。但来日本十八年，我还能依旧坚持在设计的岗位上，没有转行去做贸易，没有跳槽去做管理。我还是为我这份坚持感到骄傲的。每个项目建成后，一定众说纷纭，但无论怎样，对于我来说它是我职业生涯轨迹上的一个重要的节点。就好像我们今天在这里聊天的这家店，是我免费帮朋友进行的设计指导，这样的作品建成之后让大家比较满意，我就会有一种满足感。这种感觉日语叫“达成感”，中文叫“成就感”，这种感觉是其他职业和工种无法体会的。我无法给我的前辈设计师们建议，对于刚入行的设计师，我建议能多体会几次这种满足感，矢志不移地坚持自己的职业理想，否则工作五年左右就会陷入迷茫。我目前还在做设计的原因，是因为还在享受这种成就感和喜悦。

Q　你作为一个建筑师有什么职业规划？

A　近两三年我做的一些养老院，在业界的评价还不错，还得到了建筑学会奖和中国建筑奖（WAACA）的奖项，我觉得养老产业很值得关注。但养老并不是一个暴利产业，它需要一种情怀，我本身也是抱着这种情怀在做设计。同时，我在日本有一些商住综合体、轨道交通综合体的经验，这种建筑形式涵盖商业、住宅，甚至一些医疗和养老机构，比较有挑战性。在积累了十年的中日两方的设计经验之后，我希望可以利用这些经验，在自己祖国的土地上设计出更多的落地项目。

图1 相模大野项目全貌

日本 相模大野BONO轨道交通综合体项目

规划设计	2003年～2010年
竣工时间	2013年
建筑面积	约14万m^2
地　　点	日本神奈川县相模市

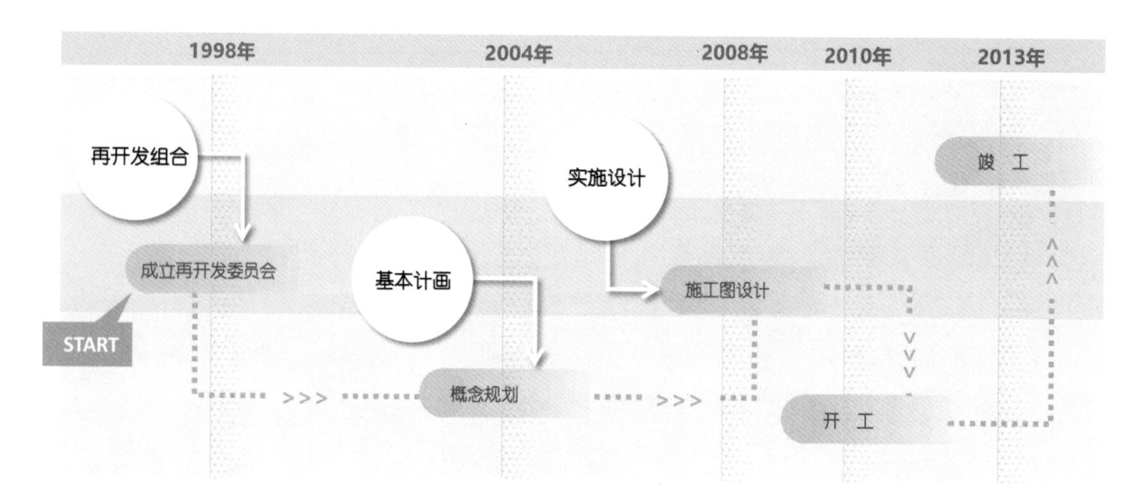

图2 项目整体时间表

1. 项目简介

相模大野BONO项目是以再开发模式推进的“轨道交通综合体”项目，其用途为住宅（家族型商品房与小户型租赁住宅）、大型商业设施、公益设施、小型临街店铺综合体。由于日本土地私有，所以整合土地与协调规划需要很久的时间，开发周期较长，其重要节点为1998年左右成立再开发委员会、（再开发组合）2004年概念规划（日：基本计画）2008年施工图设计（日：实施设计）2010年开工，2013年竣工开业（如图所示）。也就是说，日本整合土地、设计规划需要花费10年的时间，但如此复杂的整体施工只需要仅仅不到三年的时间。

住宅为日本大型房产开发商N社的最高端产品系列——PROUD系列。商业为全店同时开业，住宅为精装修交付，且完全没有拖延交房日期，可见日本建筑企业对工程的时间管理的精细程度。其中“SI工法”也就是国内称之为“装配式施工”的工法起到了决定性的作用。

项目背景

项目所在地的原有街区包含多栋小型建筑，其功能分别为：写字楼、独栋店铺、住宅、小公寓楼、闲置业务楼等总共约100栋建筑以及停车场等。由于日本的再开发制度中，需要力求原有街区的功能，并且继承原有建筑的部分产权，所以在此次的设计中，整合街区功能与梳理建筑内部脉络管线也成为了设计的难点之一。距离轨道交通步行一分钟的位置，让此地的土地价值变得寸土寸金，所以即使一平米也不得浪费，这也依靠日本高度的中间免震技术和管线分离技术，让住宅与商业部分更加有机且不浪费面积地结合在一起。

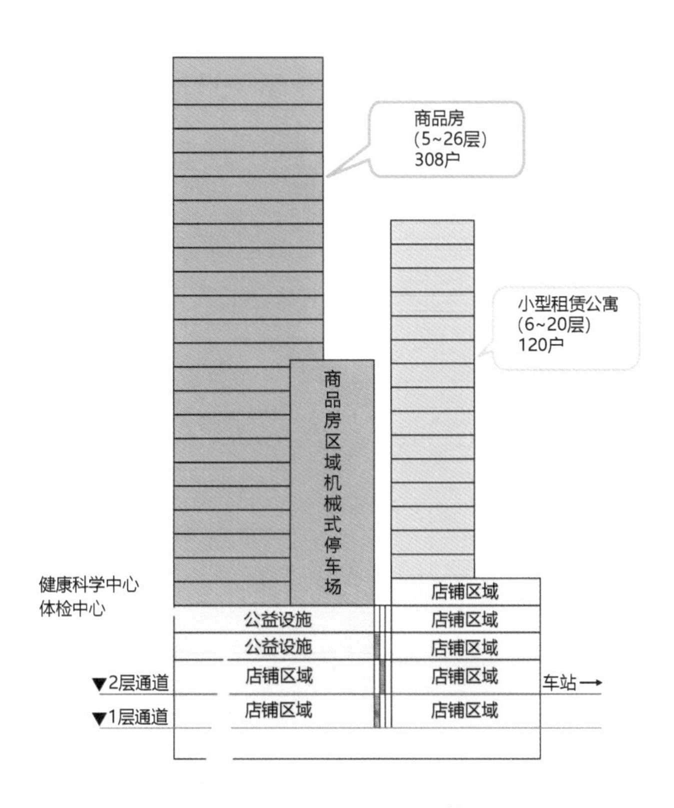

图3 南楼剖面图

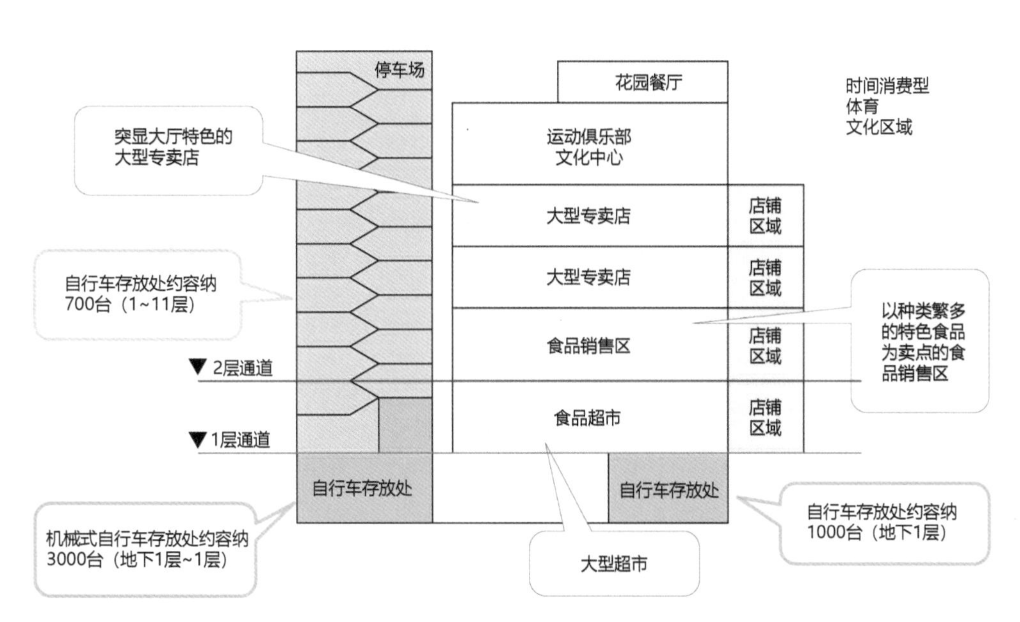

图4 北楼剖面图

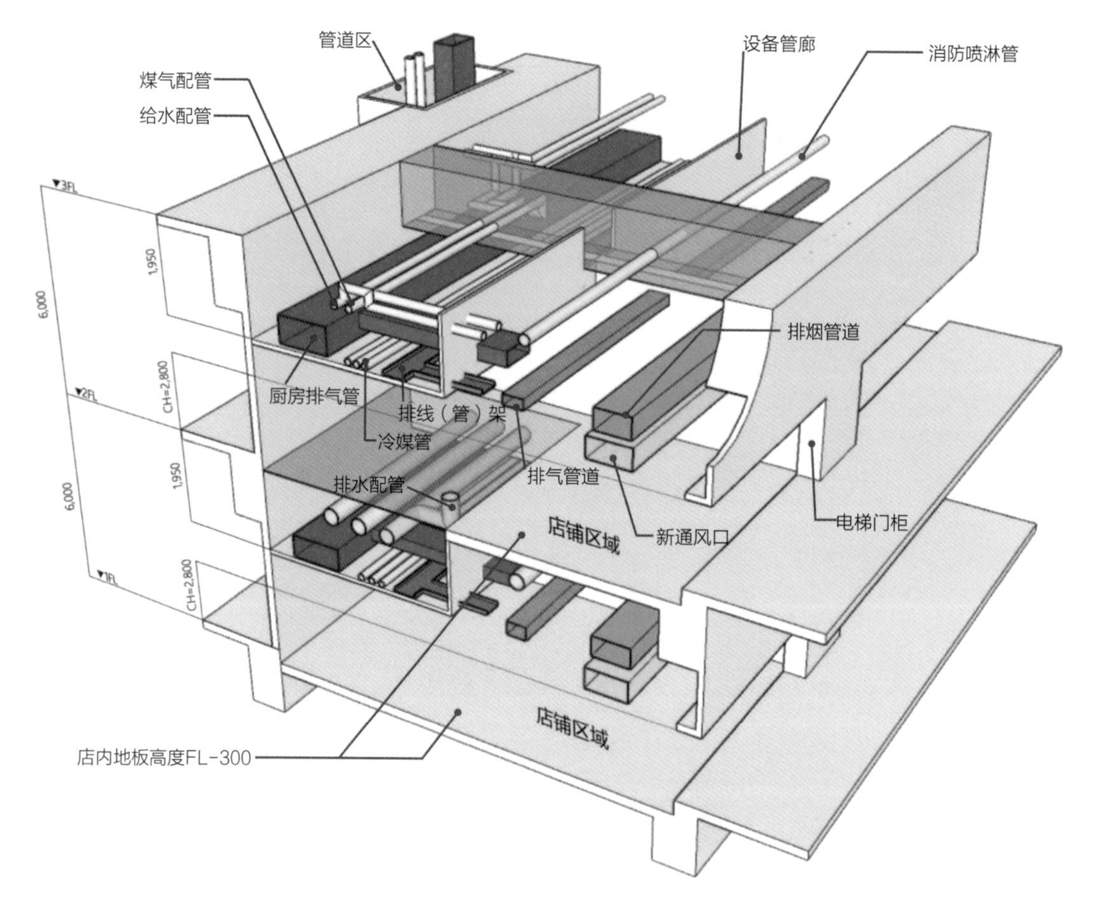

图5 公共区域管线规划

城市改造前后对比

BONO相模大野作为大型综合体建筑由南栋和北栋构成，北栋为店铺区域、大型购物中心、机动车和自行车停车场，南栋为业主店铺区域、公共公益设施、商品房住宅、租赁式公寓，建筑面积约为14万m^2。而在2栋之间设计了2层长约160m的带屋顶行人专用的自由通路与车站直接相连。

在这个车站附近，原有约600m的商店街，曾经辉煌一时。但随着人口减少、大型商业的增加、老龄化日趋严重，商店街逐渐衰败。相模大野bono在规划、设计时，保留原商店街中的各种要素，还将其与新建的大型购物中心融合为一体，营造出了繁华、回游性高的商业环境。

回迁业主店铺与大型购物中心都主要分布在低楼层，并设计在自由通路、连廊、广场周边，其用意在将街道纳入建筑。在南栋设有贯穿建筑的小巷式店铺（bono横丁），北栋设有围绕屋顶庭院的餐厅等，以打造特色空间。

图6　改造前的街区

图7　改造后的街区

图8　新建筑中再现了原有的商店街风景

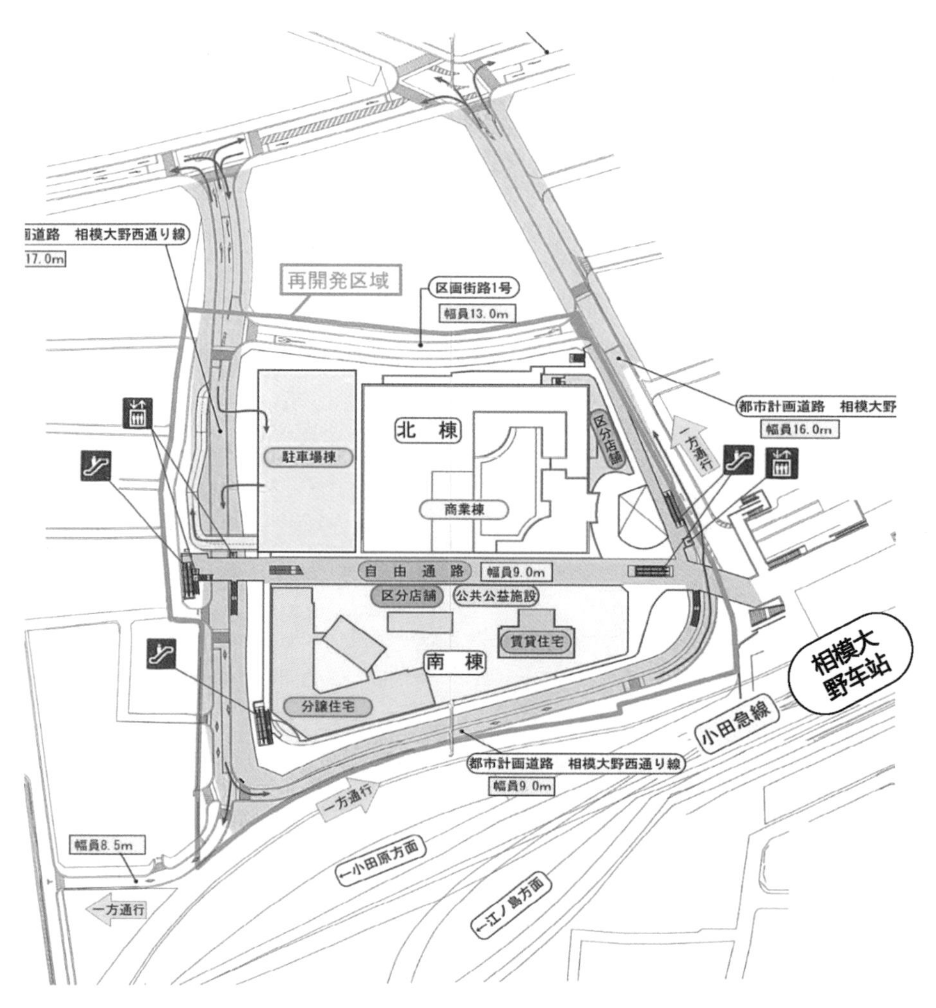

图9　总平面图

图10　新建筑中的新型商业设施

规划理念

在规划中，本项目采用了双首层的设计理念，用一条长160m的“自由通路”将建筑分为南北两栋，南座中为小型店铺、公益设施和住宅，北座为大型店铺和停车楼。这样的手法，能够使整栋建筑的临街店铺数量远多于单纯的商业综合体。尤其是各条小通道的动线经过了多次调整，最终达到互不影响且能相互引流的形态。

图11　商业的公共区域

图12　再现老商业街活力

住宅部分介绍

住宅方面，因为是再开发项目，且是轨道交通综合体，与车站直接靠二层平台相连，所以未来住宅的保值性非常值得期待。（事实上，2013年竣工以后，至2019年住宅升值30%以上）。因此A楼（商品房住宅）的住宅数量从最初的160户调整至最终的308户，大大增加了整个项目开发的附加价值。同时设计了一栋小户型出租用公寓楼（120户），使整个综合体项目在规划初期就备受周边居民的瞩目。

项目住宅开盘当天全部售罄，这在整个日本房地产业界是极为罕见的案例，从这点也可以看出N社的高端系列PROUD住宅在市场上是具有足够竞争力和信誉度的。

图13　住宅部分

图14　住宅内部公共区域

2. 日本住宅的装配式施工介绍

下文着重介绍日本的“装配式施工”。其实无论是设计还是部品，都是为了最终实现完美的施工而做的准备。日本大型集合住宅的施工通常采用TACT施工方式进行施工推进与管理。TACT的本意为“乐队的指挥棒”，寓意为工地会像乐队一样井然有序且有节奏的推进。

高层建筑工程中，通过模数化设计和部品配套，某一层（或一个区域内）的作业模式基本相同，各工种（主体工程、装修工程、设备工程）所需天数也基本一定，连续且重复的施工作业在人员与时间安排上如果得当，从工厂生产到施工现场，从材料搬运、起重，到检查、管理的施工进程都可以更加井然有序。

本项目建筑主体施工为6天一循环，材料搬运、起重规划要配合6天建一层的进程，其他工序（内装、设备工程）也要同样以6天为一循环（一层）进行作业，检查也要严格依照6天一层的进度推进。

日本施工管理的体制与优点

我国的施工人员不稳定，会造成技术储备不完善，现场施工方式各异的情况。日本的装配式施工会让工地的工程管理、品质管理、裁量搬运、起重调整变得更加有章可循。同样，模数化的设计和同工种固定的施工人员，各专项的产业工人，也会让现场的管理成本大大降低。

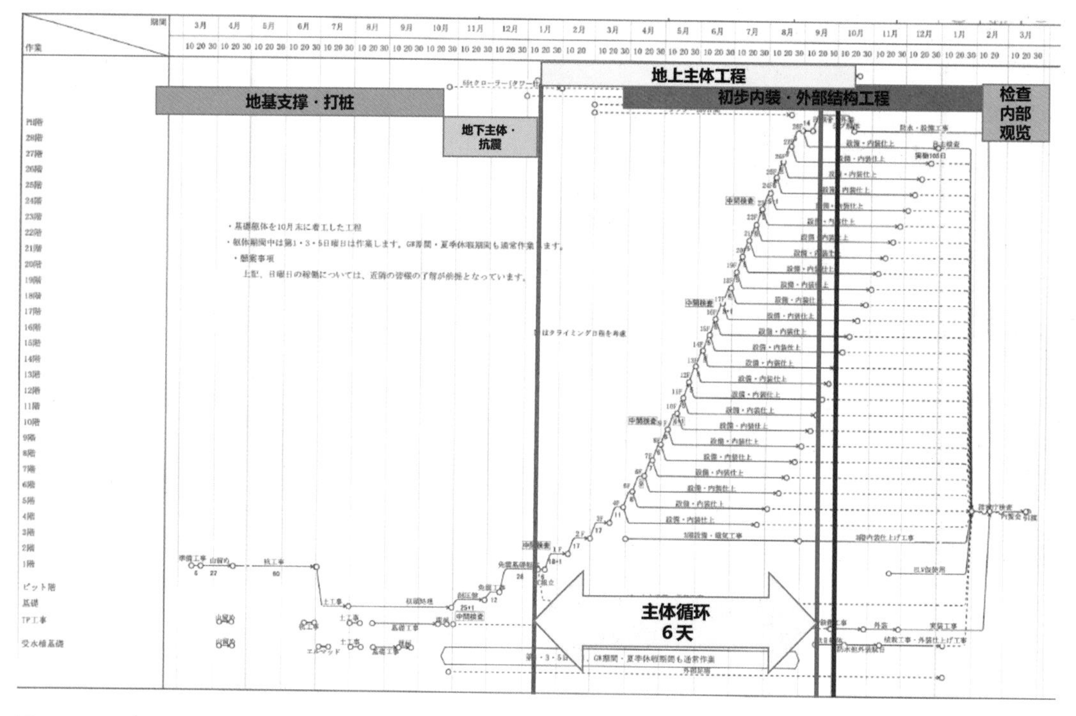

图15　项目中TACT工程表

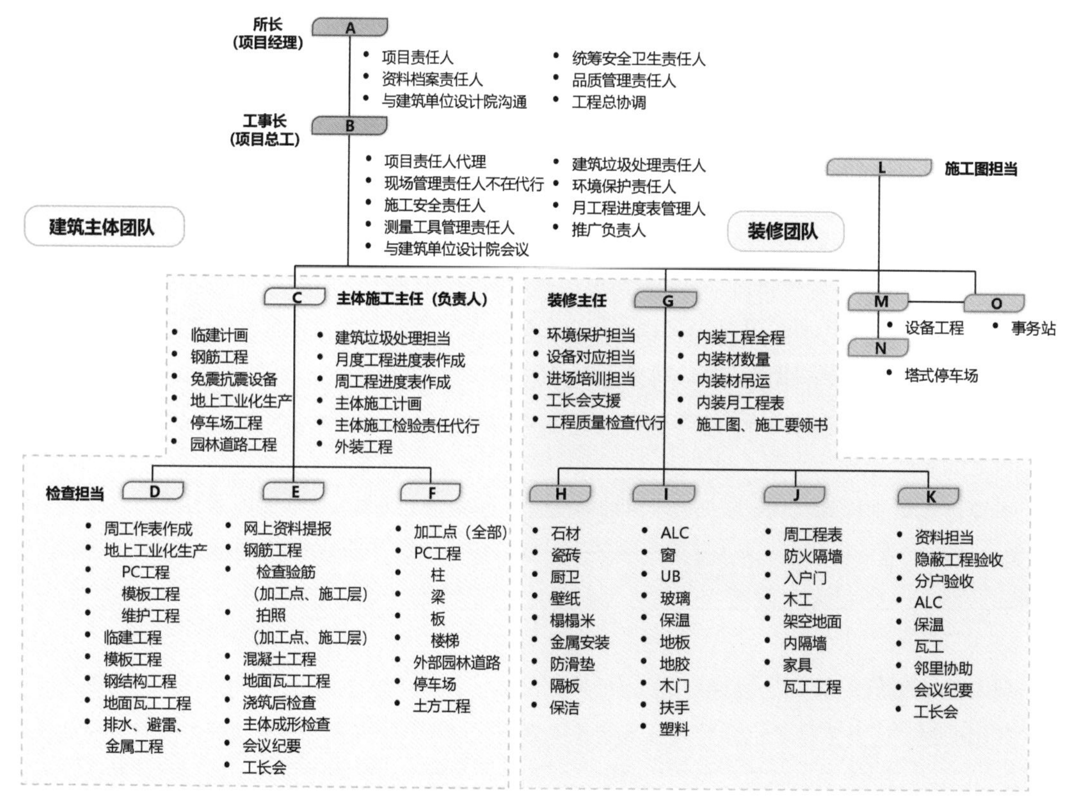

图16　日本大型建筑公司内部的分工

工人学习能力提高，更加了解施工进程，掌握专项技术，在降低施工风险的同时可以做到更深层次的技术储备。作为产业工人和专项施工人员，更加习惯于重复作业，可以提高进程管理能力，降低风险。整个工地的推进节奏就会更加明了。施工进度检查的时间节点也会更加清晰，减少责任不明确等风险，做到一事一毕，明确实现作业环境的改善，减少沟通成本。同时熟练工种进行施工，会大大减少材料浪费，提高作业成效，安全性也会大大提升。

3. 关于SI住宅的介绍

日本SI住宅的发展史

在我国，“装配式”曾被称为住宅产业化（或工业化）。住宅工业化是指运用工业化的方式建造住宅，从而获得传统手工建造方式无可比拟的高质量、高效率、低能耗等优势。二战后的日本出现婴儿潮，快速城市化对房屋数量的需求大大增加。1960年代前后，集合住宅的工业化从设计到施工都得到了发展，部品的定义也在这个时期被定义出来。通过日本政府和都市机构（UR）的推行和研发，经过20年左右的打磨，日本也完成了从追求数量到追求品质的转变，“SI住宅”的定义也就应运而生。“SI住宅”是适合日本国情的住宅工业化体系。不仅大大提高了建设效率，降低了能耗，而且通过对施工现场的把控和部品的品质控制，获得了更高品质的住宅。而且由于其模数化的设计，住宅的形态也更富有开放性和多样性。

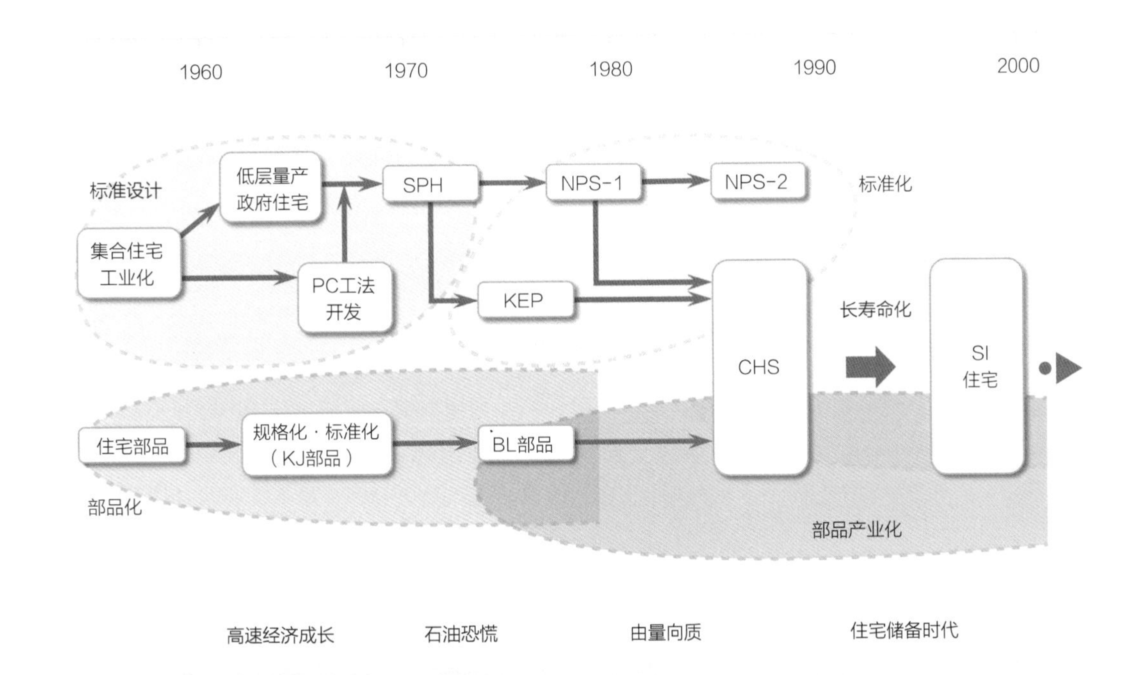

图17　日本SI住宅的发展历史

日本6次高级公寓热潮回顾　表1

热潮	期间（年）	景气状况	地点	居住对象	其他特色
第1次	1963—1964	奥运会景气	大城市中心	重视方便性的：律师，企业重要领导层，演艺圈，文化界	1. PC工法，预制构配件 2. 高级公寓品牌（名称给人豪华印象）
第2次	1968—1969	高度发展景气	大城市中心	企业的管理高层为中心	1. 大型房地产开发公司的加入 2. 高级公寓专业提供公司的供给增加 3. 高级公寓的供给增加与大众化的加速
第3次	1972—1973	日本列岛改造论 石油危机	从城市中心转移到郊外	普通的工薪阶层——（年轻人阶层的普及）	1. 大型贸易公司的加入 2. 完成房的库存增加 3. 日照权问题
第4次	1977—1978	公告地价上升率对比以前达到最低	大城市中心	1. 追求方便性的商务人员 2. 婴儿潮时期出生的人群	1. 高级公寓的别墅化 2. 投资、资产运用的目的
第5次	1986—1987	贷款利息和官方贴现率到底，处于向泡沫经济的移动期	从郊外到城市中心	第2次、3次热潮期的换期购阶层（買い替え層）	1. 完成房的库存清除 2. 按揭利息和官方贴现率的降低
第6次	1993—1995	贷款利息官方贴现率达到最低谷，泡沫经济崩溃	回归城市	3极分化 1. 单身、小家族型 2. 追求方便性 3. 高级、高端需求	92、93年的公告地价与前一年相比分别大幅下降9.4%、14.9%

SI住宅的定义与特点

SI住宅是根据“OPEN BUILDING”的思想基础开发出来的，由于建筑的Skeleton（主体：例如钢筋混凝土等）要比内部的Infill（填充体：例如内隔墙、地板、固定家具等）有更明显的长久寿命和耐久性。如果让内装耐久年限=建筑物自身年限的话，会造成极大的社会资源浪费与生活质量下降。所以SI住宅的基本定义是，“建筑主体不变，内外装可以不断更新的建筑”（直译）。

通过看日本各种SI住宅的平面图我们可以发现，有很多“水空间”（厕所、厨房、浴室）附近写着PS（Pipe Space）的字样，这样的管线空间的寿命同样低于建筑主体的寿命，所以虽然没有内装频繁，但依旧需要数年之后的调整和维护。如果采用SI工法，就不需要破坏建筑主体再进行维护改修，不会因为漏水、维护等事情影响正在居住的居民正常生活。

因为采用同层排水与管线分类，SI住宅中可以将“水空间”的位置进行适度的调整，这样就可以顺应居住者各种年龄阶段的需求，从而在不同意义上达到了为不动产保值的效果。

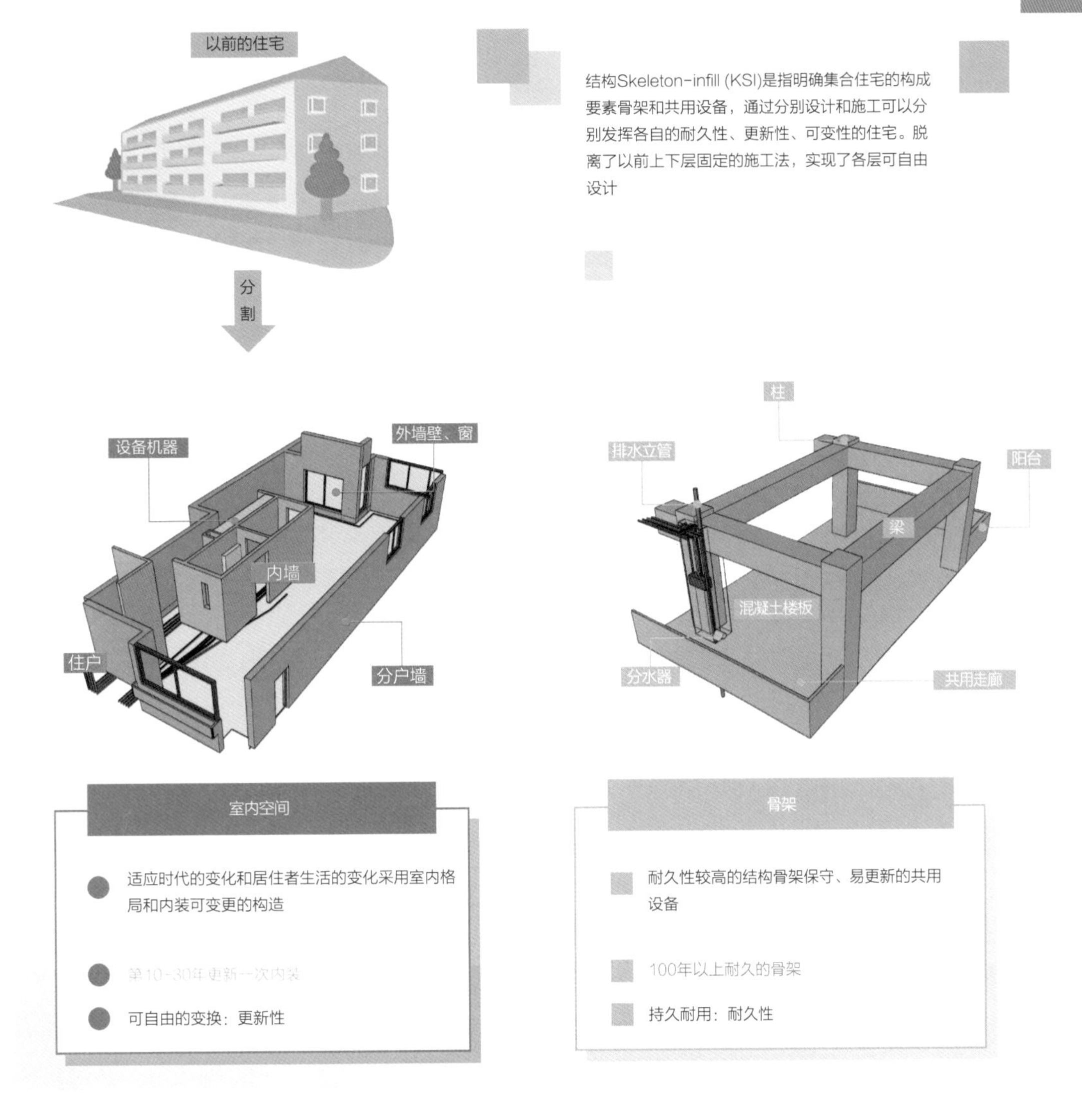

图18　日本SI住宅的定义与特点

装配式住宅的主要施工手法——干式工法

各国的施工现场都基本分为“湿作业”和“干作业”两种施工方式。瓦工的工作为湿作业，湿作业风干需要占用大量工时，培养人才也需要很长时间，施工质量也不好保证。

在日本，通过日本国土交通省的调查，《建设工业施工统计调查报告（2014年）》中有所叙述，日本瓦匠人数在当年为3万人左右。经济高度成长期（1975年左右）的瓦匠人数为30万人左右，减少到了10分之一。一般社团法人、建设经济研究所整理的报告（2017年1月）中指出，“瓦匠中60岁以上的从业者占比40%，平均年龄为53.6岁，大大高于建筑技能劳动人员的平均年龄（46.6岁）。”目前建筑从业者的年龄集中在35~39岁和55~64岁部分，但是瓦匠人数大部分集中在55~64岁之间。也就是说到2024年目前所有的瓦匠年龄都要高于60岁（退休年龄）。这意味着在2025年左右，基本上所有的瓦匠都要在日本消失。

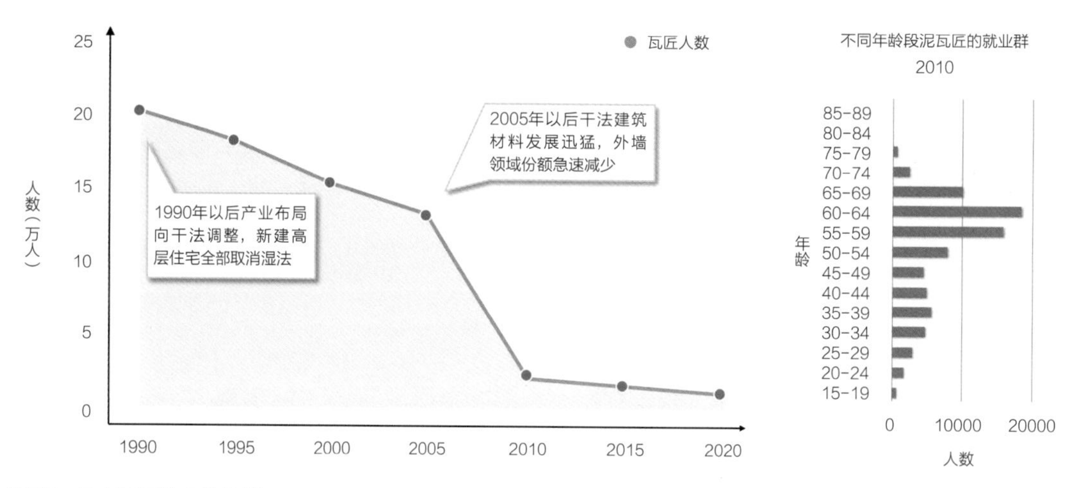

图19　日本瓦匠的人数推移

未来的趋势

日本的建筑业界对上述这样的情况，采取了干式工法—“装配式”的对应形式，将鼎盛时期瓦工作业占建筑施工总量的10%降低到1%，外墙采用板式装配（ALC板材等）内墙采用装配式工法（轻钢龙骨+石膏板+壁纸等）大大提升了建筑的工业化、提高效率与经济性。比较明显的体现是，在目前针对日本建筑院校学生的设计图集中，已经找不到关于瓦匠的详细记述。

我国同样会遇到这样的窘境，笔者在负责中国设计业务时常常听到开发商提及用工荒的问题。特别是针对瓦工和木工的需求，完全得不到满足。这也能从日本的发展史中得到印证。同时，我国的从业人员职业素养较低，且多为兼职人员。所以现场的质量得不到保证。

未来中国必定会与日本走同样的装配式对应路线。施工现场中的人员一定需要走“专业化”“匠人化”“职业化”转变这个道路上来。

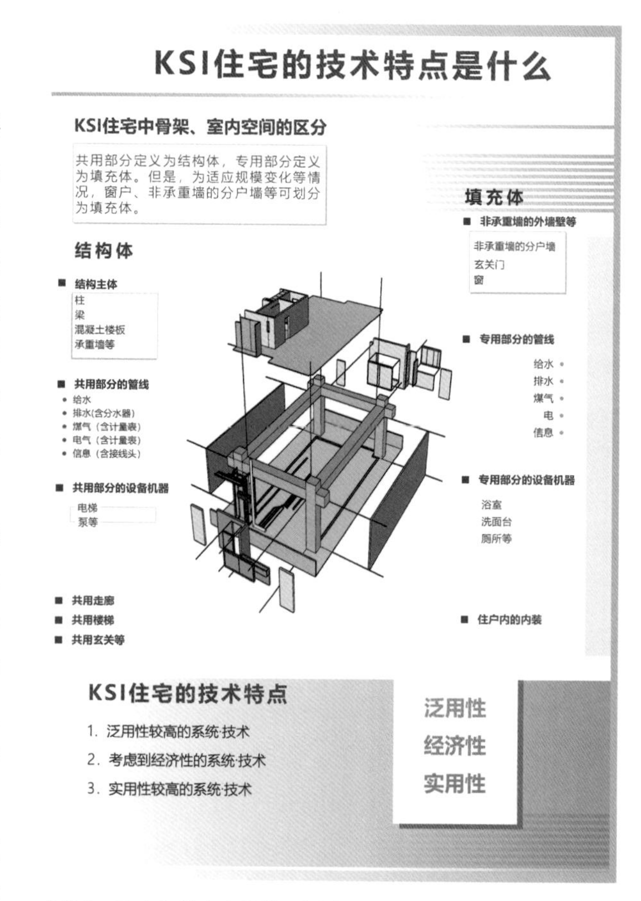

图20　日本SI住宅中的体系划分

4. SI住宅的技术体系

SI住宅中的结构体系

由于日本房屋对耐震性能的要求高于我国，大部分建筑为框架结构（剪力墙结构基本不会超过7层以上）所以内部基本为大空间，适于各种不同户型的设计和改造。这种优点目前被我国部分高端商品住宅采用（俗称大平层），虽然为剪力墙结构，但与框架结构有异曲同工的效果。

主体的PC占日本施工的比率并不高，只有有绝对成本和施工便利性优势时才会采用PC装配，日本目前很少用剪力墙结构的PC构件，所以PC的使用需要因地制宜，不可盲目跟风。

但是关于内装，无论是钢结构、钢筋混凝土结构，还是木结构，可以说基本上贯彻了干式工法的装配式内装的技术体系。

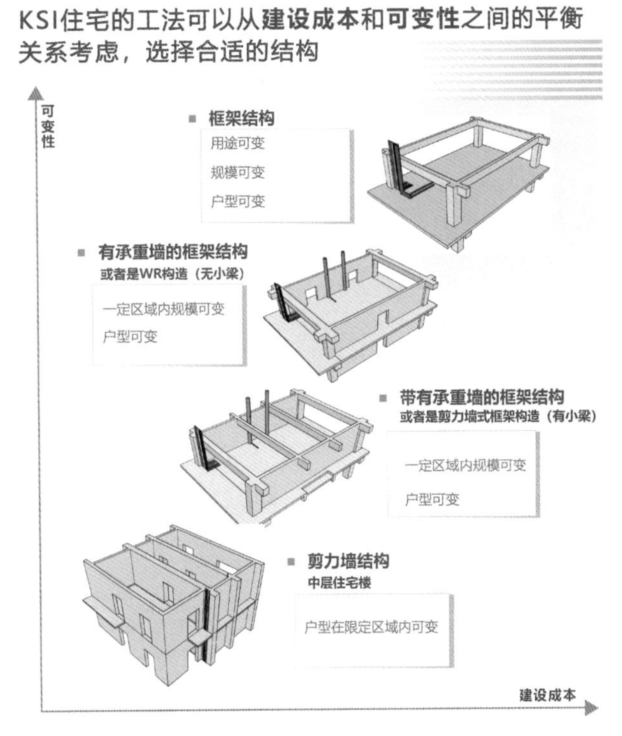

图21　日本SI住宅中结构体系种类的划分

SI住宅中的装配式内装体系

笔者在我国也曾参观过很多PC工厂，其产品质量、构件拆分、后期服务等根本无法达到日本的PC装配式要求，会有很多未来在结构和使用上的隐患。对于这种乱象，笔者不多评论，下文将着重介绍日本的装配式内装内容。

前文提到，日本的施工现场采用TACT工程管理模式，与流水线的工作方式类似。此工序在内装作业中体现得极为明显。

依据SI大理论基础，在Infill（填充体系）中蕴涵了日本在人体工学、材料学、流体力学等多种科学的成就，为人们的舒适生活服务。

本文篇幅有限，笔者以介绍自己亲身设计的项目为案例，主要用现场照片结合图纸来介绍装配式内装的各种技术体系。其中为了更加准确说明技术体系，会穿插一些其他现场或案例的照片，但都属于N社PROUD系列内容，基本技术要求与工法完全相同。

SI通过构筑高耐久性支撑体和高适应性填充体，提出了四大社会意义：①构筑满足资源循环型社会要求的长期耐用型建筑物；②对应居住者生活方式的变化进行改变；③促进住宅产业的发展和新的供给方式的展开；④可持续的高品质的街区的形成。

在住宅更新过程中，通过各级主体主导，在不影响支撑体的情况下对填充体进行更新，从而实现住宅的舒适、耐久、可持续。

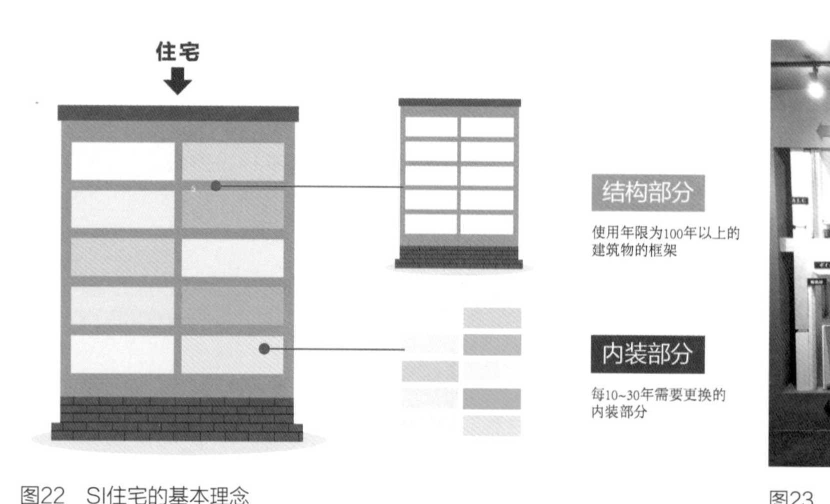

图22　SI住宅的基本理念

图23　SI住宅的微缩模型

5. SI工法住宅内装的技术体系

六面架空体系

日本的装配式内装通常采用六面架空体系，也就是架空地板、轻质隔墙、集成吊顶等技术支撑下的综合内部结构体系。可以充分解决管线铺设、墙面找平、噪声隔绝、未来改造等技术难点。

墙面体系

日本装配式内装墙体采用轻钢龙骨进行施工，这种工法可以找平钢筋混凝土墙体细微的差异，虽然日本的主体无论是PC还是现浇精度都很高，但内装中依旧会用干式工法来做隔墙。我国的情况更加明显，由于主体完成面精度不高，此项技术可以利用于对墙体的找平，为下一步工序的推进创造良好条件。

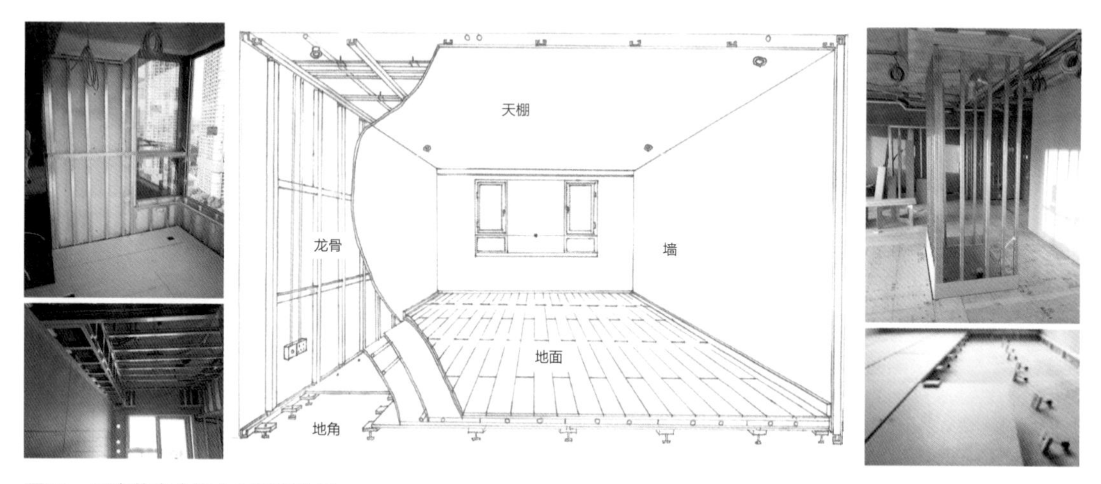

图24　日本住宅中的六面架空体系

架空隔墙的内部空腔需要填充隔音棉，空腔内可以排布电气管线、开关、电灯、插座等电气设备，同时可以作为室内保温材料的填充空间。

轻钢龙骨架设完毕后是石膏板工序，双层石膏板厚度不同，目的是避免共振产生的隔音问题。采用这种轻型墙体，可以方便未来房屋内部的改造以及建筑垃圾的回收。一般在设计阶段，就会确定有加固需求的位置（例如空调背板、画框背板、扶手背板等位置），用木板或者钢板加固。日本内装面材一般为壁纸，受前文提及的瓦匠人数问题影响，且为提高施工效率，墙和顶五面都会采用壁纸，这样既环保、又不容易开裂，所以

图25　墙面体系（轻钢龙骨）

图26　插座在初期施工图设计中已经体现

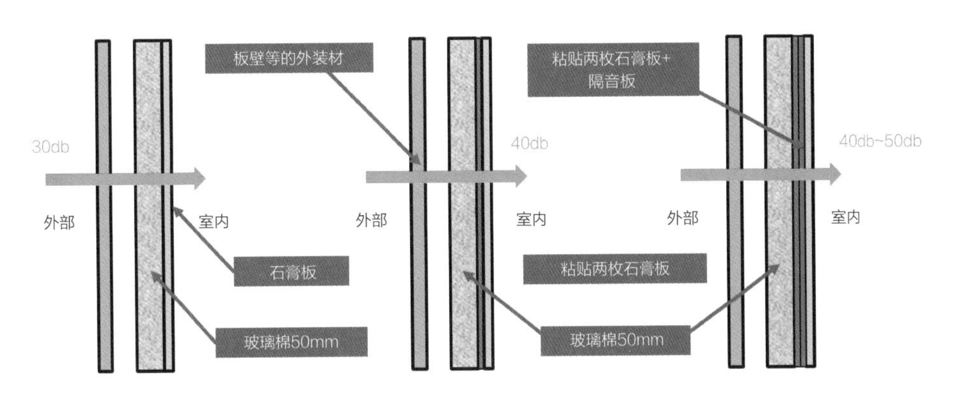

图27　各种隔墙的噪声透过率

日本的新建住宅内装基本告别了湿作业涂装的工序。

地面架空体系

地面架空体系分为树脂螺栓与金属地脚两种，可以因地制宜进行选取。由于刚性或者柔性的属性区分，根据面层（木地板、瓷砖、石材）的不同，可以选取不同的基层进行施工，本项目由于大部分为木地板面层（玄关除外），采用的是柔性较强的金属地脚。架空地板铺设基层分几层，都各自有自己的用途，不可省略其中任何一层，随意更改会使未来使用时出现开裂、鼓起等问题。

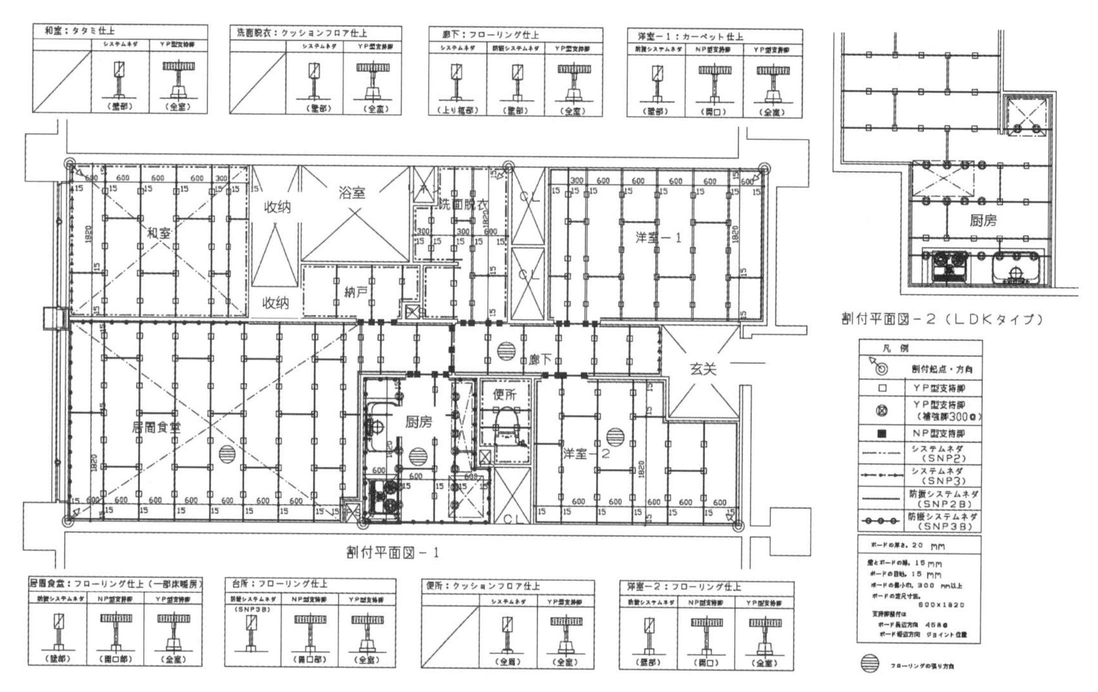

图28　架空地脚的排布图

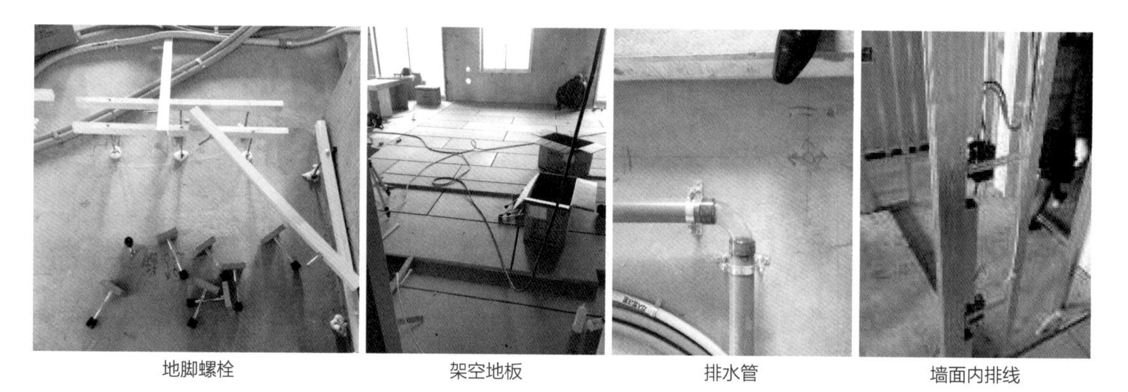

图29　架空地板内部管线

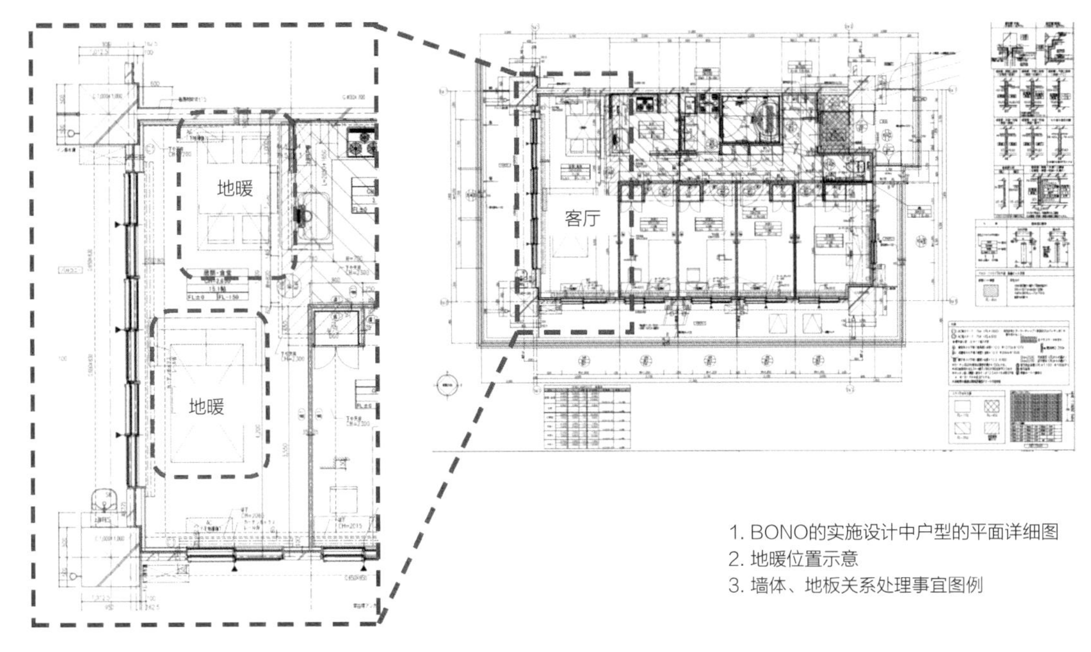

图30　地暖体系

地面架空系统内部的管线

架空空间内部会铺设给排水的管线，且会用不通颜色区分管子的用途，日本的施工业界基本有共同的认识。其分类如下：

1. 蓝色：冷水给水；2. 红色：热水给水；

3. 绿色：地暖给水；4. 白色：煤气管线；

5. 粗管：污水排水管；6. 透明：污水排水管弯头。

地暖体系

本项目的地暖采用干式地暖，供水采用煤气燃烧制暖，本地区为东京周边非寒冷地区，地暖不需要对所有房间进行满铺，为了节省能源，提高效率，此地区通常会采用局部地暖。

装配式内装中的集成吊顶技术

吊顶内部管线

日本住宅顶面采用集成吊顶技术，会将电气、消防喷淋、部分水系统设置在吊顶内部，此项目为“高层高端”住宅，所以法规强制需要设置消防喷淋，因此项目中喷淋管线通过吊顶内部实现，所有给排水通过架空地面空腔内部实现。

日本强弱电都不需要外包金属防护管，所以在设计阶段，已经将排线设计完成，在现场部分由专业施工人员将束绳进行胶粘形式定点排布，后由电工进行穿线。捆绑电线的束绳也以不同颜色区分。这样既不需要湿作业施工，又可以像流水线作业一样完成重复作业。可以减少现场人为失误对现场造成的返工和沟通成本。

图31　吊顶内部管线

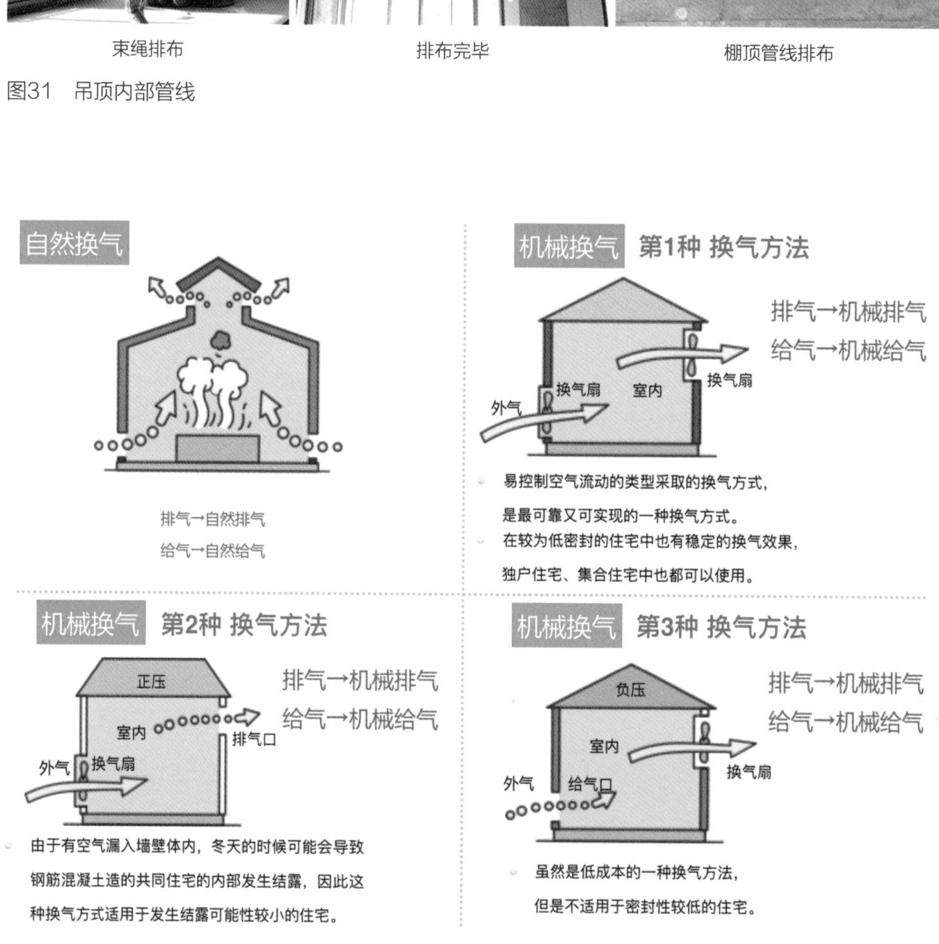

图32　日常见的几种新风系统

吊顶中的新风系统技术

日本常见的新风系统有四种：自然换气、机械换气（有三种），本项目为高层集合住宅，所以选用了第三种机械换气（新风），在水空间部分用机组产生负压，使潮湿的空气从水空间部分被吸入，通过风管排出室外，同时从墙体换气新风洞口导入新风（见剖面示意图）。通常会在新风口部分设置滤网，可以防止不良质量空气进入房间。此一系列操作都需要由集成吊顶中的风管来完成。

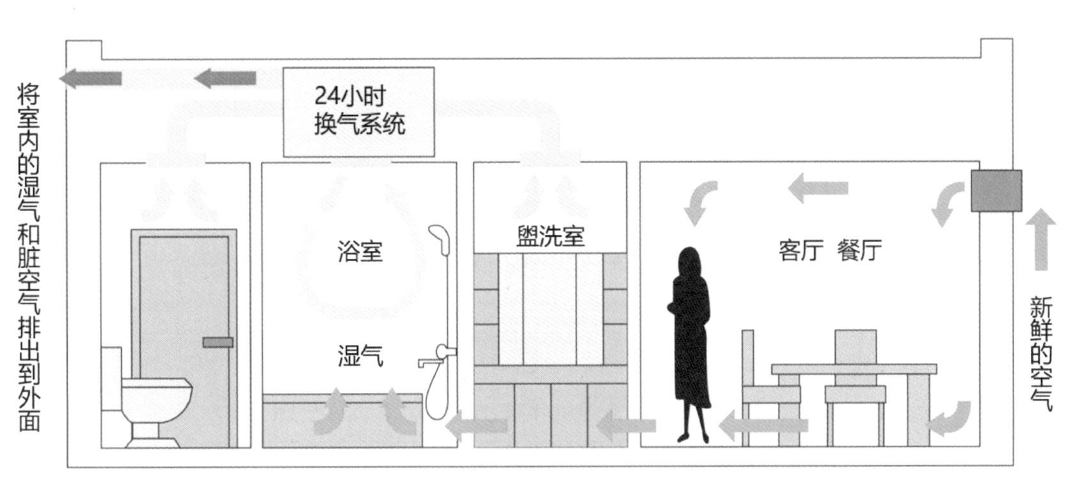

图33 住宅内部换气概念图

SI住宅中的给排水体系

在我国的住宅中，由于受水空间的束缚，导致1层至30层的建筑中，户型的同质化严重，且不方便未来进行更新改造，造成噪声、漏水无法修补等问题。

日本装配式住宅中由于采用公共管井、管线分离与同层排水（板上排水）系统，所以不受纵向排水管位置的束缚。如图所示，同样的一栋建筑如果不受水空间位置的束缚，在未来可以完成租赁、商品房、养老住宅等不同的复合住宅供给形式。只有可以在未来更改规模、更改用途、适应时代变化，才是真正的长寿命建筑体系。

使上下为不同的设计图成为可能

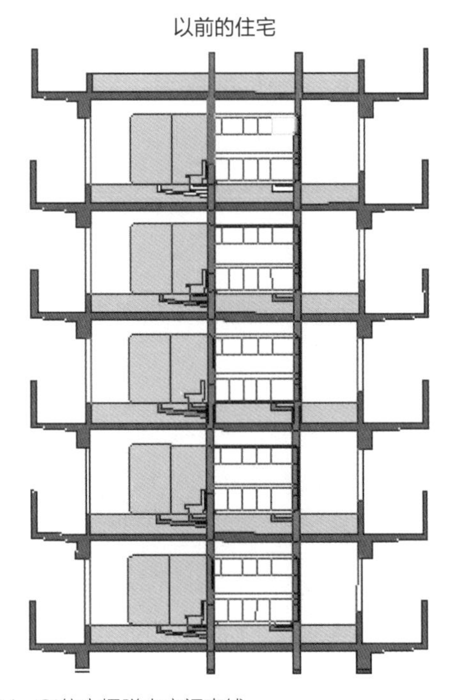

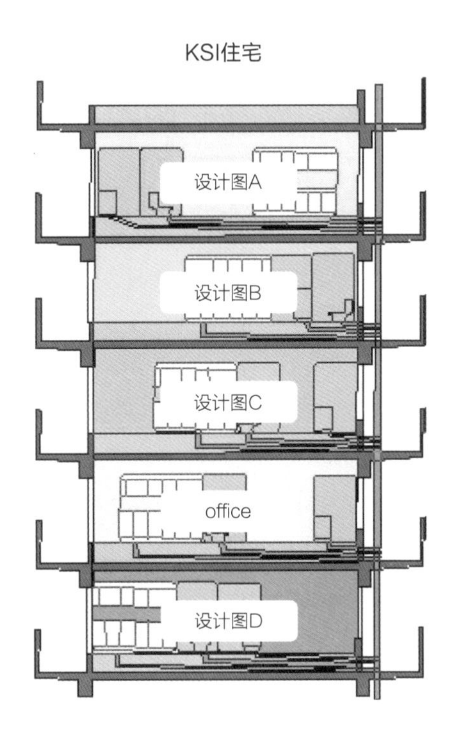

图34 SI住宅摆脱水空间束缚

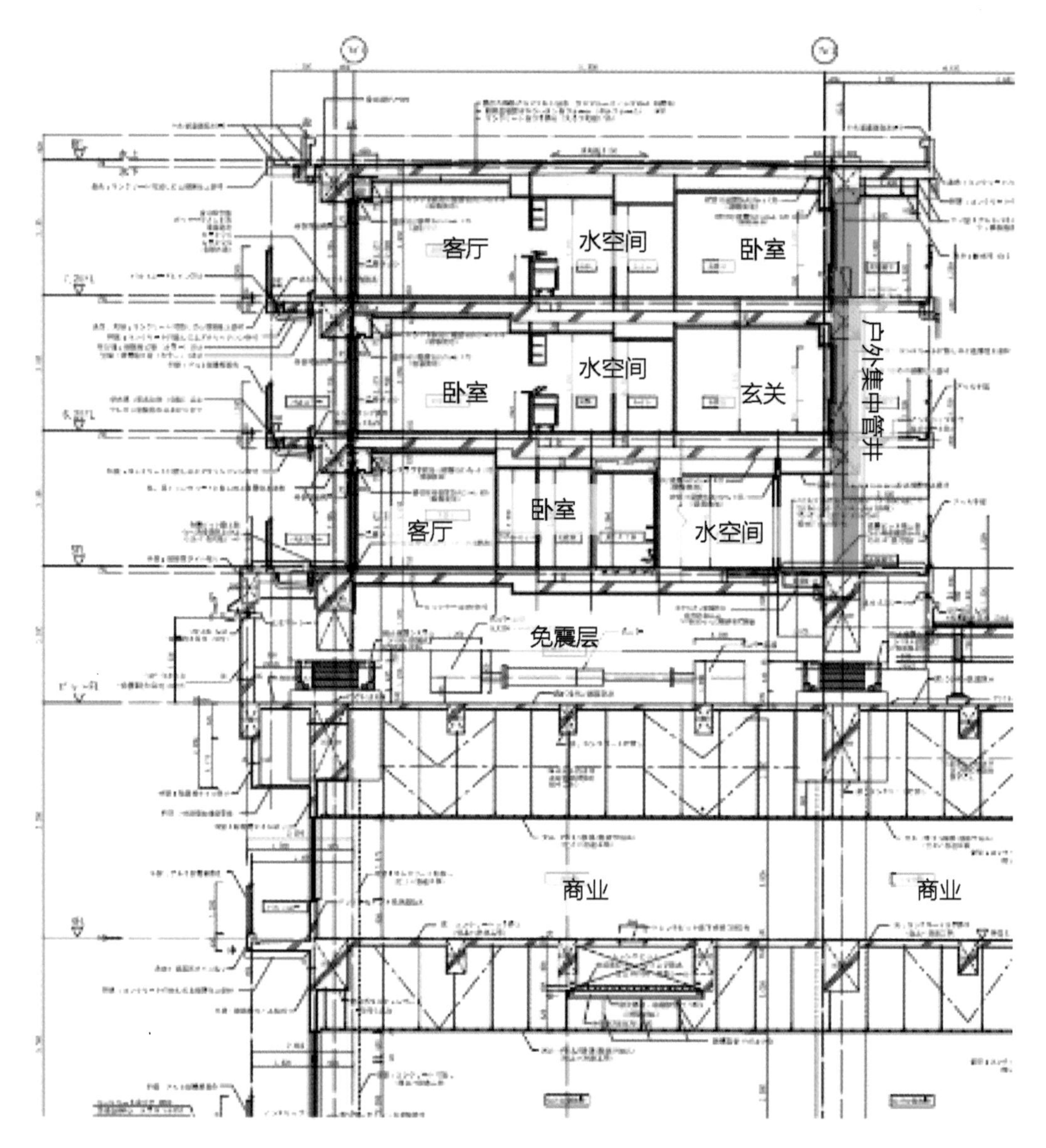

图35　BONO项目局部剖面图

管线分离技术，同层排水，板上排水

通过解放水空间对户型的束缚，本项目的平面布局自由度大大提升。通过集中管井体系，将两户或者更多的纵向排水集中在一个管井内部（公区MB），以方便未来的维修与管理，也可以时常对排水管进行清扫。

房间内部采取同层排水，解决未来修理困难和排水噪声的问题。排水区域需要降板，在日本经常会采用局部降板，同时在设计阶段考量未来的改修可能性，留出更多的可调整的水空间布局。

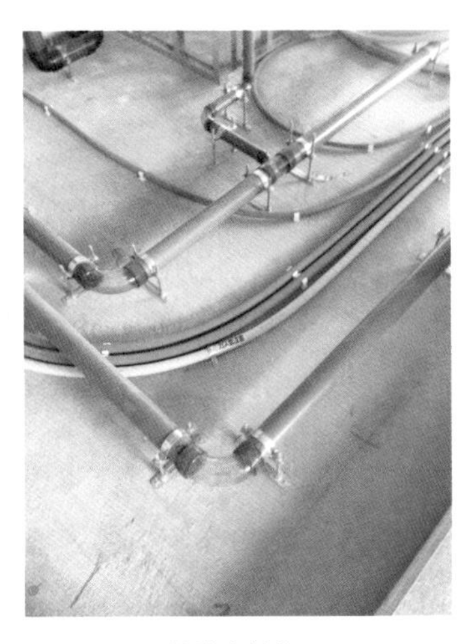

图36　板上给排水管线

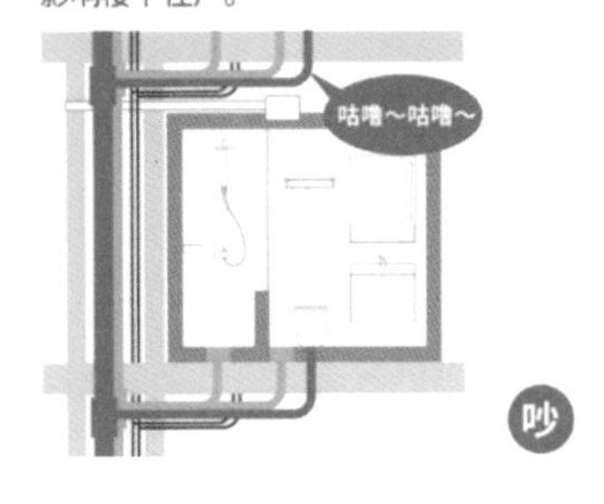

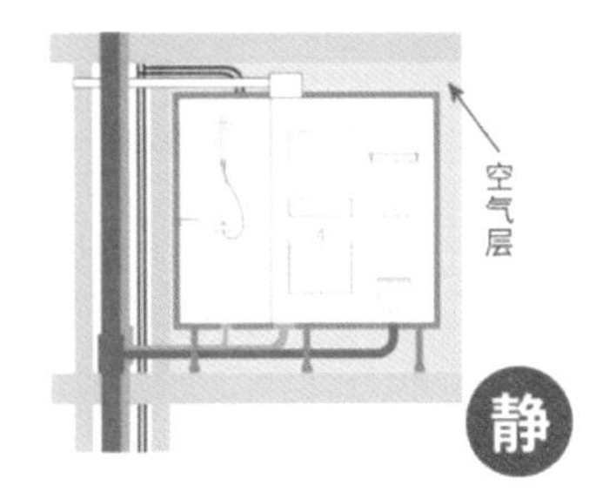

图37　同层排水的好处

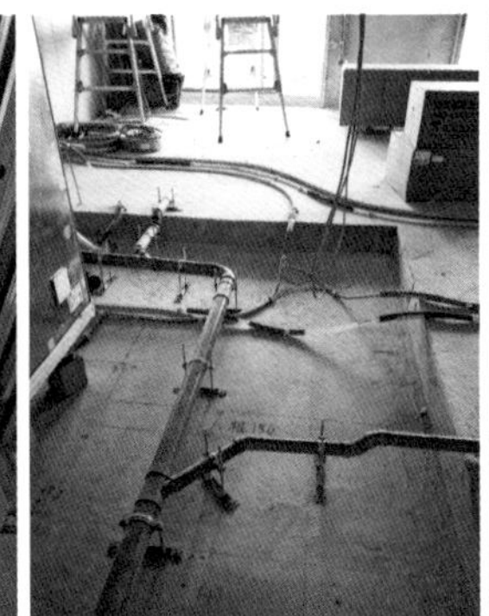

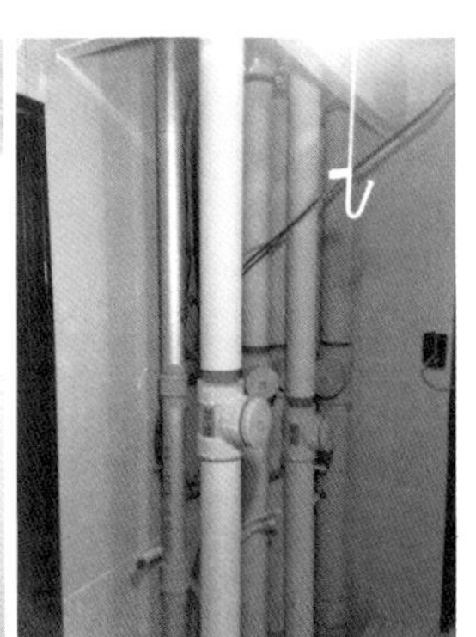

地面降板区域　　集中管井体系

图38　立管与横管排线

集中管井未来维修、改造上的优势

在未来住宅的改造与翻新过程中，管线分离技术在户内布局的改变、管线的更换维修等方面具有传统管线布局方式无法比拟的优势。

我国目前的状况是主管道部分老化，如主立管、主横管、蹲便器排水支管等，大部分既有住宅中的管道已经维持了三十年，早已超过其预期使用寿命，但管线在房屋内部，因此整体大规模修缮也变得特别困难，尤其是排水主横管、室内的横管是楼上用户使用的，一般住户不会自行更换，但又是发生管理维修问题和邻里纠纷的“导火索”。

同层排水和管线分离技术会解决上述的难点，让整体住宅的更新变得更为好操作。且在施工过程中全程为干法施工作业，无需等待湿法面层干燥，且非过程中的隐蔽工程，容易检查、容易纠错，在施工管理上也是比湿法施工有着巨大的优势。未来的改造也是SI住宅的最大特点，在一栋楼中可以满足多种生活方式或者使用方式的打造。

SI既可以应对未来的变更，又可以满足人们当下的需求

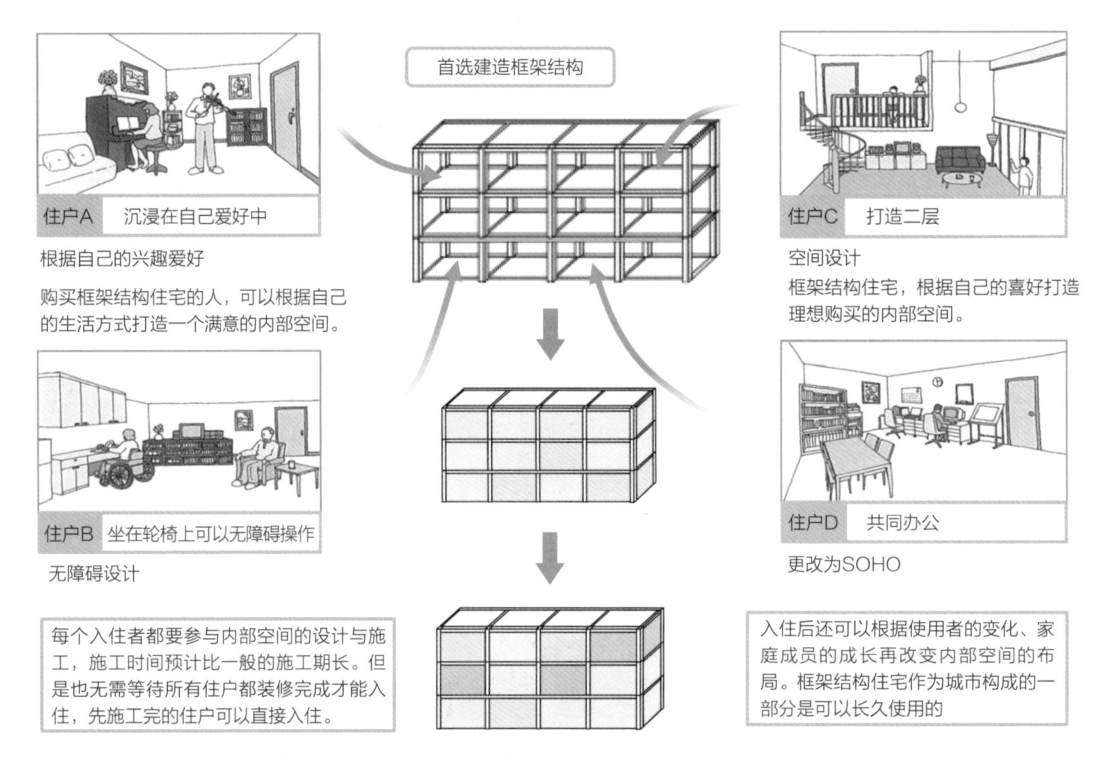

图39 从水空间的束缚中解放后，建筑可以对应多种住居形态

装配式中水空间的重要部品——整体浴室

什么是整体浴室（UB）

整体卫浴是非常有代表性的装配式内装部品，日本的厂家通过常年对人体入浴习惯以及人体工学的研究，在有限的空间内实现了舒适的水空间设计。同时，也将本来最需要耗费人力工时的水空间施工时间控制至最短，且在发生漏水、堵塞时，比深埋在混凝土内部的管线更加方便更换与维修。

即使在发生堵塞的时候也可以用产品自身的检修口快速进行检修疏通。传统浴室的地漏反味问题也会在整体浴室中得到缓解，因为整体浴室中有自己的封水构件，且为工厂一体化生产，精细度和使用寿命上大大优于传统浴室。

BONO项目的UB为FRP一体化防水底盘+彩钢板式样（日本同样有部分产品为瓷砖型），为N社的最高等级产品。由笔者设计的M社的浜松町项目为瓷砖型。特殊需求项目（例如高档酒店等项目）中，也会采用石材型整体卫浴。我国目前采用的片状模压塑料（Sheet Molding Compound，SMC）体系、聚氨酯瓷砖体系两类整体卫浴产品也可以得到充分使用。

整体浴室在使用感受上的优势

整体卫浴的优势如下图所示，在使用感受上毋庸置疑是优于传统浴室的。同时其特殊的形态与施工方式，会使内部面材比传统浴室拥有几项更加适合家庭生活的优点。

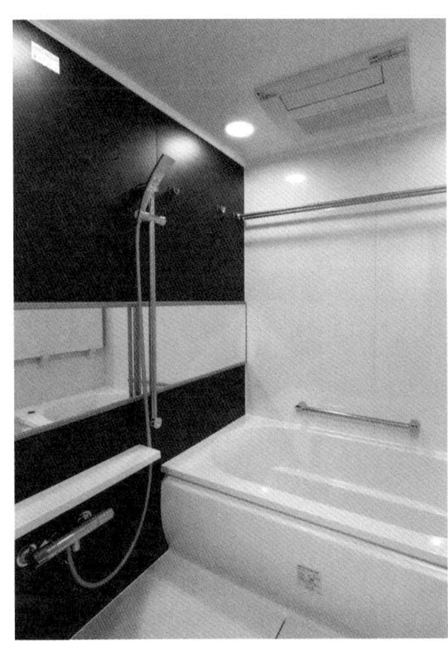

BONO项目浴室

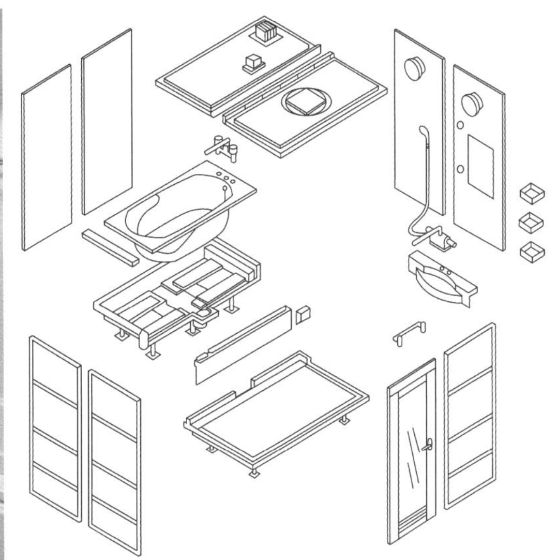

整体浴室结构图

整体浴室

坐便排水不畅，经常被污物堵塞。

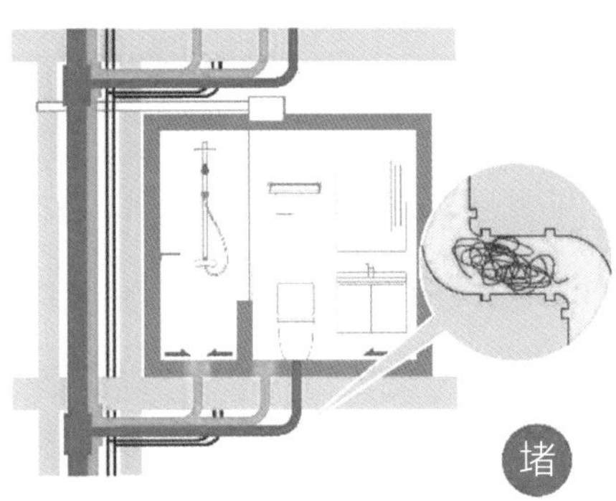
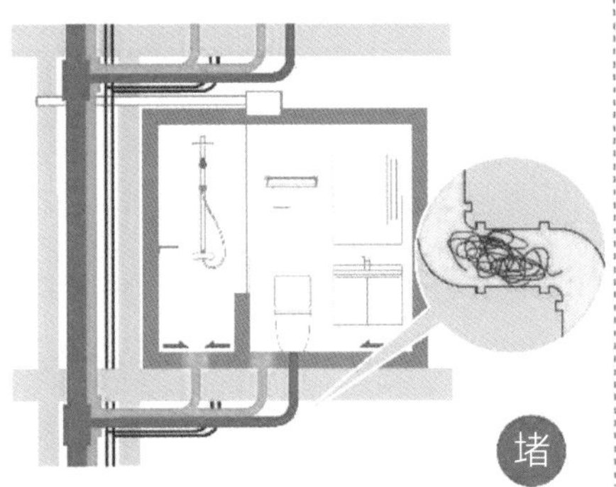

排水管道优化设计，有效避免堵塞。

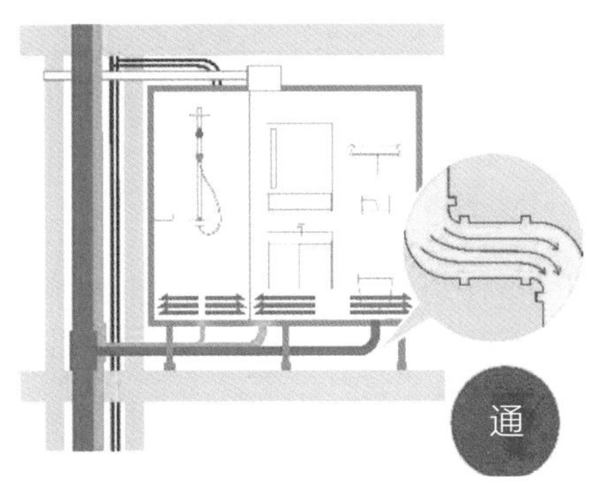

地面排水管的封水性能低、会出现恶臭问题。

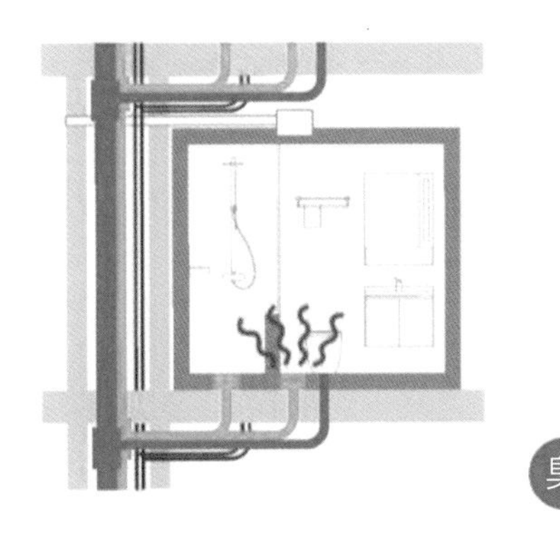

排水管、地漏封水性能高，防止恶臭产生。

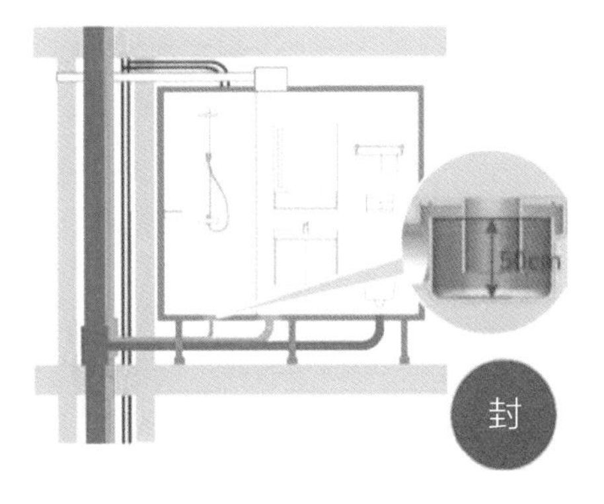

图40　整体卫浴优势

（参考资料：维石住工2019年版产品介绍手册）

舒适度

传统浴室的地面在踩上去时，由于瓷砖和瓷砖下的混凝土会夺走人体热量，肌肤直接与水泥铺贴的地砖接触会有寒冷的感觉。整体卫浴的材质属于低传导材料，且在底盘与混凝土之间增加了空气层，相比传统方式能够留住更多热量。

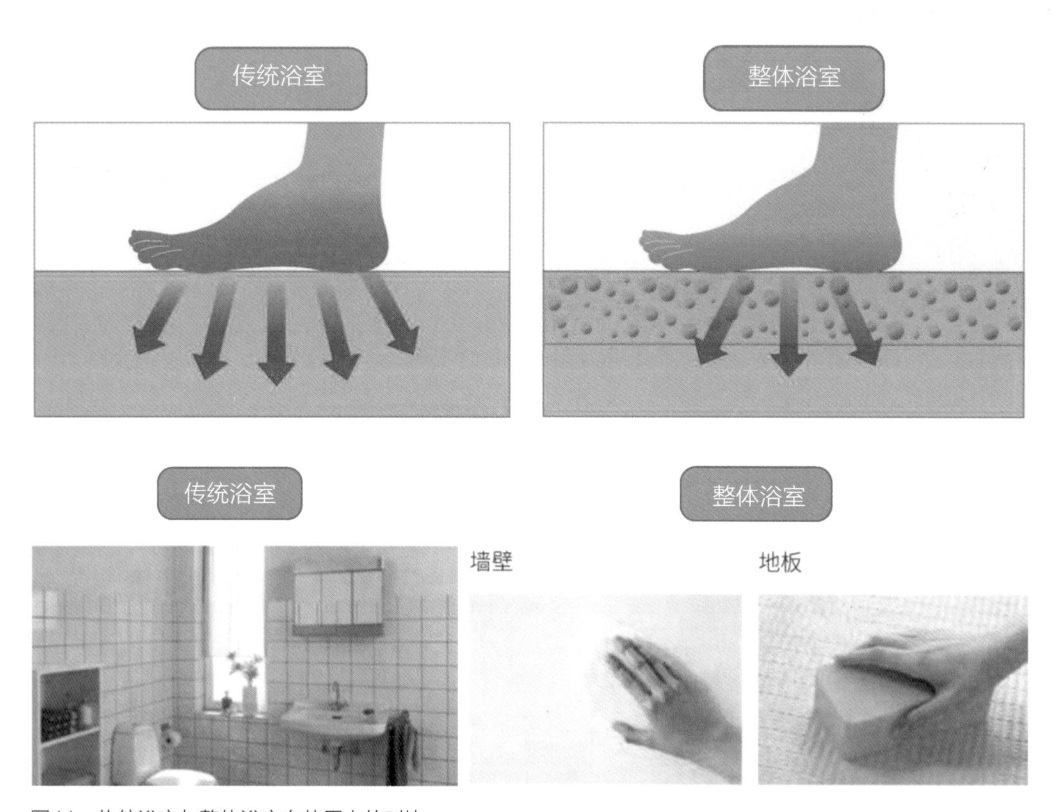

图41　传统浴室与整体浴室在使用上的对比
（参考资料：维石住工2019年版产品介绍手册）

便于清洗，不易滋生霉菌

传统浴室中多为瓷砖，其接缝处易脏、易滋生霉菌且不易清洗。由于施工人员的手法不同，外表纯手工作业会导致粘贴得参差不齐。整体浴室的墙壁和地板都采用整体嵌板，便于清洗打扫且不易滋生霉菌，不易霉变，易于清洗。彩钢板、瓷砖壁板在工厂整板生产，通过批量化的技术工艺手段，瓷砖缝隙能够保证工业质量，批量施工中也不会有太大质量差异。

先进的技术、标准化的流程和过硬的质量，是工业化产品从理论到实践上战胜传统产品的根基。

整体浴室在施工上的优势

UB由于是干式工法、整体拼装，此项目为6天一周期进行推进，所以整体卫浴等水空间必须在1天至1.5天之内完成施工。相对于传统浴室的施工，会大大提升效率。且安装整体卫浴的工人为2人一组，一天完成一层的卫浴安装（A楼14户，B楼8户）。

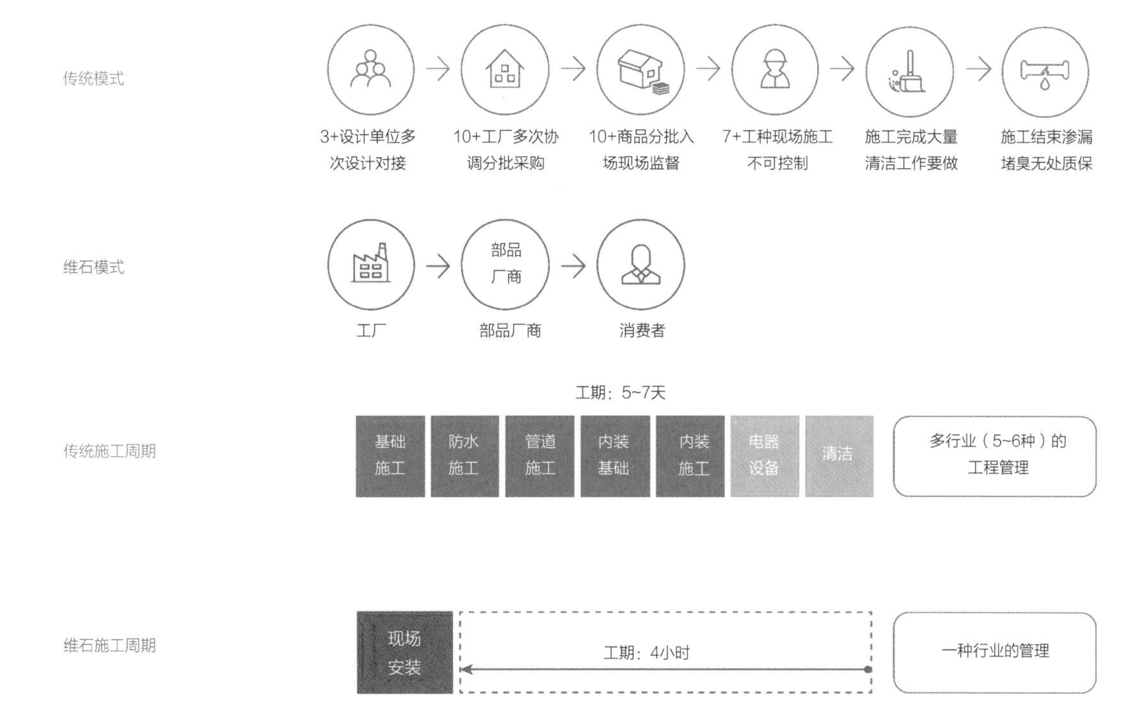

整体浴室在工期上短缩

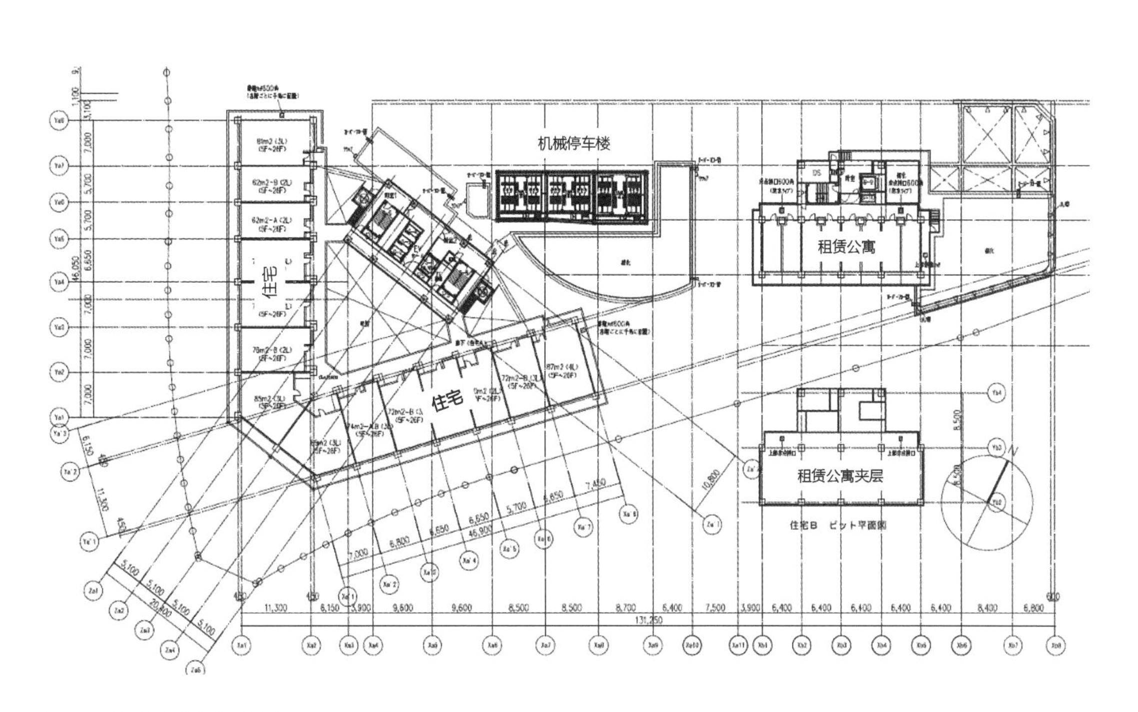

图42　BONO项目标准层

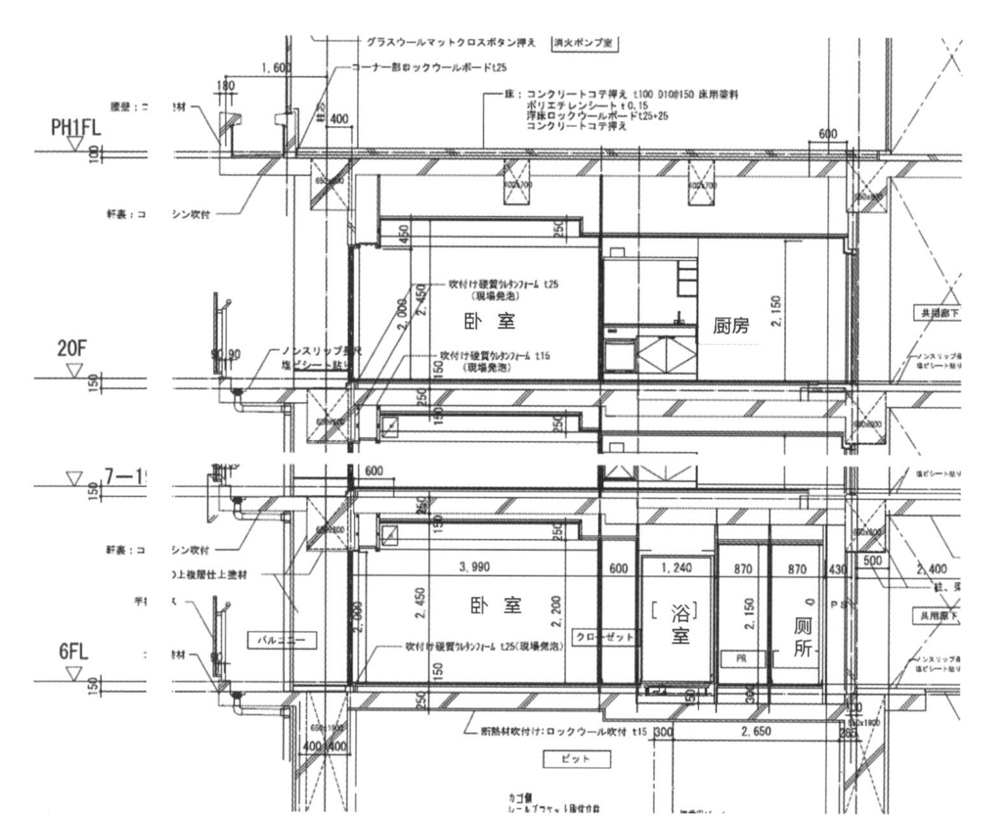

图43　BONO项目住宅层局部剖面

整体浴室在施工上的注意点

在日本的施工现场，UB的施工在隔墙、地面等工序之前，这样更加有助于整体拼装。作为装配式内装，UB会是第一个入场的大件部品，后续工序中的管线、隔墙都会根据此项施工进行排布以及微调整。这里，“设计阶段的部品厂商配合”也就显得至关重要，如果因为现场的误差导致二次设计，会对整个施工现场管理和质量管控带来致命的打击。

UB施工　　UB是部品导入的第一步　　UB管线

图44　整体浴室施工注意点

我国整体浴室的现状

我国知名厂商多从日本引进技术，但配件、做法、工序尚未达到本土化，节点设计还未达到专业化。由于中日生活方式和住宅施工体系不同，卫浴间下部架空和布管空间被压缩等问题也很明显。笔者负责过的江苏新城帝景项目也曾经遭遇过同种问题，厂商缺乏设计、研发技术团队缺乏持续跟踪研究和改进，也缺乏对装配工人的培训和现场的质量管控。

6. 关于装配式建筑在设计、采购阶段的中日对比

中日住宅设计上的区别（流程、设计习惯）

我国的设计人员来到日本，往往惊叹于日本住宅内部的产品精良、做工精巧。把同样没有某个部品采买权力的日本设计师与我国设计师的设计工作中进行对比，可以看出日本设计师具有掌握并成功运用各种部品特性、优势的能力和素质，可以做到在施工过程中保证自己的设计理念得到贯彻。

日本的住宅设计流程大致可以分为“基本构想、基本设计、实施设计和施工图设计、监理”几部分。将日本建筑设计流程与我国的“概念设计、方案设计、初步设计、扩初设计、施工图设计”进行对比，从每个节点的过渡上可以看出，日本与中国在设计上的顺序、进程是基本相同的，也不乏可以相互借鉴的部分。

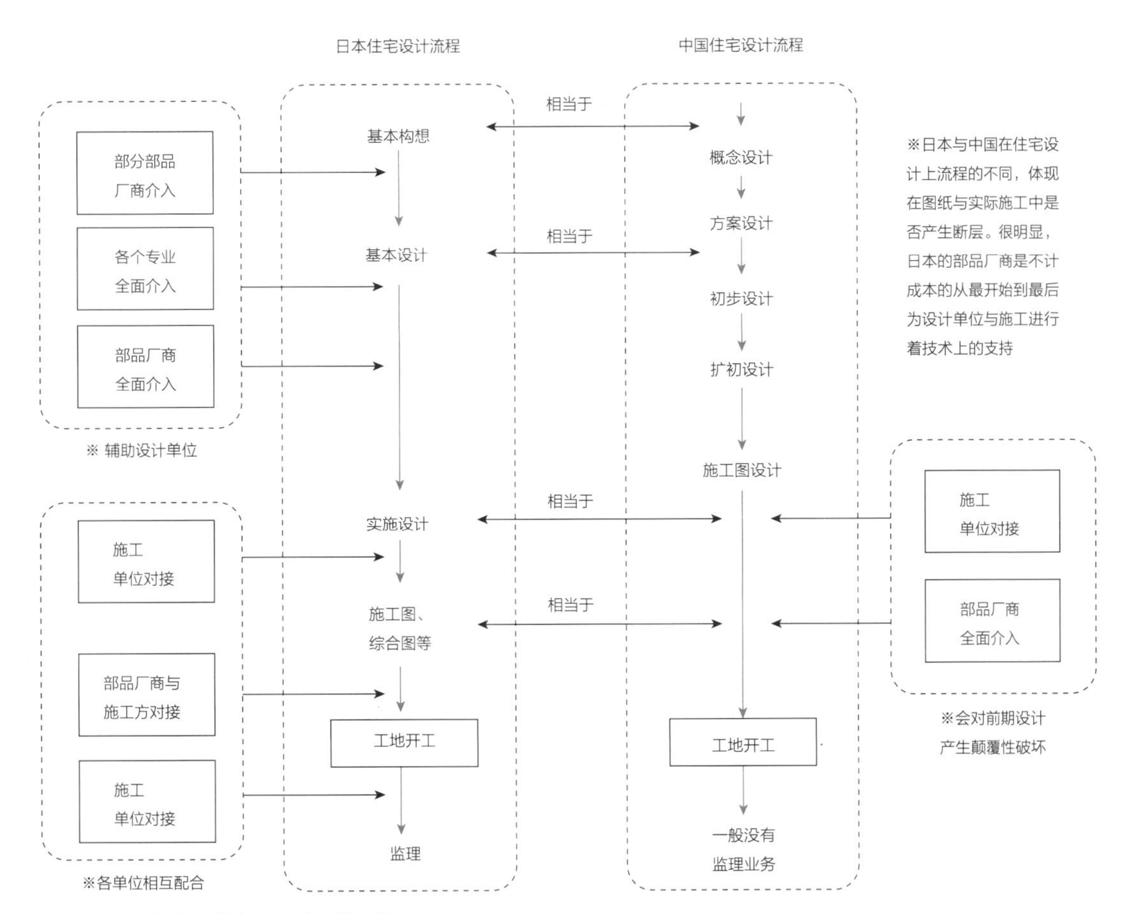

图45　日本与中国住宅设计流程的对比

部品厂商与施工单位参与时间的节点

如图中所示，依附于设计流程左右的气泡部分，是为设计单位进行技术支持的部品厂商、施工单位。

单纯从参与时间点和次数上看，日本的厂商和施工单位要比我国的相关单位介入频繁，而且介入的时间也比较早。这也就潜移默化地促使了建筑设计师在初步的“基本构想”阶段中对该厂商的产品模数的认可。

图46　BONO现场干式工法施工厨房

即使项目中还没有决定使用某厂商的产品，在初期设计阶段部品厂商依旧会热心地对设计单位进行“模数、尺寸以及产品信息”的提供。这一点与我国的一些只对开发商负责、无视设计内容和理念的部品厂商是有所不同的。设计师、施工单位在设计阶段，通过了解客户的需求，明确哪一部分是标准产品，哪一部分是非标产品，从而进行各个房间中细微的设计变更。

我国在装配式住宅设计上的问题

目前我国方案设计单位、施工图设计单位、施工单位、部品厂家都有各自为战的倾向，彼此之间缺乏沟通，甚至会产生由于责任、利益问题相互埋怨的情况，这使得开发商不得不拥有自己的设计部，在每次项目中充当“判官”的角色。这种情况下，各方既无法贯彻设计意图，彼此之间也没有实现相互提携、相互制约、相互监管的职能。

这种不良的体制通常会造成：由于每个厂家的尺寸都不一样，在前期方案设计阶段和后期施工图绘制阶段，需要过大的“预留不必要的空间”，来适应所有的部品。施工阶段自然无法按照设计施工，造成现场擅自修改设计，部品不齐全、进场不顺利、延误工期等情况。

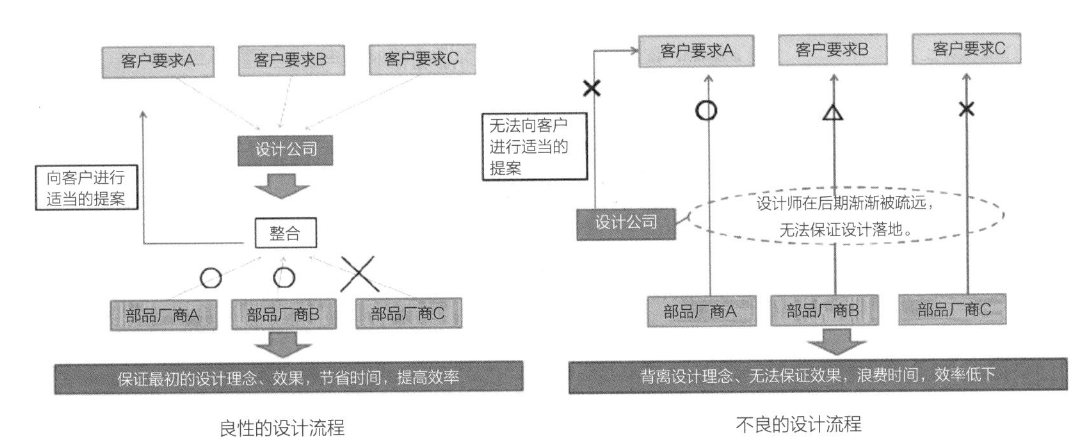

图47　良性与不良设计采购流程的对比

7. 通过日本的SI住宅看中国装配式住宅未来的前景

装配式住宅的价值保证

以上为日本相模大野BONO轨道交通综合体的介绍。像此种高端住宅，一般的日本人会在35岁左右贷款30年左右进行购买，由于日本的房价趋于稳定，像我国过去十年房价的增长情况不会再出现，所以作为“一生的住宅”，近期居住的舒适、中期的家庭结构的调整、远期的维修与改造，都是在购房时需要考虑的因素。

全生命周期的必然性

从住户的全生命周期角度，人在不同的阶段有不同的需求，而步入老年阶段后，对住宅的需求会发生一定的变化。住宅建筑与人的一生朝夕相伴，生活所必需的各类部品、管线部分在传统工艺的建筑中不能随意调整，不便于实现空间功能的变化。

装配式住宅提倡新型建造方式和技术手段，实现部品体系标准化和模数化。装配式内装以工业化方式完成部品生产，施工现场采用干作业施工，这对于建筑本身而言，不仅在施工阶段能够减少对环境的影响，还有方便维护、方便建筑材料回收再利用等优点。对于居住者也是未来可循环更新、不动产保值的有效手段。

中国住宅装配式内装中面临的课题与解决方式

通过介绍日本装配式住宅的设计、现场，可以得出我国在住宅内装产业化中面临的以下几个课题：1）内装部品、产品种类不全，各个厂家同等级产品参差不齐；2）设计师不深入了解部品，难以完成初期对项目的整体把控；3）施工单位、厂家与设计单位的沟通不畅，没有对部品、监理的共同认识，且施工企业中缺乏专业的产业工人；4）施工企业中没有更加完备的管理体系和技术储备，导致每个现场都要重新开始讨论与摸索。

目前主要的解决方式关键是制定行业标准，使整个设计、建材、施工行业有一个专业的模数标准，明确行业规则，避免不正当竞争；提高施工工程的质量，完善可以配合工业化生产、使用、维

图48　BONO项目住宅部分竣工照片（上中为会所）

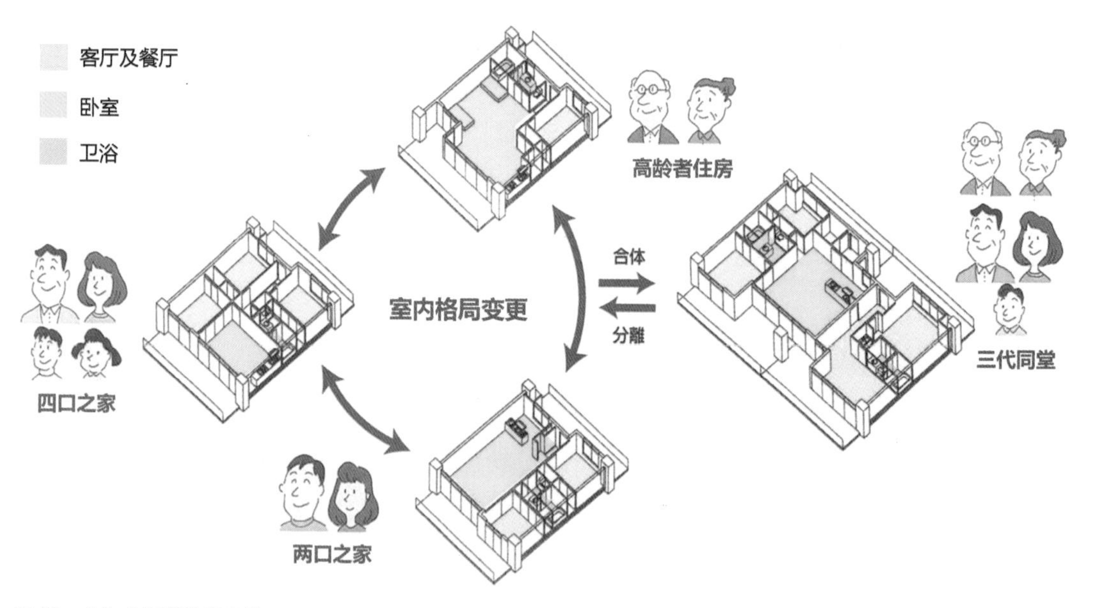

图49　全生命周期住宅定义

护建材制品的整套体系。

笔者作为一个在日本工作的设计师，可以负责的告诉大家，日本的现场其实也并不像传说中的那样完美，同样会出现各种各样的问题，但正是日本匠人们的精神与日本施工企业的管理体制，造就了其世上顶级的施工品质。

日本与中国同样是东方民族、同样的短期高速发展、同样的人口密集，所以，只要我们有完善的设计流程、标准的产品、开发体系和完备的施工管理体制，我国的装配式住宅事业同样会发展得十分先进。

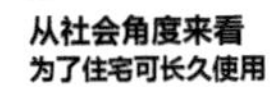

从社会角度来看
为了住宅可长久使用

为实现通过对内部空间的改造来应对将来的种种变化，建筑物的框架结构部分要保证在短时间内不会损坏，可长久使用。

从居住者角度来看
为了提高房间布局的灵活性

由于内部空间与框架结构是明确分开的，所以可以根据居住者的要求自由的选择房间布局与室内装饰。

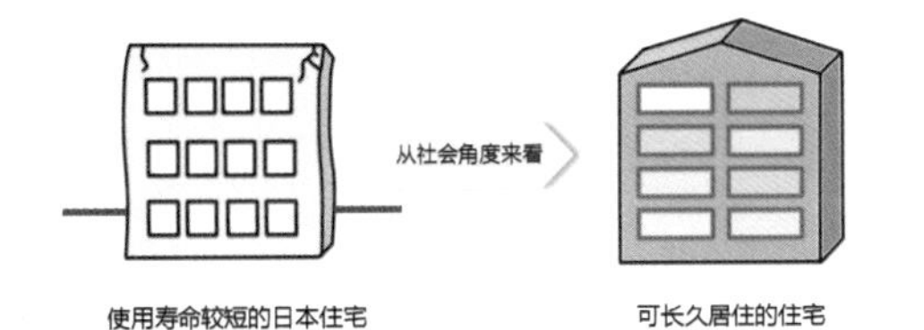

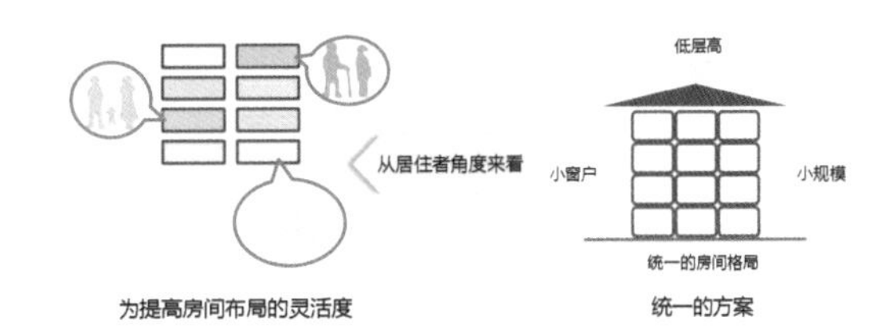

从商业街角度来看

无计划扩展的街道

将住宅建在便利的商业街中心区域内

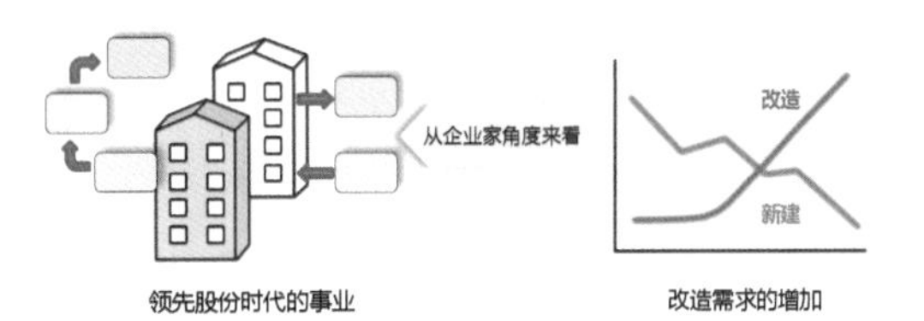

从街道角度来看
将住宅建在便利的商业街中心区域内

采取可持续发展的街道框架，可保持内部空间的灵活度，适应多种居住需求，设施要求，加强与商铺之间的联系，实现居住在商业街的中心。

从企业家角度来看
为领先股份时代的事业

通过采用可长久使用的框架结构与可自由改造的内部空间，提前占领未来可持续发展的建设产业与不动产业的市场。

图50　装配式住宅的社会意义

项目小档案

项目设计负责人：酒本敏弘　姜延达

项目信息整理人：姜延达　尹红力　任旭　孙明明

华东建筑集团股份有限公司建筑工业化技术研究学科中心是华建集团积极贯彻国家对建筑工业化工作的相关要求，组建成立的综合型产学研中心。通过三年建设，学科中心形成了集建筑工业化标准制定、科技研发、工程咨询等全产业链的综合服务能力，为集团建筑工业化的逐步实施提供了全面、坚实的支持。

1. 标准制定　主编和参编了国家行业标准《装配式混凝土建筑技术规程》《装配式钢结构建筑技术规程》《装配式建筑评价标准》3项，主编和参编中国工程建设协会标准CECS《钢筋桁架叠合楼板应用技术规程》《双面叠合剪力墙结构技术规程》等3项；主编上海市地方标准《装配整体式叠合剪力墙结构技术规程》等6项；主编上海市标准图集《装配式混凝土结构连接节点构造图集》等3项，主编《上海市建筑工业化实践案例汇编》等3本著作，在装配式建筑设计和科研领域发挥了行业龙头和技术引领作用。

2. 科技研发　通过科研先导，产研结合的思路，不断完善建筑工业化体系组织和核心技术。共承担包括国家科技部“十三五”重大专项课题《乡村住宅装配式快速建造体系与被动式节能集成研究实施方案》、住房城乡建设部《保障性住宅建筑工业化技术标准体系研究》、上海市建委《上海市“十三五”建筑转型发展规划》、上海市科委重大课题《叠合板式工业化住宅技术体系研究》等国家和省部级重大科研课题24项；集团自行立项《集团建筑工业化运营模式研究》等课题10余项。

3. 工程咨询　学科中心承担承接和参与各类装配式建筑深化设计和咨询项目，包括惠南镇23号楼叠合剪力墙示范保障房项目、黄浦区五里桥街道99街高层公共建筑项目，青浦新城一站大型社区63A-03A住宅地块项目等；海外项目“阿尔及利亚住宅产业化项目”深化与咨询工作，开拓“一带一路”海外市场。

4. 技术支撑　学科中心承担华建集团“国家装配式建筑产业基地”的日常管理工作，注重装配式建筑的产学研结合，积极为上海市与集团的装配式建筑发展提供技术支撑。学科中心承担上海市装配式建筑技术集成工程技术研究中心秘书处工作，开展装配式单元集成外墙、装配式辐射楼板等创新技术研究。积极组织装配式建筑技术活交流动，推动行业技术发展。

地址：上海市石门二路258号
联系电话：021-52524567
网址：http://www.arcplus.com.cn

华东建筑集团股份有限公司
建筑工业化技术研究学科中心

华建集团建筑工业化试验楼实景照片

北京建院——新中国第一家建筑设计院

北京市建筑设计研究院有限公司（简称北京建院/BIAD），成立于1949年，是与共和国同龄的大型国有建筑设计咨询机构。我们的声誉源自我们缔造的标志性建筑，以及对卓越设计、创新和可持续性的不懈追求。

北京建院所获奖项数量多于国内任何其他建筑设计公司。40年来我们共获得了超过1500项以上的国家国际级奖项。

用设计，我们实现专业梦想

北京建院始终活跃在工程建设领域的最前沿，从人民大会堂、国家大剧院，到500m口径球面射电望远镜（FAST），从北京大兴国际机场、北京城市副中心、中国尊Z15到正在设计中的国家速滑馆等标志性建筑，从亚运会到奥运会，从园博会到世园会，从绿色城市到智慧城市，从“中国制造”到“中国创造”。北京建院持续以首善标准通过建筑设计服务首都、服务国家的发展。

用设计，我们创造多元财富

用文化自信实现中国梦想，用高完成度的设计提升社会财富。凭借先进的技术体系、丰硕的科研成果和大量的实践项目，北京建院始终坚持建筑产业现代化方面的实践，持续提高建筑品质，在装配式建筑领域不断探索前进。10年来，北京建院在中国多个城市开展建设产业化试点及示范。以500余万m^2的实际工程经验，北京建院在国内装配式建筑的设计及科研领域居于领先地位。我们致力于整合优势资源提供工程咨询、工程设计、施工质量控制等全过程工程咨询服务，同时对接未来EPC模式提供全过程一体化整体解决方案。2015年北京建院成为第一批“国家住宅产业化基地”，2017年北京建院第一批获得“国家装配式建筑产业基地”。

BIAD

中建科技有限公司简介

上图：深圳市坪山高新区综合服务中心项目

该项目为汉唐时期群落式建筑风格，占地面积86777m^2，总建筑面积133322m^2，由中建科技有限公司作为EPC工程总承包，结合装配式建筑的产业特点，创新提出并采用REMPC 五位一体工程总承包建造模式建设。项目先后获得广东省、深圳市双优工地、优质结构、装配式示范项目，深圳市绿色施工等荣誉奖项。

中建科技有限公司（以下简称“中建科技”）是全球著名建设投资企业——中国建筑股份有限公司的全资子公司，是中国建筑发展绿色智慧装配式建筑的产业平台和技术研发平台。

中建科技成立以来，以绿色智慧装配式建筑业务为核心，大力发展绿色建筑、装配式建筑、节能建筑、模块化建筑、被动式建筑、新型建筑材料，致力于打造集投资、规划、设计、生产、施工、运营、维护于一体的全生命期的绿色产业链。公司拥有装配式建筑设计研究院、装配式建筑技术研究院和绿色生态城研究院等科研机构，技术实力强劲，负责主持国家“十三五”绿色建筑与建筑工业化重大专项多个课题，主、参编装配式建筑领域的四大国家技术标准和多个省市技术标准，研发形成《中建科技装配式建筑技术标准》，系统打造了中建特色的绿色智慧装配式建筑产品成套技术。中建科技通过全面推行“设计、生产、装配一体化，建筑、结构、机电、装修一体化，技术、管理、市场一体化”的“三个一体化”理念，构建了装配式建筑全产业链合作平台，现已在全国15个省（直辖市）形成良好经营态势，并以工程总承包模式中标、建造了深圳长圳百万平米装配式建筑人才安居工程、深圳坪山15万m^2的装配式会展中心项目、南京一中15万m^2的装配式建筑新校区项目、造价达81亿元的绵阳科技城装配式综合管廊等一大批装配式民用建筑、公共建筑与基础设施项目，成为我国装配式建筑领域的“国家高新技术企业”和“全国首批装配式建筑产业基地”。

目前，中建科技已在建筑工业化领域成功实现了国内多个领先：获取住建部授牌成立“新型建筑工业化集成建造研究中心”，拥有装配式建筑设计研究院，全面引进德国PC工厂综合生产线，率先实施装配式建筑“REMPC五化一体”工程总承包模式，率先组织实施PC装配式被动房项目和PS装配式被动房项目，率先运用超低能耗被动式技术实施既有建筑节能改造。

图书在版编目（CIP）数据

装配式建筑对话／顾勇新，胡向磊编著. —北京：中国建筑工业出版社，2019.10
（装配式建筑丛书）
ISBN 978-7-112-24203-0

Ⅰ. ①装… Ⅱ. ①顾… ②胡… Ⅲ. ①装配式构件－研究 Ⅳ. ①TU3

中国版本图书馆CIP数据核字（2019）第193846号

责任编辑：李 东 陈夕涛 徐昌强
责任校对：张惠雯

落实“中央城市工作会议”系列
装配式建筑丛书
装配式建筑对话
顾勇新 胡向磊 编著
*
中国建筑工业出版社出版、发行（北京海淀三里河路9号）
各地新华书店、建筑书店经销
北京锋尚制版有限公司制版
北京富诚彩色印刷有限公司印刷
*
开本：787×1092毫米 1/16 印张：16¼ 字数：372千字
2019年10月第一版 2019年10月第一次印刷
定价：98.00元
ISBN 978-7-112-24203-0
（34710）